国家骨干高职院校工学结合创新成果系列教材

水利水电工程施工组织与管理

主　编　聂俊琴　张　强
主　审　黎志键　卢义骈

中国水利水电出版社
www.waterpub.com.cn

内 容 提 要

本书主要内容包括施工组织设计和施工项目管理两大部分，施工组织设计由5个项目（施工项目管理机构、施工方案编制、施工进度计划编制、施工总布置、资源供应计划）组成，施工项目管理由7个（施工安全管理、施工成本管理、施工进度管理、施工质量管理、施工合同管理、施工组织协调、施工项目信息管理）项目组成，总共12个项目。

本书适合高职高专水利工程类专业建筑施工专业教学使用，也可作为其他建筑工程类专业的教学参考书，亦可供水利工程类的相关技术和管理人员参考使用。

图书在版编目（CIP）数据

水利水电工程施工组织与管理 / 聂俊琴，张强主编. -- 北京 : 中国水利水电出版社，2014.8(2025.1重印).
国家骨干高职院校工学结合创新成果系列教材
ISBN 978-7-5170-2367-8

Ⅰ. ①水… Ⅱ. ①聂… ②张… Ⅲ. ①水利水电工程－施工组织－高等职业教育－教材②水利水电工程－施工管理－高等职业教育－教材 Ⅳ. ①TV512

中国版本图书馆CIP数据核字(2014)第195065号

书　　名	国家骨干高职院校工学结合创新成果系列教材 **水利水电工程施工组织与管理**
作　　者	主编　聂俊琴　张强　　主审　黎志键　卢义骈
出版发行	中国水利水电出版社 （北京市海淀区玉渊潭南路1号D座　100038） 网址：www.waterpub.com.cn E-mail：sales@mwr.gov.cn 电话：(010) 68545888（营销中心）
经　　售	北京科水图书销售有限公司 电话：(010) 68545874、63202643 全国各地新华书店和相关出版物销售网点
排　　版	中国水利水电出版社微机排版中心
印　　刷	清淞永业（天津）印刷有限公司
规　　格	184mm×260mm　16开本　18印张　427千字
版　　次	2014年8月第1版　2025年1月第5次印刷
印　　数	10001—13000册
定　　价	**59.00**元

前言

本书根据高职高专水利类专业职能力培养目标的要求，针对培养实用型人才的教育发展趋势进行编写，通过项目任务培养学生独立思考、分析和解决问题的能力。

水利水电工程施工组织与管理是“水利水电建筑工程”专业的专业基础课之一，它研究的对象是对具体的工程进行施工组织设计和在施工过程中的对项目的方方面面进行管理。本书是根据高职高专水利水电类专业指导性教学计划及大纲编制而成。

本书内容包括12个项目，分别是施工项目管理机构、施工方案编制、施工进度计划编制、施工总布置、资源供应计划、施工安全管理、施工成本管理、施工进度管理、施工质量管理、施工合同管理、施工组织协调、施工项目信息管理。在编写过程中，结合高等职业技术教育特点及本专业特点，以贯彻理论联系实际，注重实践能力的整体要求，努力使各个知识点项目化，力求做到知识性、实用性、先进性的有机统一。

参加本书编写的有广西水利电力职业技术学院黎志键（绪论）、聂俊琴（项目1、项目3、项目8）、刘俊宏，广西水利水电勘测设计院的陈荣华（项目2、项目4）、张侠（项目5、项目11、项目12）、廖明菊和丁皓庆（项目6、项目7、项目9）、徐黎明、水电建设集团十五工程局有限公司张强（项目10）。全书由聂俊琴、张强主编，黎志键、卢义骈主审。

由于编写时间较紧，书中难免存在不妥和疏漏之处，恳切希望读者批评指正。

编者

2014年3月

目　录

第 2 部分　施 工 项 目 管 理

绪　　论

任务 0.1　施工组织与管理的含义和任务

0.1.1　施工组织与管理的含义

施工组织与管理的含义分为广义和狭义两种。

广义的施工组织与管理是指整个水利施工项目中从事各种项目管理工作的人员、单位、部门组合起来的管理群体对整个项目的管理。由于施工项目参与者（投资者、业主、设计单位、承包商、咨询或监理单位、工程分包商等）很多，参与各方都将自己的工作任务称为施工项目，都有自己相应的施工管理组织，如业主的项目经理部、项目管理公司的项目经理部、承包商的项目经理部、设计单位的项目经理部等，其间有各种关系，有各种管理工作、责任和任务的划分，形成该水利施工项目总体的管理组织系统。

狭义的施工组织与管理是指业主委托或指定的负责水利工程施工的承包商的施工项目管理组织，该组织以项目经理部为核心，以施工项目为对象，进行质量、进度、成本、合同、安全等管理工作。

本书中的施工组织与管理是从承包商的角度阐述各个知识点，是狭义的施工组织与管理。

0.1.2　施工组织与管理的任务

施工组织与管理的任务是根据不同的水利施工项目，按照业主和承包商签订的施工合同中的要求和任务，通过对承包商项目经理部人员的组织与管理，确定各种管理程序和组织实施方案，以便达到完成施工任务、获得合理利润的目的，其基本任务是研究以下几个方面的问题：

（1）研究施工合同，明确施工任务，编制合理的施工组织设计。

（2）研究施工条件，解决施工方案的选择问题，确定施工布置、施工程序和施工安排。

（3）解决施工质量问题，确保工程质量达到合同及国家规范要求。

（4）合理安排施工进度，确保满足合同工期要求。

（5）控制施工成本，保证承包商获得一定的利润。

（6）解决安全技术问题，制定有效的安全保障措施。

（7）解决文明施工问题，创造良好的施工现场和施工环境。

0.1.3　施工组织与管理的基本原则

总结以往水利水电工程施工的经验，在施工组织与管理方面，必须遵循以下主要原则：

（1）坚持按照基本建设程序办事。

（2）全面贯彻多快好省的施工原则。在工程建设中应根据需要和可能，尽快地完成优质、高产、低消耗的工程，任何片面强调某一个方面而忽视另一个方面的做法都是错误的，都会造成不良的后果。

（3）按系统工程的原则合理组织工程施工。

（4）一切从实际出发，遵从施工的科学规律，要做好人力、物力的综合平衡，保证连续、有节奏地施工。

任务 0.2　水利工程基本建设基础知识

0.2.1　项目划分

0.2.1.1　基本建设项目划分

基本建设项目是指按照一个总体设计进行施工，由一个或若干个单项工程组成，经济上实行统一核算，行政上实行统一管理的基本建设工程实体，如一座独立的工业厂房、一所学校或一项水利枢纽工程等。

一个基本建设项目往往规模大，建设周期长，影响因素复杂，尤其是大中型水利水电工程。因此，为了便于编制基本建设计划和工程造价，组织招投标与施工，进行质量、工期和投资控制，拨付工程款项，实行经济核算和考核工程成本，需对一个基本建设项目系统地逐级划分为若干个各级工程项目。基本建设工程通常按项目本身的内部组成，将其划分为单项工程、单位工程、分部工程和分项工程。

一个建设项目中，可以有几个单项工程，也可能只有一个单项工程，不得把不属于一个设计文件内的、经济上分别核算、行政分开管理的几个项目捆在一起作为一个建设项目，也不能把总体设计内的工程，按地区或施工单位划分为几个建设项目。在一个设计任务书范围内，规定分期进行建设时，仍为一个建设项目。

（1）单项工程。单项工程是一个建设项目中，具有独立的设计文件，可以独立组织施工，竣工后能够独立发挥生产能力和使用效益的工程。如工厂内能够独立生产的车间、办公楼等，一所学校的教学楼、学生宿舍等，一个水利枢纽工程的发电站、拦河大坝等。

单项工程是具有独立存在意义的一个完整工程，也是一个极为复杂的综合体，它由许多单位工程所组成，如一个新建车间，不仅有厂房，还有设备安装等工程。

（2）单位工程。单位工程是单项工程的组成部分，是指具有独立的设计文件，可以独立组织施工，但完工后不能独立发挥效益的工程。如工厂车间是一个单项工程，它又可划分为建筑工程和设备安装两大类单位工程。

每一个单位工程仍然是一个较大的组合体，它本身仍然是由许多的结构或更小的部分组成的，所以对单位工程还需要进一步划分。

（3）分部工程。分部工程是单位工程的组成部分，是按工程部位、设备种类和型号、使用的材料和工种的不同对单位工程所作的进一步划分。如建筑工程中的一般土建工程，按照不同的工种和不同的材料结构可划分为土石方工程、基础工程、砌筑工程、钢筋混凝土工程等分部工程。

分部工程是编制工程造价、组织施工、质量评定、包工结算与成本核算的基本单位，但在分部工程中影响工料消耗的因素仍然很多。例如，同样都是土方工程，由于土壤类别（普通土、坚硬土、砾质土）不同，挖土的深度不同，施工方法不同，则每一单位土方工程所消耗的人工、材料差别很大。因此，还必须把分部工程按照不同的施工方法、不同的材料、不同的规格等作进一步的划分。

（4）分项工程。分项工程是分部工程的组成部分，是通过较为简单的施工过程就能生产出来，并且可以用适当计量单位计算其工程量大小的建筑或设备安装工程产品。如 $1m^3$ 砖基础、一台电动机的安装等。一般来说，分项工程的独立存在是没有意义的，它只是建筑或设备安装工程的最基本构成因素。

建设项目分解如图 0.1 所示。

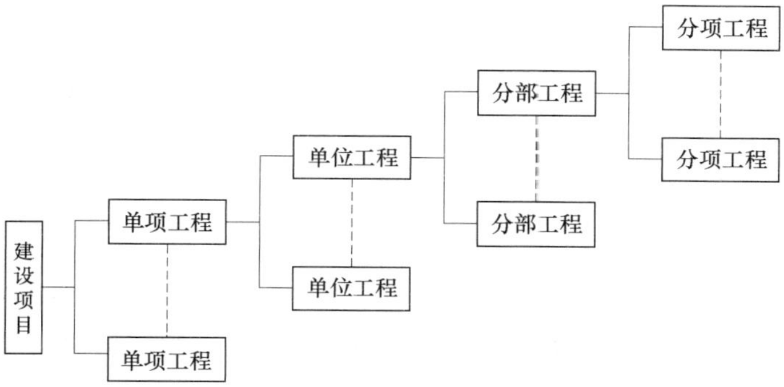

图 0.1　项目分解示意图

0.2.1.2　水利水电基本建设工程项目划分

由于水利水电建设项目常常是由多种性质的水工建筑物构成的复杂建筑综合体，与其他工程相比，包含的建筑种类多、涉及面广。例如大中型水利水电工程除拦河大坝、主副厂房外，还有变电站、开关站、输变电线路、引水系统、泄洪设施、公路、桥涵、给排水系统、供风系统、通信系统、辅助企业、文化福利建筑等，难以严格按单项工程、单位工程等确切划分。在编制水利水电工程概预算时，根据现行水利部颁发的《水利工程设计概（估）算编制规定》（水总〔2002〕116 号）的有关规定，结合水利水电工程的性质特点和组成内容进行项目划分。

（1）两大类型。水利水电建设项目可划分为两大类型：一类是枢纽工程（水库、水电站和其他大型独立建筑物）；另一类是引水工程及河道工程（供水工程、灌溉工程、河湖整治工程和堤防工程）。

（2）五个部分。水利水电枢纽工程和引水工程及河道工程又划分为建筑工程、机电设备及安装工程、金属结构设备及安装工程、施工临时工程和独立费用五大部分。

（3）三级项目。根据水利工程性质，其工程项目分别按枢纽工程、引水工程及河道工程划分，投资估算和设计概算要求每部分从大到小又划分为一级项目、二级项目、三级项目，其中一级项目相当于单项工程，二级项目相当于单位工程，三级项目相当于分部分项工程，如图 0.2 所示。

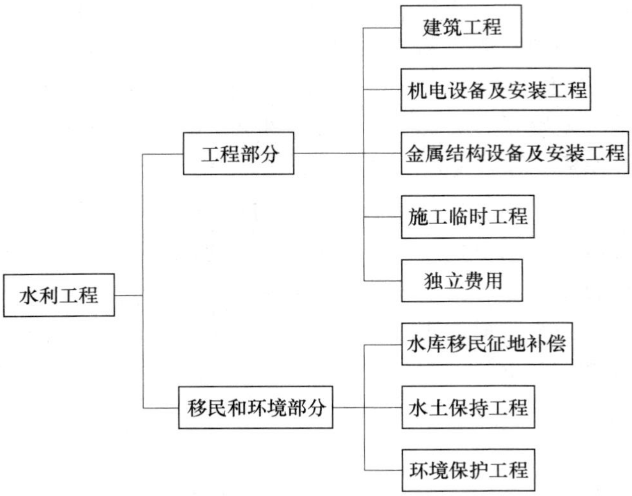

图 0.2　水利水电工程项目划分

0.2.2　水利水电工程基本建设程序

基本建设程序是指建设项目从决策、设计、施工到竣工验收整个建设过程中各阶段、各环节、各工程之间存在着先后顺序关系。它所反映的是在基本建设过程中各有关部门一环扣一环的紧密联系和工作中相互协调、相互配合的关系。它是工程建设活动客观规律（包括自然规律和经济规律）的反映，也是人们在长期工程建设实践过程中的技术和管理活动经验的理性总结，唯此才能使人们的主观建设意图顺应客观规律的要求而得以实现，否则就会违背客观规律而受到挫折或惩罚，并造成巨大的损失。在工程建设程序上，各个国家根据其管理体制和政策法规的要求，虽有不同的特点，但总体上看，整个过程中重大环节的先后顺序和相互关系都是一致的，这是因为它受工程建设自身规律的制约。为此，水利部于 1995 年 4 月 21 日发布施行了《水利工程建设项目管理规定》（水建〔1995〕128 号），于 1998 年 1 月 7 日发布施行了《水利工程建设程序管理暂行规定》（水建〔1998〕16 号）。

根据《水利工程建设项目管理规定》（水建〔1995〕128 号）和有关规定，水利工程基本建设程序一般分为项目建议书、可行性研究、初步设计、施工准备（包括招标设计）、建设实施、生产准备、竣工验收、项目后评价等阶段。一般情况下，将项目建议书、可行性研究、初步设计称为前期工作。

根据我国基本建设实践，水利水电工程基本建设程序归纳起来可以分为四大阶段八个环节，如图 0.3 所示。第一阶段是建设项目决策阶段，根据资源条件和国家长远经济发展规划，进行流域或河段规划，提出项目建议书，进行可行性研究，编制可行性研究报告；第二阶段是项目设计阶段；第三阶段是项目施工阶段，它包括建设前期施工准备、全面建设施工和生产（投产）准备工作三个主要节；第四阶段是项目使用阶段，项目竣工验收和交付使用，生产运行一定时间后，对建设项目进行评价。

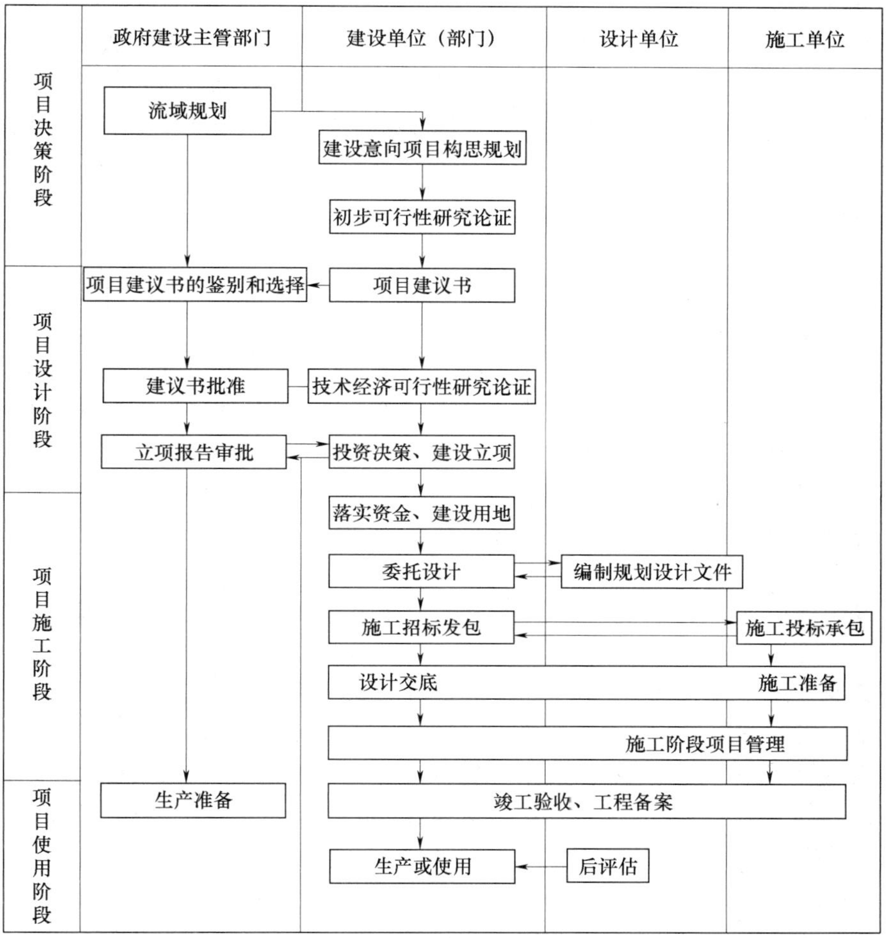

图 0.3　水利水电工程基本建设程序

水利水电工程基本建设程序的具体工作内容如下。

0.2.2.1　进行流域或河段规划，提出项目建议书

流域规划就是根据该流域的水资源条件和国家长远计划，对该地区水利水电工程建设发展的要求，提出该流域水资源的梯级开发和综合利用的最优方案。要对该流域的自然地理、经济状况等进行全面、系统的调查研究，初步确定流域内可能的建设位置，分析各个坝址的建设条件，拟定梯级布置方案、工程规模、工程效益等，进行多方案分析比较，选定合理梯级开发方案，并推荐近期开发的工程项目。

项目建议书是在流域规划的基础上，由主管部门提出建设项目的轮廓设想，从宏观上衡量分析项目建设的必要性和可能性，分析建设条件是否具备，是否值得投入资金，进行可行性研究工作。

项目建议书编制一般由政府委托有相应资质的设计咨询单位承担，并按国家现行规定权限向主管部门申报审批。项目建议书被批准后，由政府向社会公布，若有投资建设意向，则组建项目法人筹备机构，进行可行性研究工作。

0.2.2.2　可行性研究

可行性研究是项目能否成立的基础，这个阶段的成果是可行性研究报告。它是运用现代科技、经济科学和管理工程学等，对项目进行技术经济分析的综合性工作。其任务是研究兴建某个建设项目在技术上是否可行，经济效益是否显著，财务上是否能够赢利；建设中要动用多少人力、物力和资金；建设工期多长，如何筹集建设资金等重大问题。因此可行性研究是进行建设项目决策的主要依据。

水利水电工程项目的可行性研究是在流域（河段）规划的基础上，组织各方面的专家、学者对拟建项目的建设条件进行全方位多方面的综合论证比较。例如三峡工程就涉及许多部门和专业，甚至整个流域的生态环境、文物古迹、军事等学科。

按规定，可行性研究报告由项目主管部门委托工程咨询单位或组织专家进行评估，并综合行业归口部门、投资机构、项目法人等方面的意见进行审批。项目的可行性研究报告批准后，应正式成立项目法人，并按项目法人责任制实行项目管理。

0.2.2.3　初步设计

可行性研究报告批准后，项目法人应择优选择有相应资质的设计单位承担工程的勘测设计工作。

初步设计是在可行性研究的基础上进行，其主要任务是：确定工程规模；确定工程总体布置、主要建筑物的结构型式及布置；确定电站或泵站的机组机型、装机容量和布置；选定对外交通方案、施工导流方式、施工总进度和施工总布置、主要建筑物施工方法及主要施工设备、资源需用量及其来源；确定水库淹没、工程占地的范围、提出水库淹没处理、移民安置规划和投资概算；提出水土保持、环境保护措施设计；编制初步设计概算；复核经济评价等。初步设计完成后，按国家现行规定权限向上级主管部门申报，主管部门组织专家进行审查，合格后即可审批。

0.2.2.4　施工准备阶段

项目在主体工程开工之前，必须完成各项施工准备工作，其主要内容包括：

（1）施工现场的征地、拆迁，施工用水、电、通信、道路的建设和场地平整等工程。

（2）生产、生活临时建筑工程。

（3）组织招标设计、咨询、设备和物资采购。

（4）组织建设监理和主体工程施工、主要机电设备采购招标，并择优选择建设监理单位、施工承包队伍及机电设备供应商。

（5）进行技术设计，编制修正总概算和施工详图设计，编制设计预算。

施工准备工作开始前，项目法人或其代理机构，须依照有关规定，向政府主管部门办理报建手续，且同时交验工程建设项目的有关批准文件。工程项目进行项目报建后，方可组织施工准备工作。

0.2.2.5　建设实施阶段

建设实施阶段是指主体工程的建设实施，项目法人按照批准的建设文件，组织工程建设，保证项目建设目标的实现。

项目法人或其代理机构，必须按审批权限，向主管部门提出主体工程开工申请报告，经批准后，主体工程方可正式开工。主体工程开工必须具备以下条件：

(1) 前期工程各阶段文件已按规定批准，施工详图设计可以满足初期主体工程施工需要。

(2) 建设项目已列入国家或地方水利水电工程建设投资年度计划，年度建设资金已落实。

(3) 主体工程招标已经决标，工程承包合同已经签订，并得到主管部门同意。

(4) 现场施工准备和征地移民等建设外部条件能够满足主体工程开工需要。

(5) 建设管理模式已经确定，投资主体与项目主体的管理关系已经理顺。

(6) 项目建设所需全部投资来源已经明确，且投资结构合理。

(7) 项目产品的销售，已有用户承诺，并确定了定价原则。

0.2.2.6 生产准备阶段

生产准备是项目投产前所要进行的一项重要工作，是建设阶段转入生产经营的必要条件。项目法人应按照建管结合和项目法人责任制的要求，适时做好有关生产准备工作，其主要内容一般包括：

(1) 生产组织准备。建立生产经营的管理机构及其相应管理制度。

(2) 招收和培训人员。按照生产运营的要求，配备生产管理人员，并通过多种形式的培训，提高人员素质，使之能满足运营要求。

(3) 生产技术准备。主要包括技术资料的汇总、运行技术方案的制定、岗位操作规程的制定等。

(4) 生产物资准备。主要是落实投产运营所需要的原材料、协作产品、工器具、备品备件和其他协作配合条件的准备。

(5) 正常的生活福利设施准备。

0.2.2.7 竣工验收

竣工验收是工程完成建设目标的标志，是全面考核基本建设成果、检验设计和工程质量的重要步骤。竣工验收合格的项目即从基本建设转入生产或使用。

当建设项目的建设内容全部完成，并经过单位工程验收，符合设计要求并按水利基本建设项目档案管理的有关规定，完成了档案资料的整理工作；在完成竣工报告、竣工决算等必需文件的编制后，项目法人按照有关规定，向主管部门提出申请，根据国家和部颁验收规程，组织验收。

竣工决算编制完成后，须由审计机关组织竣工审计，其审计报告作为竣工验收的基本资料。

对工程规模较大、技术较复杂的建设项目，可先进行初步验收。不合格的工程不予验收；有遗留问题必须有具体处理意见，且有限期处理的明确要求并落实责任人。

0.2.2.8 后评价

建设项目竣工投产后，一般经过 1～2 年生产运营后要进行一次系统的项目后评价。主要内容包括：

(1) 影响评价。项目投产后对各方面的影响所进行的评价。

（2）经济效益评价。对项目投资、国民经济效益、财务效益、技术进步和规模效益、可行性研究深度等方面进行的评价。

（3）过程评价。对项目立项、设计、施工、建设管理、竣工投产、生产运营等全过程进行的评价。

项目后评价工作一般按三个层次组织实施，即项目法人的自我评价、项目行业的评价、计划部门（或主要投资方）的评价。

建设项目后评价工作必须遵循客观、公正、科学的原则，做到分析合理、评价公正。

以上所述基本建设程序的八项内容，是国家对水利水电工程建设程序的基本要求，也基本反映了水利水电工程基本建设工作的全过程。

任务 0.3　施工组织设计与施工项目管理

0.3.1　施工项目组织

“组织”的含义比较广泛，人们通常所说的“组织”一般有两个意义：其一是为了使项目系统达到特定目标，使全体参加者经分工与协作，按照某种规则设置不同层次的权利和责任制度而构成的人的一种组合体，这里的“组织”是名词；其二是指组织活动，表示对组织行为的筹划、安排、协调、控制和检查，如策划、开展一个新产品的销售活动中的全部工作，这里的“组织”是动词。本任务讨论的“组织”是指前者。

对于施工项目组织，项目管理人员一般是通过组织取得项目所需的资源，并通过行使项目组织的职能管理这些资源，从而实现项目的目标。把工程项目组织定义为：为完成特定的任务而建立起来的，从事工程项目具体工作的组织。该组织是在工程项目生命周期内临时组建的，是暂时的，当项目目标实现后，项目组织解散。

0.3.1.1　施工项目组织的职能

项目组织的职能是项目管理的基本职能，项目组织的职能包括计划职能、组织职能、控制职能、指挥职能、协调职能等几个方面。

（1）计划职能是指为了实现项目的目标，对所要做的工作进行安排，并对资源进行配置。

（2）组织职能是指为实现项目的目标，建立必要的权力机构、组织层次，进行职能划分，并规划职责范围和协作关系。

（3）控制职能是指采取一定的方法、手段，使组织活动按照项目的目标和要求进行。

（4）指挥职能是指项目组织的上级对下级的领导、监督和激励。

（5）协调职能是指为了实现项目目标，项目组织中各层次、各职能部门团结协作，步调一致，共同实现项目目标。

0.3.1.2　施工项目组织的形式

一般来说，项目组织的形式有三种类型，如图 0.4 所示。

（1）职能式组织。职能式组织是在同一个组织单位里，把具有相同职业特点的专业人员组织在一起，为项目服务，如图 0.5 所示。

职能式组织最突出的特点是专业分工强，其工作的注意力集中于本部门。职能部门中技术人员的作用可以得到充分的发挥，同一部门的技术人员易于交流知识和经验，使项目获得部门内所有知识和技术的支持，对创造性地解决项目的技术问题很有帮助；技术人员可以同时服务于多个项目；职能部门为保持项目的连续性发挥了重要作用。但职能部门工作的注意力集中在本部门的利益上，项目的利益往往得不到优先考虑；项目团体中的职能部门往往只关心本部门的利益而忽略了项目的总目标，造成部门之间协调困难。

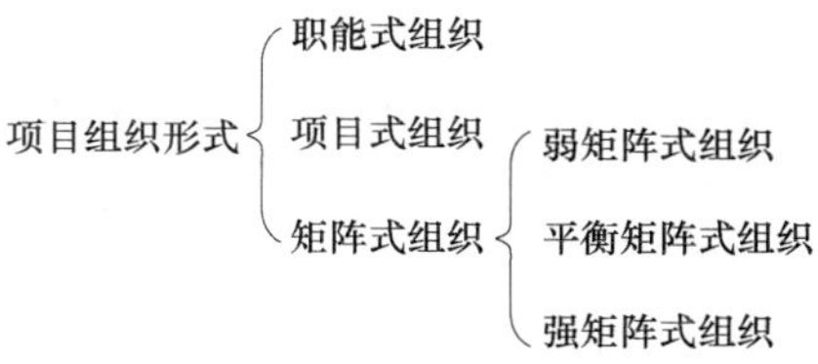

图 0.4　项目组织形式

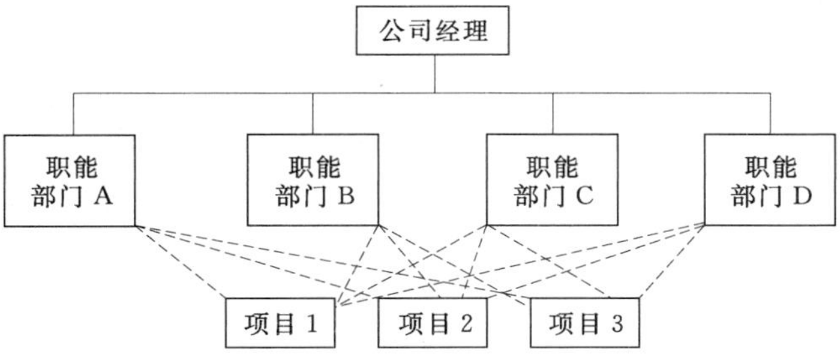

图 0.5　职能式组织结构图

职能式组织经常用于企业为处理某些专门问题，如开发新产品、设计公司信息系统、进行技术革新等。可以认为这是寄生于企业中的项目组织，对各参加部门，项目领导仅作为一个联络小组的领导，从事收集、处理和传递信息等工作，而与项目相关的决策主要由企业领导作出，所以项目经理对项目目标不承担责任。

(2) 项目式组织。项目式组织经常被称为直线式组织，在项目组织中，所有人员都按项目要求划分，由项目经理管理一个特定的项目团体，在没有项目职能部门经理参与的情况下，项目经理可以全面控制项目，并对项目目标负责，其机构形式如图 0.6 所示。

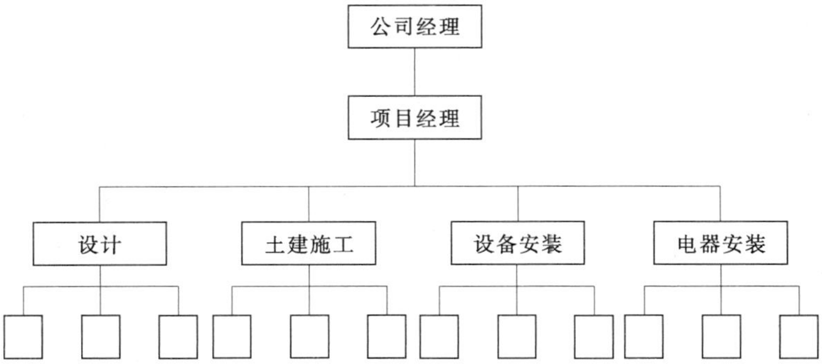

图 0.6　项目式组织结构图

项目式组织的项目经理对项目全权负责，享有最大限度的自主权，可以调配整个项目组织内外资源；项目目标单一，决策迅速，能够对用户的需求或上级的意图作出最快的响应；项目式组织结构简单，易于操作，在进度、质量、成本等方面控制也较为灵活。但项目式组织对项目经理的要求较高，需要具备各方面知识和技术的全能式人物。由于项目各阶段的工作中心不同，会使项目团队各个成员的工作闲忙不一，一方面影响了组织成员的积极性，另一方面也造成了人才的浪费；项目组织中各部门之间有比较明确的界限，不利于各部门的沟通。

项目式组织常用于中小型项目，也常见于一些涉外及大型项目的公司，如建筑业项目，这类项目成本高，时间跨度大，项目组织成员长时间合作，沟通容易，而且项目组成员具备较高的知识结构。

（3）矩阵式组织。矩阵式组织可以克服上述两种形式的不足，它基本是职能式和项目式组织重叠而成，如图 0.7 所示。

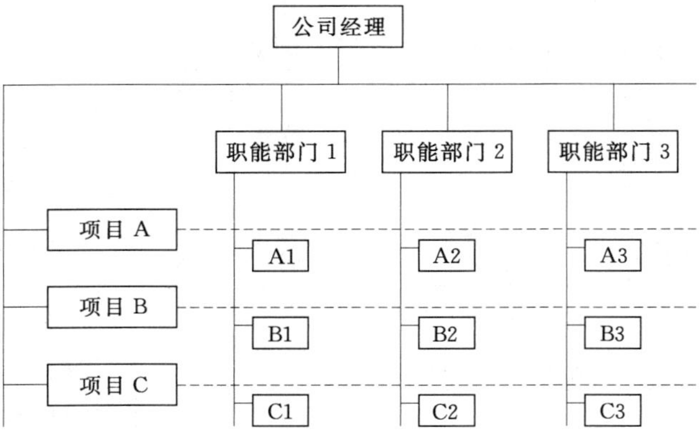

图 0.7　矩阵式组织结构图

根据矩阵式组织中项目经理和职能部门经理权责的大小，矩阵式组织可分为弱矩阵式、平衡矩阵式和强矩阵式。

1）弱矩阵式组织。由一个项目经理来协调项目中的各项工作，项目成员在各职能部门经理的领导下为项目服务，项目经理无权分配职能部门的资源。

2）强矩阵式组织。项目经理主要负责项目，职能部门经理负责分配人员。项目经理对项目可以实施更有效的控制，但职能部门对项目的影响却在减小。强矩阵式组织类似于项目式组织，项目经理决定什么时候做什么，职能部门经理决定派哪些人、使用哪些技术。

3）平衡矩阵式组织。项目经理负责监督项目的执行，各职能部门对本部门的工作负责。项目经理负责项目的时间和成本，职能部门的经理负责项目的界定和质量。一般来说平衡矩阵很难维持，因为它主要取决于项目经理和职能部门经理的相对力度。平衡不好，要么变成弱矩阵，要么变成强矩阵。矩阵式组织中，许多员工同时属于两个部门——职能部门和项目部门，要同时对两个部门负责。

矩阵式组织建立与公司保持一致的规章制度：可以平衡组织中的资源需求，以保证各个项目完成各自的进度、费用和质量要求，减少人员的冗余，职能部门的作用得到充分发挥。但组织中的每个成员接受来自两个部门的领导，当两个领导的指令有分歧时，常会令人左右为难，无所适从；权利的均衡导致没有明确的负责者，使工作受到影响；由于职责不同，项目经理必须与职能部门经理进行资源、技术、进度、费用等方面的协调和权衡。

矩阵式组织常用于大型综合项目中，或有多个项目同时开展的企业。

0.3.2　施工组织设计

施工组织设计是对施工活动实行科学管理的重要手段，它具有战略部署和战术安排的双重作用。它体现了实现基本建设计划和设计的要求，提供了各阶段的施工准备工作内容，协调施工过程中各施工单位、各施工工种、各项资源之间的相互关系。

0.3.2.1　施工组织设计的分类

施工组织设计按编制对象范围的不同可分为施工组织总设计、单位工程施工组织设计、分部分项工程施工组织设计三种。

（1）施工组织总设计。施工组织总设计是以一个建筑群或一个建设项目为编制对象，用以指导整个建筑群或建设项目施工全过程的各项施工活动的技术、经济和组织的综合性文件。施工组织总设计一般在初步设计或扩大初步设计被批准之后，由总承包企业的总工程师领导下进行编制。

（2）单位工程施工组织设计。单位工程施工组织设计是以一个单位工程（一个建筑物或构筑物，一个交工系统）为编制对象，用以指导其施工全过程的各项施工活动的技术、经济和组织的综合性文件。单位工程施工组织设计一般在施工图设计完成后，在拟建工程开工之前，由工程处的技术负责人领导下进行编制。

（3）分部分项工程施工组织设计。分部分项工程施工组织设计是以分部分项工程为编制对象，用以具体实施其施工全过程的各项施工活动的技术、经济和组织的综合性文件。分部分项工程施工组织设计一般是同单位工程施工组织设计的编制同时进行，并由单位工程的技术人员负责编制。

施工组织总设计、单位工程施工组织设计和分部分项工程施工组织设计之间有以下关系：施工组织总设计是对整个建设项目的全局性战略部署，其内容和范围比较概括；单位工程施工组织设计是在施工组织总设计的控制下，以施工组织总设计和企业施工计划为依据编制的，针对具体的单位工程，把施工组织总设计的内容具体化；分部分项工程施工组织设计是以施工组织总设计、单位工程施工组织设计和企业施工计划为依据编制的，针对具体的分部分项工程，把单位工程施工组织设计进一步具体化，它是专业工程具体的组织施工的设计。

0.3.2.2　施工组织设计的内容

施工组织设计的繁简，一般要根据工程规模大小、结构特点、技术复杂程度和施工条件的不同而定，以满足不同的实际需要。复杂和特殊工程的施工组织设计需较为详尽，小型建设项目或具有较丰富施工经验的工程则可较为简略。施工组织总设计是为解决整个建设项目施工的全局问题的，要求简明扼要，重点突出，要安排好主体工程、辅助工程和公用工程的相互衔接和配套。单位工程的施工组织设计是为具体指导施工服务的，要具体明确，要解决好各工序、各工种之间的衔接配合，合理组织平行流水和交叉作业，以提高施工效率。施工条件发生变化时，施工组织设计须及时修改和补充，以便继续执行。施工组织设计的内容要结合工程对象的实际特点、施工条件和技术水平进行综合考虑，一般包括以下基本内容：

（1）工程概况。

（2）施工部署及施工方案。

（3）施工进度计划。

（4）施工平面图。

（5）主要技术经济指标。

0.3.2.3　施工组织设计的原则

施工组织设计对工程造价、工期、选择枢纽布置形式等都有重要的影响。因此，编制施工组织设计时，必须遵循下列基本原则：

（1）严格执行国家有关方针政策，法令、规程规范及标准条例，并符合国内招投标的规定和国际招投标的惯例。

（2）面向社会、深入调查，收集市场信息，根据工程特点，因地制宜提出切实可行的施工方案，并进行全面技术经济比较。

（3）结合国情积极开发和推广新技术、新材料、新工艺和新设备，凡经实践证明技术经济效益显著的科研成果，应尽量采用，努力提高技术效益和经济效益。

（4）统筹安排，综合平衡，妥善协调各分部分项工程，做到均衡施工。

0.3.3　施工项目管理

施工项目管理是指施工项目的管理者为了使项目取得成功（实现所要求的功能、质量、工期、投资），用系统的观念、理论和方法，进行有序、全面、科学、目标明确的管理，发挥计划职能、组织职能、控制职能、监督职能的作用。其管理对象是各类施工项目，既可以是建设项目管理，也可以是设计项目管理和施工项目管理，在本教材中，侧重介绍施工项目管理。

0.3.3.1　基本目标

获得一个成功的项目是项目管理的总体目标。

项目管理目标主要有三个方面，质量目标（生产能力、功能、技术标准）、工期目标和费用目标（成本、投资）。三大目标之间相互联系、相互影响，某一方面的变化必然引起另两方面的变化。

0.3.3.2　施工项目管理的内容

（1）建立项目管理组织。采用适当的方式选聘称职的项目经理，由项目经理组建项目管理机构，制定项目管理制度，明确各个部门的职责、权限和义务。

（2）编制项目管理规划。项目管理规划是对项目管理目标、组织、内容、方法、步骤等进行预测和决策，作出具体安排的文件，主要内容包括对施工项目分解，确定各个阶段目标。

（3）对项目目标进行控制。每一个施工项目都会设置阶段目标和最终目标，而对施工项目进行管理是实现这些目标的必要手段，因此，应当坚持以控制论原理和理论为指导，对项目全过程进行科学控制，以达到预期目的。

由于施工项目的工期都比较长，施工过程中各种不确定的风险因素都有可能发生，相应的管理手段和各种措施也要随着实际情况发生调整和变化。

（4）对生产要素进行优化配置和动态管理。项目的生产要素是项目目标得以实现的保证，主要包括人力资源、材料、设备、资金和技术。生产要素管理的内容包括：

1）分析各项生产要素的特点。

2）按照一定原则、方法对项目生产要素进行优化配置，并对配置状况进行评价。

3）对项目的各项生产要素进行动态管理。

（5）项目合同管理。项目管理是在市场条件下进行的特殊交易活动的管理，这种交易活动从招投标开始，贯穿项目管理的全过程，必须依法签订合同，进行履约经营。合同管理的好坏直接涉及项目管理及工程施工的技术经济效果和目标实现，因此，要从招投标开始，加强对工程合同的签订、履行的管理。合同管理是一项执法、守法活动，建设市场有国内市场和国际市场，合同管理势必涉及国内和国际上有关法规和合同文本、合同条件，在合同管理中应予高度重视。合同管理还必须注意做好索赔，讲究方法和技巧，提供充分的证据。

（6）项目信息管理。现代化管理要依靠信息。施工项目在建设工程中会产生大量的信息，而这些信息为施工项目实现科学化管理提供了最基础的支撑，尤其施工项目管理是动态管理，基础化的信息可以及时反馈工程的实际情况，为实现各项目标奠定了基础。考虑到信息的多样性，可以依靠电子计算机进行辅助管理，对不同的使用者提供不同层面的信息。

（7）组织协调。组织协调指以一定的组织形式、手段和方法，对项目管理中产生的关系不畅进行疏通，对产生的干扰和障碍予以排除的活动。由于各种条件和环境的变化，在控制与管理的过程中，必然形成不同程度的干扰，使计划的实施产生困难，这就必须协调。协调是为顺利“控制”服务的，协调与控制的目的都是保证目标实现。协调要依托一定的组织、形式和手段，并针对干扰的种类和关系的不同而分别对待；除努力寻求规律外，协调还要靠应变能力，靠处理突发事件的机制和能力来实现。

0.3.3.3 施工项目管理的方式

在施工项目建设的实践中应用的项目管理方式有多种类型。每一种方式都有不同的优势和相应的局限性，适应不同种类施工项目。业主可根据其施工项目的特点选择合适的施工项目管理方式。目前，在各国施工项目建设中广泛使用的项目管理方式，既包括历史悠久的传统方式，也有新发展起来的项目管理方式，包括建筑工程管理方式、设计-建造方式以及 BOT 方式等。

（1）传统方式。传统方式又称设计-招标-建造方式。采用这种方法时，业主与设计机构（建筑师）签订专业服务合同，设计机构（建筑师）负责提供合同的设计和施工文件，在设计机构（建筑师）协助下，通过竞争性招标将工程施工的任务交给报价最低且最具资质的投标人（总承包商）来完成。

传统方式最显著的特点是，施工项目的实施只能按顺序方式进行，即只有一个阶段结束后另一个阶段才能开始，传统方式的施工项目建设程序清晰明了。传统方式是历史悠久，并得到广泛认同的施工项目管理方式。

（2）CM 管理方式。CM（Construction Management，CM）管理方式是针对传统方式的不足而产生的，采用 CM 管理方式，其核心就是从项目开始阶段就雇佣具有施工经验的 CM 经理参与到项目过程中来，一边向设计专业人员提供施工方面的建议并随后负责施工过程。

CM 管理方式主要适用于：设计可能经常变更的项目；项目工期比较紧，而不能等待编制出完整的招标文件；由于工作范围和规模不确定而无法准确定价的项目。

CM管理方式主要有两种。第一种称为代理型建筑工程管理方式。这是一种较为传统的方式，或称为纯粹的CM管理方式。采用这种方式时，CM经理是业主的咨询人员或代理，提供CM服务，主要不足之处是CM经理对进度和成本控制不作出保证。第二种称为风险型建筑工程管理方式，实际上是纯粹的CM方式与传统方式的结合。采用这种方式，CM经理同时担任施工总承包的角色，这种方式在英国称为管理承包，以区别于第一种方式。

CM方式的使用代表施工项目管理方式中的一种新概念的出现。在传统方式中，项目实施过程涉及的各方关系通常依靠合同来调解，可称为合同方式，而在采用建筑工程管理方式时，业主在建筑初期就选择了建筑师、CM经理及承包商。各方面以务实合作的态度组成项目组，共同完成项目的预算及成本控制、进度安排及项目的设计。与合同方式相对应，这种方式称为项目组方式。

(3) 设计-建造方式。设计-建造方式是一种简练的工程管理方式。在项目原则明确以后，业主只需选定唯一的实体负责项目的设计与施工。近年来，设计-建造方式在建筑业的应用越来越广泛，原因主要是设计-建造方式便于采用阶段施工法。设计-建造方式的基本特点是在项目实施过程中保持单一的合同责任。选定设计-建造承包商的过程比较复杂。如果是政府投资项目，业主必须采用竞争性招标的方式选择承包商。为了确保承包商的质量，还可确定正式的资格预审原则。

经常提到的“交钥匙”方式是一种特殊的设计-建造方式，即承包商为业主提供包括项目融资、土地购买、设计与施工直至竣工移交的全套服务。

(4) 设计-管理方式。设计-管理方式通常是指一种类似CM方式，但更为复杂的是，由同一实体向业主提供设计和施工管理服务的工程管理方式。在通常的CM方式中，业主分别就设计和专业施工过程签订合同。采用设计-管理合同时，业主只签订一份既包括设计也包括CM服务在内的管理服务合同。在这种情况下，设计师与CM经理是同一实体。这一实体常常是设计机构与施工管理企业的联合体。

采用设计-管理时，由多个与业主或设计-管理公司签订合同的独立承包商负责具体工程施工。设计管理人员则负责施工过程的规划、管理与控制。可以将这种方式看作CM方式与设计-建造方式的结合产物，可取两者之长。与CM方式和设计-建造方式一样，设计-管理方式也常常采用阶段施工法。

(5) BOT方式。BOT (BuildOperateTransfer) 即建造-运营-移交方式，它是指东道国政府开放本国基础设施建设和运营市场，吸收国外资金，授权项目公司特许权，由该公司负责融资和组织建设，建成后负责运营及偿还贷款，在特许期满将工程移交东道国政府。

BOT方式的运作程序如下：

1) 项目的提出与招标。拟采用BOT方式建设的基础设施项目一般均由当地政府提出，大型项目则由中央政府部门提出，往往委托一家咨询公司对项目进行初步的可行性研究，随后，颁布特许意向，准备招标文件，公开招标。

2) 项目发起人组织投标。发起人往往是强有力的咨询顾问公司与财团或是大型的工程公司，他们申请资格预审，并在通过资格预审以后购买招标文件进行投标。BOT项目的投标显然要比一般施工项目的投标复杂得多，需要对 BOT 项目进行深入的技术和财务的可行性分析，才有可能向政府提出有关实施方案以及特许年限要求等。同时还要与金融机构接洽，使自己的实施方案，特别是融资方案得到金融机构的认可，才可正式提交投标书。这个过程中，项目发起人常常要聘用各种专业机构（包括法律、金融、财务等）协助编制投标文件。

3）成立项目公司、签署各种合同与协议。中标的项目发起人往往就是项目公司的组织者。项目公司参与各方一般包括项目发起人、大型承包商、设备材料供应商、东道国国有企业。在国外有时当地政府也入股，此外，还有一些不直接参与项目公司经营管理的独立股东，如保险公司、金融机构等。

项目公司签订的主要协议有股东协议、与政府谈判签订的特许协议和与金融机构签署的融资协议。另外，与各个参与方签订总承包合同、运输保养合同、保险合同、工程进度合同和各类专业咨询合同（如法律等），有时需要独立签订设备订货合同。

4）项目建设和运营。这一阶段项目公司主要任务是委托咨询监理公司对总承包商的工作进行监理，保证项目的顺利实施和资金支付。有的工程可以完成一部分之后即开始运营，以早日回收资金。同时，还要组织综合性开发建设公司进行综合项目开发服务，以便多方面盈利。

5）项目移交。在特许期满之前，应做好必要的维护以及资产评估等工作，以便随时将 BOT 项目移交政府运行。政府可以仍旧聘用原有运营公司来运行项目。

思　考　题

（1）水利水电工程建设项目是如何划分的？

（2）水利水电工程基本建设程序的具体工作内容有哪些？

（3）项目组织的模式有哪些？各自具有什么特点？

（4）水利水电施工组织设计的分类有哪些？

（5）施工项目管理的含义是什么？

第1部分　施工组织设计

项目1　施工项目管理机构

知识目标：通过本项目学习，学生应了解施工项目组织机构的设置原则、各部门的职能，以及作为一名项目经理应当具备的素质要求。

能力目标：通过本项目学习，学生具备初步编制项目组织机构的能力。

项目导航：小溶江水利枢纽位于灵川县三街乡南竹岭村附近小溶江下游峡谷出口河段，坝址距灵川县城约25km，距桂林市约43km，距兴安县城约32km，距湘桂铁路大溶江火车站约8km。坝址左岸现有溶江至金石乡镇公路通过，坝址距桂林至全州的一级公路约2.5km，对外交通较便利。

坝址位于小溶江下游峡谷出口处，河谷为开阔的V形横向谷，河流平直，自西向东流，在坝线下游拐向北东向。河流水位高程约190m，水面宽30m左右，水深0.5～1.5m。左岸地形较陡，岸坡天然坡度为40°～50°，310～360m高程为平缓山梁；右岸地形较缓，岸坡天然坡度为30°～40°。正常蓄水位267m，坝顶长度约230m。坝址左、右岸山头高程均大于400m，两岸冲沟发育，地形较为复杂。坝区出露地层主要有第四系及泥盆系中统郁江组地层，坝基岩体D2y3层弱-微风化，岩体为中硬-坚硬岩，节理裂隙发育一般，岩体较完整；消力池基础持力层为D2y3层砂岩、泥质粉砂岩与D2y4层粉砂质泥岩，弱-微风化砂岩。厂区基岩裸露，主机间建基面高程181.3m，岩性主要为D2y3层灰-灰绿色厚-巨厚层夹薄层砂岩、深灰色泥质粉砂岩互层，弱-微风化，岩石较坚硬，属中硬-坚硬岩。副厂房上游部分地基岩性为D2y4层紫红、灰绿色厚-巨厚层粉砂质泥岩，属软-较软岩。厂房后背岸坡为横向坡，地形较陡，边坡岩性为粉砂质泥岩。

小溶江目前为不通航河道，故施工期无通航过坝要求。

坝址上游为金石乡，盛产竹木，目前竹木外运主要采用汽车运输，故施工期间无竹木过坝转运要求。

坝址下游主要为一般农村，在初期下闸蓄水期间，需持续向下游放环境用水约$0.76m^3/s$。

小溶江水利枢纽位于漓江上游，流域属中亚热带季风气候区，气候湿润，雨水充沛。根据流域中心站雨量统计，多年平均降雨量为2689mm。根据灵川、兴安气象站实测资料统计，多年平均气温为18.3℃，最高气温主要发生在7～9月，极端最高气温38.5℃；最低气温发生在1月，极端最低气温－5.8℃（兴安1977年）。多年平均蒸发量为1698.4mm，年内蒸发以7～9月最大，1～2月最小。多年平均相对湿度78%，3～8月最大，12月最小。最多风向是东北风，多年平均风速为3m/s。

小溶江水利枢纽工程包括拦河坝、发电厂房、导流隧洞、道路、机电设备和金属结构设备安装工程，人工骨料系统，临时设施和临时工程等。拦河坝为碾压混凝土重力坝，由左岸非溢流坝段、右岸非溢流坝段和溢流坝段组成。坝顶总长255m，坝顶高程271.50m，坝顶宽7m，最大坝高89.5m。左岸非溢流坝段长93m，右岸非溢流坝段长123m，左、右岸非溢流坝段坝体上游面215.00m高程以上为铅直面，215.00m高程以下坝坡为1∶0.2；坝体下游坝坡为1∶0.75，起坡点高程262m，262m高程以上为铅直面。溢流坝段长39m，溢流坝段共布置3个带胸墙式表孔，表孔溢流堰采用实用堰，堰顶高程为251.5m，孔口尺寸为9m×12m，每孔设弧形工作闸门和平板检修闸门（3孔共用一扇检修闸门）。溢流坝顶部设交通桥，桥面宽6m。电站为坝后式地面厂房，布置在河床右侧，厂房内安装两台机组，采用两机一管供水。

电站引水系统由坝式进水口、坝内埋管及坝后背管组成。电站进水口设在右岸非溢流坝段，进水口底高程218m，设拦污栅、检修闸门和快速闸门各一扇，拦污栅孔口尺寸为5.5m×6.5m（宽×高），检修闸门和快速闸门均采用平板闸门，孔口尺寸均为3.5m×3.5m（宽×高）。拦污栅、检修闸门和快速闸门均共用一辆台车式启闭机。

厂房引水管道采用坝内埋管下接坝后背管的布置方式。坝内埋管及坝后背管段均为单管，管径3.5m，壁厚15mm。引水主管进入厂房前为2条支管与水轮发电机组连接，支管管径2.0m，壁厚10mm。另外，在引水主管199m高程处贴边分岔另接一条管径1.2m的环境补水管，补水管出口设固定锥形阀。

主厂房内安装两台单机容量为8.3MW的水轮发电机组，机组中心间距9.5m，水轮机安装高程185.9m，发电机层及安装间地面高程193.4m。主厂房净长32.7m，净宽13.5m，净高11.4m，主机间长22.7m，安装间长10m。主厂房顶部安装一台50/10t电动双梁桥机，桥机跨度13.5m，轨顶高程201.5m。水轮机层布置在发电机层下部，地面高程为188m。发电机尾水管末端设平板事故检修门一道，采用电动葫芦启闭。副厂房布置在主厂房上游侧厂坝间平台上，长32.7m，宽15.8m。

该工程采用河床断流、隧洞导流方式，导流时段选用枯水期（11月至次年4月）导流，汛期（5～7月）利用坝体缺口+导流洞联合泄洪。

任务1.1 施工项目管理机构基础知识

1.1.1 组织机构设置原则

（1）目的性原则。施工组织机构设置的目的就是通过一定形式对施工项目进行管理，严格按照项目工程施工特点及工程施工内容设立机构，按照机构设立岗位，按照岗位拟定编制，按照编制拟定人员，并以岗位职责赋予相应的责任和权利。

（2）合理性原则。施工组织机构设置力求合理，一方面覆盖项目施工的方方面面，另一方面避免分工过细，机构庞大。人员配置力求精干，注意素质上高、中搭配，年龄上新、老搭配，使用和学习锻炼相结合，培养人才。

(3) 精干高效原则。施工项目组织机构的人员设置，以能实现施工项目所要求的工作任务为原则，尽量简化机构，做到精干高效。人员配置要从严控制二三线人员，力求一专多能，一人多职，同时还要增加项目管理班子人员的知识含量，提高人员素质。

(4) 人员素质原则。按照项目管理的几个方面，成立专门职能部门，配备合格人员，对相应事务进行对口处理。实行合理分工，团结协作。

(5) 管理跨度和分层统一的原则。管理跨度亦称管理幅度，是指一个主管人员直接管理的下属人员数量。跨度大，管理人员的接触关系增多，处理人与人之间关系的数量随之增大。对施工项目管理层来说，管理跨度更应尽量小些，以集中精力于施工管理。项目经理在组建组织机构时，必须认真设计切实可行的跨度和层次，画出机构系统图，以便讨论、修正，按设计组建。

(6) 业务系统化管理原则。由于施工项目是一个开放的系统，由众多子系统组成一个大系统，各子系统之间，子系统内部各单位工程之间，不同组织、工种、工序之间，存在着大量结合部，这就要求项目组织也必须是一个完整的组织结构系统，恰当分层和设置部门，以便在结合部上能形成一个相互制约、相互联系的有机整体，防止产生职能分工、权限划分和信息沟通上相互矛盾或重叠。为此在设计组织机构时，为避免出现上述问题，通常以业务工作系统化原则作指导，周密考虑层间关系、分层与跨度关系、部门划分、授权范围、人员配备及信息沟通等，使组织机构成为一个严密的、封闭的组织系统。

(7) 弹性和流动性原则。工程建设项目的单件性、阶段性、露天性和流动性是施工项目生产活动的主要特点，必然带来生产对象数量、质量和地点的变化，带来资源配置的品种和数量变化。于是要求管理工作和组织机构随之进行调整，以使组织机构适应施工任务的变化。这就是说，要按照弹性和流动性的原则建立组织机构，不能一成不变。要准备调整人员及部门设置，以适应工程任务变动对管理机构流动性的要求。

(8) 项目组织与企业组织一体化原则。项目组织是企业组织的有机组成部分，企业是它的母体，归根结底，项目组织是由企业组建的。从管理方面来看，企业是项目管理的外部环境，项目管理的人员全部来自企业，项目管理组织解体后，其人员仍回企业。即使进行组织机构调整，人员也是进出于企业内部。因此，施工项目实施过程中，施工项目的组织形式与企业的组织形式有关，不能离开企业的组织形式去谈项目的组织形式。

1.1.2 部门设置、人员安排及职能划分

施工项目经理部的部门和人员设置应满足施工全过管理的需要，既要尽量地减少其规模，又要保证能够高效率运转，所确定的各类管理跨度要科学合理。项目经理部一般由项目经理、项目副经理、技术负责人、经营负责人等。

1.1.2.1 部门设置

项目经理部下设部门应包括经营核算部门、工程技术部门、物资设备部门、监控管理部门、测试计量部门等。各部分职能分别为：

(1) 经营核算部门。主要负责预索赔、资金收支、成本核算、劳动配置及劳动分配等工作。

(2) 工程技术部门。主要负责生产调度、文明施工、技术管理、施工组织设计、计划

统计等工作。

(3) 物资设备部门。主要负责材料的询价、采购、计划供应、管理、运输、工具管理、机械设备的租赁配套使用等工作。

(4) 监控管理部门。主要负责工程质量、安全管理、消防保卫、环境保护等工作。

(5) 测试计量部门。主要负责计量、测量、试验等工作。

1.1.2.2 人员安排及职能划分

(1) 项目经理。代表公司对业主负责，组织好项巨生产和经营，并对本工程的质量、安全、进度负全责。

(2) 项目副经理。负责项目上的生产，组织人、物的调度，进度计划的落实，组织综合检查，劳动竞赛，安全保障，设备调配及维修保养工作。

(3) 技术负责人。对项目的技术、质量全面负责，领导项目的技术质量管理人员严格按规范和公司有关制度实施，组织制定技术、质量计划和管理目标，并负责实施，负责与建设方代表、监理人员、质监站协调联系。

(4) 经营负责人。负责项目合同管理、预结算管理、工程预算成本的编制与控制，材料供应计划的编制及劳资管理，协调与甲方代表的关系。

(5) 财务负责人。编制和执行预算、财务收支计划、信贷计划、拟订资金筹借和使用方案，有效地使用资金，依法进行会计核算，依法实行财务监督，组织内部经济核算。

(6) 施工员。在技术负责人的领导下，负责本工程从合同签订到竣工验收全过程的施工技术管理，包括施工前的准备工作，施工图自审会审，施工方案编制，质量计划的编制，施工进度计划的编制，施工计划交底，关键部位技术措施和质量控制措施，质量通病的防治措施和细部做法交底，工程测量控制，文明施工措施的制定与管理，现场的施工管理，QC（Quality Control）小组活动管理，工程技术档案资料的整理、收集和管理。

(7) 质检员。在技术负责人指导下，依据标准、规范和施工图纸要求，配合施工员做好质量目标，质量计划的制定，负责标准规范的学习贯彻执行，监督各种原材料、成品、半成品的检查验收，对各种材料跟踪检查、工序过程检查、工序交接检查和成品质量检查，负责隐蔽工程质量检查验收并做好签证手续，并整理相关技术资料、质量报表。负责各种原材料检验与试验，混凝土、砂浆试验和评定混凝土、砂浆配合比设计，土工试验，钢材焊接等试验检验工作，整理收集各种试验材料。

(8) 安全员。在项目部领导下，依据《安全操作规程》等文件的要求，制定安全管理措施、实施办法，做好安全技术交底，抓好职工安全技术学习和安全教育，检查纠正施工中的安全隐患，制止违章指挥、违章操作和违章作业，负责做好安全防护和警示工作组织安全检查、设备检查，并开展各种安全活动。

(9) 预算员。负责各班组计划落实情况，施工成本管理、劳资管理，施工材料耗用控制，项目财务及其他管理。

(10) 材料员。负责按工程进度供应材料，保证材料质量，负责各种材料、构配件的管理。

(11) 设备保管员。负责项目上的设备维修、保养工作，编制设备、周转材料等供应计划。

(12) 出纳会计。严格按照国家有关制度和公司财务管理规定，办理现金收支和银行结算业务，保管有关印章和票据，认真办理领用和注销手续。

1.1.3 项目经理

项目经理是项目组织的管理者，负责对项目的计划、组织、领导和控制等工作，因此，一个项目经理必须具备以下几方面的能力。

1.1.3.1 领导能力

要使项目组织成员齐心协力地工作，实现项目目标，项目经理必须进行有效的领导，其工作包括有效的沟通和有效的激励。

（1）项目经理需要采取民主式的领导方式，这种方式比主要依靠职权的独裁式或命令式的管理方式更为有效，这是因为项目组织是一个由各方面的专家组成的临时性组织，且项目本身涉及面广，因此，作为项目经理在工作过程中应充分调动每位组员的积极性，并授予下属更大的工作自主权，才会实现有效的领导。

（2）项目经理要懂得激励成员的方法，并能设计出一种富于支持和鼓励的工作环境。

（3）项目经理要言行一致，身体力行。

1.1.3.2 人员开发能力

项目经理应对项目成员进行训练和培养，为使组织成员有机会增加自身价值，使每个成员在项目结束时，都拥有比项目开始时更丰富的知识和竞争能力。

（1）项目经理应创造一种学习环境，使项目组织成员能从他们所从事的工作中获得更多的知识和经验。

（2）为进一步提高项目组织成员的工作能力，项目经理应当组织他们定期参加正式的培训课程。

1.1.3.3 沟通能力

一个项目经理要善于与项目组织成员、承包商、项目业主以及相关的各方面进行沟通，只有通过有效的沟通，才能了解掌握各方面的情况，及时地发现问题，获得改进工作的建议，从而协调好各方面的关系。

1.1.3.4 处理矛盾冲突的能力

项目管理过程中始终存在矛盾冲突，作为项目经理应当从全局的角度处理项目运行中产生的各种矛盾冲突（特别是在组织机构重新组合和多个项目都在争取共享有限资源的情况下），充分化解矛盾。

任务1.2 小溶江水利枢纽施工项目组织机构

1.2.1 小溶江水利枢纽施工组织机构

小溶江水利枢纽工程采取项目法人组织施工，其组织机构包括决策层、管理层和作业层。依据人员及设备动态管理的原则，实行“一级核算、两级管理、队为基础”的管理体制。工程施工过程中按照国家施工项目管理办法，结合本工程施工特点建立健全管理制度，包括劳务管理、采购管理、设备管理及项目经理领导班子成员考核办法等一系列管理办法，并严格实施，确保施工顺利进行。

施工组织机构如图1.1所示。

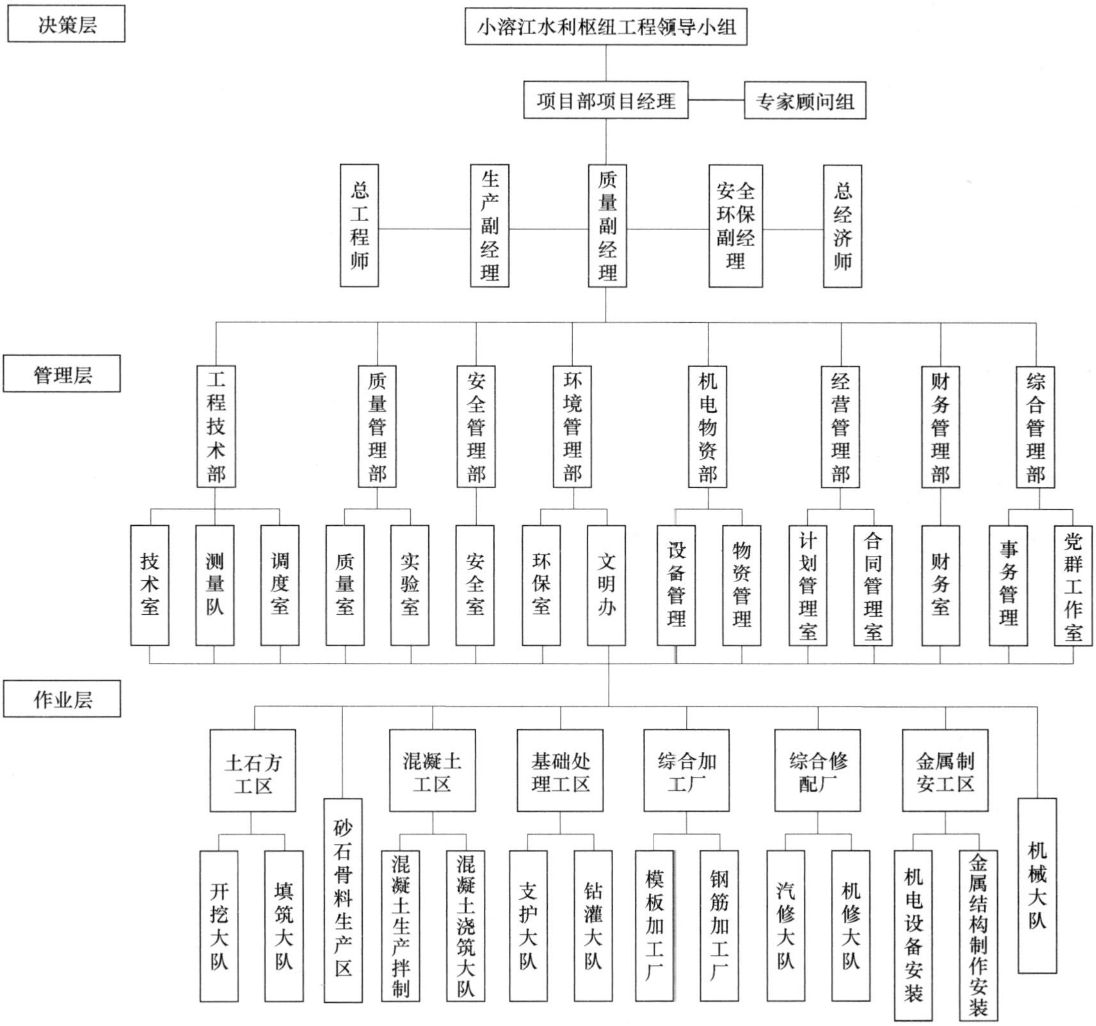

图1.1　工程施工组织机构

1.2.2　组织机构管理职责

1.2.2.1　项目部决策层

由水利枢纽工程领导小组、专家顾问组、项目部经理、生产副经理、质量副经理、安全环保副经理、总工程师、总经济师组成。

（1）水利枢纽工程领导小组。

1）根据水利枢纽工程建设规模，结合类似工程的项目管理经验，施工单位在现场组建“水利枢纽工程项目部”，同时在总公司组建“水利枢纽工程领导小组”。

2）总公司组建由总经理担任组长、总工程师担任副组长的水利枢纽工程领导小组，对本项目进行宏观管理，本部各职能部门对承建施工项目协调、控制、支援和对口管理。

3）总公司组建的水利枢纽工程领导小组成员由单位经营管理部主任、单位设备管理部主任、单位资金结算中心主任、单位人力资源部主任、单位质量管理部主任、单位安全管理部主任等组成。

4）技术管理办公室根据各单项工程实际情况，参与研究并确定主要施工方案、技术措施。

5）经营管理部参与工程年、季度工程计划确定过程，按月检查月计划执行情况，同时参与制定重要单项工程进度计划，检查项目施工质量情况，指导项目部按 ISO 9001 质量标准及作业指导书的要求对质量进行控制。

6）设备管理部按工程进度要求及时调配所需的大型施工设备、关键设备。指导大型设备的运行、维护措施。

7）资金结算中心按工程进度情况，对项目所需流动资金给予支持，并按月控制项目成本，提出成本控制措施。

8）人力资源部根据工程性质、进度要求，及时调配对口的专业技术工人、工程技术人员、工程管理人员，并保证所需人员按期进场到位，切实做到人员的动态管理。

9）质量管理部督促编制质量计划、检验试验计划，并及时进行审核，定期进行质量检查，对工程中存在的质量问题及时给予指导，确保工程质量达到优良标准。

10）安全管理部根据工程特点，确定重大危险源，并制定预防措施，督促项目部按预防措施实施，定期进行安全大检查，发现问题及时解决，不留任何安全隐患。

（2）专家顾问组。顾问组成员主要由具有教授级高工职称且多年从事大坝、导流等工程施工的六名以上专家组成，部分成员将特邀设计单位及监理单位的权威人士，顾问组定期和不定期深入工地，召开技术咨询会议，解决工程中已出现或将会遇到的技术难题。顾问组下设技术攻关小组，技术攻关小组将对一些技术难题实施攻关及牵头做一些工艺性的生产实验，及时解决工程中出现的技术难题，为施工中的技术难题提供最高的理论指导。

（3）项目部负责人。

1）项目部经理。对本合同工程的施工质量、进度、安全、环保及成本负全面责任，是工程质量、安全、环保、进度及成本的第一责任人，项目部经理直接向业主及企业法人负责。项目部经理在工地时间每年最少 10 个月，且不担任除该水利枢纽工程以外的其他工地的任何职务。

2）生产副经理。协助项目部经理负责现场施工组织、生产管理、进度控制及设备调配、使用、维护管理等，其对施工进度负有主要责任，同时配合总工程师、质量副经理和安全环保副经理做好现场技术、质量、安全、环保、文明等的落实工作。

3）质量副经理。为加强本工程施工质量控制，特设立质量副经理，全面负责施工期间质量检查、质量验收、质量控制等工作，制定质量检查制度、管理措施，审核质量计划、检验试验计划等，负责质量管理体系的贯彻和执行情况，参与施工技术方案制定。

4）安全环保副经理。协助项目部经理负责现场施工安全及环境保护管理，建立健全安全管理体系及环境管理体系，制定安全管理及环境管理措施，定期组织安全检查及环境检查，负责安全管理体系及环境管理体系的贯彻和执行情况，对施工安全、环境保护负主要责任。

5）总工程师。协助项目经理分管施工技术及技术管理工作，负责工程总体施工方案、重大施工技术的决策，主持制定施工总进度计划及质量、安全、环保的技术措施等，是工程施工技术的主要责任人。

6）总经济师。协助项目部经理负责经营管理工作，主要对成本控制、合同管理、计划统计等负主要责任。

1.2.2.2　项目部管理层

项目部管理层设八部：工程技术部、质量管理部、安全管理部、环境管理部、机电物资部、经营管理部、财务管理部和综合管理部。

（1）工程技术部。协助总工程师具体负责施工方案、技术措施、施工进度计划的制定，负责施工技术交底及大、中型临时设施的设计工作，负责对内、外技术文件的编制、审核及复核，负责对施工新技术、新工艺、新设备的研究、应用等项工作；协助生产副经理负责施工进度计划的具体实施和现场施工管理，包括日常生产安排及人员、设备调配，各种施工关系的协调、施工进度的控制等。

（2）质量管理部。协助质量副经理负责质量保证体系建立、贯彻及执行，具体负责工程质量检查、验收，建立质量管理、控制制度，并具体负责实施及监控等。

（3）安全管理部。协助安全环保副经理负责安全管理体系建立、贯彻及执行，制定安全管理制度并具体负责实施及监控等。制定重大危险源预防措施，定期进行安全大检查，对发现的安全隐患及时进行处理，确保安全施工。

（4）环境管理部。在安全环保副经理的领导下，负责本工程在施工过程中对环境保护的管理，协助安全环保副经理建立施工环保体系，制定环境保护、文明施工管理措施，满足环保部门对施工过程中环境保护及文明施工的要求。

（5）机电物资部。负责材料、劳保用品、设备及配件的采购、供应和设备维护管理等工作，进行材料、设备的检验和标识，保证原材料质量，负责对设备安装及调试进行技术指导和控制，确保设备出勤率。

（6）经营管理部。负责合同管理、计划统计、报量核算、内部经营管理、成本管理工作，组织开展成本预算、计划、核算、分析、控制、考核工作。参加施工项目验工计价，指导各施工单位开展责任成本核算工作。

（7）财务管理部。负责财务管理和成本核算，制定资金计划，及时进行工程价款结算。

（8）综合管理部。负责一切生活、后勤工作，负责党政、文秘、治安、消防、接待等工作。负责处理有关征地、与地方政府及相关行政管理部门的协调，处理好与项目所在地的群众关系，为施工生产创造良好的外部条件。

1.2.2.3　项目部作业层

项目部下设四个工区（土石方工区、混凝土工区、基础处理工区、金属结构制作及安装工区）、两个工厂（综合加工厂、综合修配厂）和两个直属大队（砂石骨料生产大队及机械大队），各部门对各自承担施工项目的进度、质量、安全、环保等在受控状态下全面负责。各施工单位主要工作内容见表1.1。各部门由从事过多次类似工程的施工、经验丰富、技术过硬的专业队伍组成，并按进度及时调整，确保动态管理。

表 1.1 **各工区、厂队主要工作内容表**

部门名称	主 要 工 作 内 容
土石方工区	大坝、发电厂房、泄洪工程、场地平整及前方营地、左右岸上坝路、右岸进场公路及所有临时工程的土石方开挖、回填等施工任务
混凝土工区	本工程所有常态、碾压混凝土的施工
基础处理工区	本工程所有的固结、接触、帷幕灌浆
金属制安工区	所有金属结构安装、埋件安装、金属结构制作、风、水、电供应及运行维护
综合加工厂	本工程所有的钢筋加工、模板加工、混凝土构件的预制
综合修配厂	所有施工机械保养、维修，保障机械正常运行
砂石骨料生产大队	本工程所有混凝土用砂石骨料的生产
机械大队	所有施工机械运行、维护及管理

思 考 题

(1) 组织机构设置的原则有哪些?

(2) 在项目部中一般会设置哪些部门?

(3) 项目经理应当具备哪些能力?

项目2　施 工 方 案 编 制

知识目标： 通过本项目学习，学生应了解施工方案编制的原则、顺序，以及施工方案的评价方法。

能力目标： 通过本项目学习，学生具备初步编制施工方案的能力。

项目导航： 参见项目1。

任务2.1　施工导流基础知识

施工导流设计包括导流标准选择，导流方式选择与导流布置，导流泄水建筑物设计，围堰设计，截流设计，基坑排水，下闸蓄水措施，施工期通航、过木、排冰与供水等。

施工导流是施工组织设计的重要组成部分，并贯穿工程施工的全过程，对枢纽的总体布置、永久建筑物形式、施工程序、施工方法、施工进度、工程造价等均有较大的影响，因此在设计过程中应全面分析各种因素，统筹安排，全面规划，处理好洪水与施工的矛盾，力求使导流方案经济合理，安全可靠。

2.1.1　施工导流标准

2.1.1.1　导流建筑物级别

（1）导流建筑物是指枢纽工程施工期所使用的临时性建筑物。根据其保护对象、失事后果、使用年限和围堰工程规模等因素划分为Ⅲ～Ⅴ级，具体按表2.1确定。

表2.1　施工导流建筑物级别划分

级别	保护对象	失事后果	使用年限/年	围堰工程规模	
				堰高/m	库容/亿 m^3
Ⅲ	有特殊要求的Ⅰ级永久建筑物	淹没重要城镇、工矿企业、交通干线或推迟工程总工期及第一台（批）机组发电，造成重大灾害和损失	>3	>50	>1.0
Ⅳ	Ⅰ、Ⅱ级永久建筑物	淹没一般城镇、工矿企业或影响总工期及第一台（批）机组发电而造成较大经济损失	1.5～3	15～50	0.1～1.0
Ⅴ	Ⅲ、Ⅳ级永久建筑物	淹没基坑，但对总工期及第一台（批）机组发电影响不大，经济损失较小	<1.5	<15	<0.1

注　1）导流建筑物包括挡水和泄水建筑物，两者级别相同。
2）表中所列四项指标均按施工阶段划分。
3）有、无特殊要求的永久建筑物均系针对施工期而言，有特殊要求的Ⅰ级永久建筑物系指施工期不允许过水的土坝及其他有特殊要求的永久建筑物。
4）使用年限系指导流建筑物每一施工阶段的工作年限，两个或两个以上施工阶段共用的导流建筑物，如分期导流一、二期共用的纵向围堰，其使用年限不能叠加计算。
5）围堰工程规模一栏中，堰高指挡水围堰最大高度，库容指堰前设计水位所拦蓄的水量，两者必须同时满足。

（2）当导流建筑物根据表2.1指标分属不同级别时，应以其中最高级别为准。但列为Ⅲ级导流建筑物时，至少应有两项指标符合要求。

（3）规模巨大且在国民经济中占有特殊地位的水利水电工程，其导流建筑物的级别和设计洪水标准，经充分论证后报上级批准。

（4）不同级别的导流建筑物或同级导流建筑物的结构形式不同时，应分别确定洪水标准堰顶超高值和结构设计安全系数。

（5）应根据不同的施工阶段按表2.1划分导流建筑物级别：同一施工阶段中的各导流建筑物的级别，应根据其不同作用划分；各导流建筑物的洪水标准必须相同，一般以主要水工建筑物的洪水标准为准。

（6）同一导流建筑物各部位所起作用不同时，级别应根据其作用划分。

（7）一个枯水期将主体工程抢出水面的导流建筑物，其级别仍按表2.1确定，导流设计流量应按该枯水时段内与级别相适应的重现期标准选用。

（8）利用围堰挡水发电时，围堰级别可提高一级，但必须经过技术经济论证。

（9）当导流建筑物与永久建筑物结合时，结合部分结构设计应采用永久建筑物级别标准，但导流设计级别与洪水标准仍按表2.1及表2.2规定执行。

表2.2　　导流建筑物洪水标准划分

导流建筑物	导流建筑物级别		
	Ⅲ	Ⅳ	Ⅴ
	洪水重现期/年		
土石	50～20	20～10	10～5
混凝土	20～10	10～5	5～3

（10）当Ⅳ、Ⅴ级导流建筑物地基地质条件非常复杂，或工程具有特殊要求必须采用新型结构，或失事后淹没重要厂矿、城镇时，结构设计级别可提高一级，但设计洪水标准不相应提高。

（11）确定导流建筑物级别的因素复杂，当按表2.1和上述各条规定确定的级别不合理时，可根据工程具体条件和施工导流阶段的不同要求，经过充分论证，予以提高或降低。

2.1.1.2　洪水标准

（1）导流建筑物设计洪水标准。根据建筑物的类型和级别在表2.2规定幅度内选择，并结合风险度综合分析，使所选择标准经济合理，对失事后果严重的工程，要考虑对超标准洪水的应急措施。

（2）导流建筑物洪水标准。在下述情况下可用表2.2中的上限值：①河流水文实测资料系列较短（小于20年）或工程处于暴雨中心区；②采用新型围堰结构；③处于关键施工阶段，失事后可能导致严重后果；④工程规模、投资和技术难度用上限值与用下限值相差不大。

（3）枢纽所在河段上游建有水库时，导流建筑物采用的洪水标准，按上游梯级水库的影响及调蓄作用考虑。本工程截流期间还可通过上游水库调度降低出库流量。

(4) 围堰施工期各月填筑标准。围堰修筑期各月的填筑最低高程以拦挡下月可能发生的最大设计流量为准。选用各月最大设计流量的重现期标准，可用围堰正常运用时的标准，经过论证也可适当降低。

2.1.1.3 过水围堰导流标准

(1) 过水围堰的挡水标准。应结合水文特点、施工工期、挡水时段，经技术经济比较后，在重现期3～20年范围内选定。当水文序列较长（不小于30年）时，也可按实测流量资料分析选用。

(2) 过水围堰级别。按表2.1确定的各项指标以过水围堰挡水期情况作为衡量依据。

(3) 围堰过水时的设计洪水标准。根据过水围堰的级别和表2.2选定。当水文系列较长（不小于30年）时，也可按实测典型年资料分析选用。通过水力学计算或水工模型试验，找出围堰过水时控制稳定的流量作为设计依据。

2.1.1.4 截流设计标准

(1) 截流时段应根据河流水文特征、气候条件、围堰施工以及通航、过木等因素综合分析选定。一般宜安排在汛后枯水时段，严寒地区尽量避开河道流冰及封冻期。

(2) 截流标准一般可采用截流时段重现期5～10年的月或旬平均流量，也可结合河流水文特性及截流施工特点用其他方法分析确定。

2.1.1.5 坝体施工期临时度汛洪水标准

当坝体筑高到不需围堰保护时，其临时度汛洪水标准应根据坝型及坝前拦洪库容，按表2.3规定执行。

表2.3　　坝体施工期临时度汛洪水标准

坝型	拦洪库容/亿 m^3		
	>1.0	1.0～0.1	<0.1
	洪水重现期/年		
土石	>100	100～50	50～20
混凝土	>50	50～20	20～10

2.1.1.6 导流泄水建筑物封堵后坝体的度汛洪水标准

导流泄水建筑物封堵后，如永久泄洪建筑物尚未具备设计泄洪能力，坝体度汛洪水标准的确定，应对坝体施工和运行要求进行分析后，按表2.4规定执行。汛前坝体上升高度应满足拦洪要求，帷幕灌浆及接缝灌浆高程应能满足蓄水要求。

表2.4　　导流泄水建筑物封堵后坝体度汛洪水标准

坝型		大坝级别		
		Ⅰ	Ⅱ	Ⅲ
		洪水重现期/年		
土石	设计	100～50	100～50	50～20
	校核	100～50	100～50	100～50

续表

坝型		大坝级别		
		Ⅰ	Ⅱ	Ⅲ
		洪水重现期/年		
混凝土	设计	100～50	50～20	20～10
	校核	100～50	100～50	100～50

2.1.1.7 围堰安全超高

(1) 不过水围堰堰顶高程及超高值。

1) 堰顶高程应不低于设计洪水的静水位加波浪高度，其安全超高不低于表2.5中数值。

表2.5 不过水围堰堰顶安全超高下限值

围堰型式	围堰级别	
	Ⅲ	Ⅳ、Ⅴ
土石围堰	0.7	0.5
混凝土围堰	0.4	0.3

2) 土石围堰防渗体顶部在设计洪水静水位以上的超高值：斜墙式防渗体为0.8～0.6m；心墙式防渗体为0.6～0.3m。

3) 考虑涌浪或冲击水流影响，当下游有支流顶托时，应组合各种流量顶托情况，校核围堰顶高程。

4) 北方河流应考虑冰塞、冰坝造成的壅水高度。

(2) 过水围堰堰顶高程。按静水位加波浪高度确定，不另加安全超高值。

2.1.2 施工导流布置

2.1.2.1 导流方法

施工导流的基本方法主要有两类：一类是分段围堰法导流；另一类是全段围堰法导流。分段围堰法导流就是用围堰将水工建筑物分段分期围护起来进行施工，其具体的分段分期数应结合具体施工条件经技术经济分析比较后确定；全段围堰法导流依其泄水建筑物的不同，又可分为隧洞导流、明渠导流、涵管导流及明渠隧洞组合导流等。当选定的泄水建筑物不能全部宣泄施工期间的洪水时，可采用洪水期淹没基坑。

2.1.2.2 导流布置

(1) 围堰布置。常用的围堰形式有草土围堰、土石围堰、混凝土围堰、钢板桩格形围堰、框格填石围堰等。施工时应根据当地可供材料的种类、建筑物类型、河流的地质地貌、水文气象及工期进度要求、施工机械配备等具体条件合理选择。围堰的平面布置主要包括围堰轮廓布置和确定堰内基坑范围两个问题。围堰轮廓布置主要取决于围堰种类、地质条件、防冲措施及导流泄水建筑物的布置等因素，堰内基坑范围大小主要取决于主体工程轮廓和相应的施工方法。通常基坑坡趾距离主体工程轮廓的距离，不应小于20～30m，以便布置排水设施、基坑内施工机械、交通道路、堆放材料和模板等。开挖边坡的大小，则视具体地质条件而定。

分段围堰法导流时，为使水流平顺，便于布置运输道路，上、下游横向围堰一般不与河床中心线垂直，围堰轴线的平面布置常呈梯形。全段围堰法导流时，为减少工程量，上、下游围堰多与主河道垂直。有时为了照顾个别建筑物施工，或避开岸边较大的溪沟，也可将围堰轴线布置成折线形。分段围堰法一期纵向围堰位置的确定须考虑下列因素：

1）一期先围主河槽部分，纵向围堰轴线与河流主流方向大致平行。

2）一期工程一般选择在施工场地开阔、交通方便的一岸。

3）一期修建的永久建筑物要便于二期导流，并有利于枢纽提前发挥效益。

4）各期永久建筑物工程量大体平衡。

5）一期河床束窄系数 K 为40%～60%。

当纵向围堰不作为永久建筑物的一部分时，基坑坡趾距离主体工程轮廓的距离，一般不小于2.0m，以便于布置排水系统和堆放模板，若无此要求，只需留0.4～0.6m。为保证基坑开挖和主体建筑物的顺利施工，基坑范围应当留有一定裕量。

(2) 导流隧洞布置。应合理选定隧洞的轴线、间距、底坡、进出口位置与高程等。隧洞断面形式选择取决于地质条件、隧洞工作状况（有压或无压）及施工条件，圆形多用于高水头处，马蹄形用于地质条件不良处，方圆形有利于截流与施工。隧洞断面尺寸的大小，取决于设计流量、地质和施工条件，洞径应控制在施工技术与结构安全允许范围内，目前国内单洞断面面积多在200m^2以下，单洞泄流量不超过2000～2500m^3/s。

有条件时，导流隧洞应与永久隧洞相结合，一般高水头枢纽，导流隧洞可考虑与永久隧洞部分结合，中低水头可考虑全部结合。

(3) 导流明渠布置。分岸坡布置和滩地布置两种形式。设计时主要是确定导流明渠轴线位置、导流明渠进出口位置和高程，其具体布置原则与要求可参考有关资料。应合理选择明渠断面形式，科学选定明渠的糙率，进而综合分析确定明渠断面尺寸。明渠一般多设计为梯形断面，当渠底为坚硬岩基时，可设计成矩形断面；若有特殊要求，也可设计成复式梯形断面。明渠断面尺寸由设计导流流量控制，并受地形、地质和允许抗冲流速影响，应按不同的明渠断面尺寸与围堰高程和组合，通过分析论证后确定。

(4) 明渠与隧洞组合导流布置。当坝址河床狭窄、或河床覆盖层较厚，而导流流量大，单一明渠或隧洞导流泄量不够，如两岸地形、地质条件分别适合于布置明渠和隧洞，可考虑明渠结合隧洞导流。导流明渠和隧洞以分别布置在左右岸为宜。

2.1.3 施工截流

2.1.3.1 截流方式选择

常用截流方式主要有平堵法、立堵法、平立堵或立平堵的综合截流方式；若坝址处于峡谷地区，岸坡险峻，交通不便时，利用定向爆破截流；或预先在河床上浇筑巨大的混凝土块体，合龙时将其支撑体炸断，使块体落入水中，将龙口封闭；对于人工泄水道，常在泄水道中预先修建闸墩，最后采用下闸截流。

在截流设计时，应充分考虑影响截流的条件，拟定几种可行的方案，通过水文气象条件、地形地质条件、综合利用条件、设备供应条件、经济指标等全面分析，经技术经济比较后选定最佳方案。

2.1.3.2 截流时间和设计流量的确定

截流时间应根据枢纽工程施工控制性进度计划或总进度计划决定，一般定于枯水期初。

根据已选定的截流时段，采用该时段内 5～10 年一遇月或旬的平均流量作为设计流量。

在截流设计时，根据历史水文资料确定的枯水期和截流流量与截流时的实际水文条件往往有一定出入。因此，在实际施工中，还应根据当时的水文气象预报所做的水情分析进行修正，最后确定截流时间与截流流量。

任务 2.2 施工方案基础知识

施工方案是对整个建设项目全局作出统筹规划和全面安排，其主要是解决影响建设项目全局的重大战略问题。它是施工组织设计的中心环节，是对整个建设项目带有全局性的总体规划。

由于建设项目的性质、规模、客观条件不同，施工方案的内容和侧重点也各不相同。因此，在进行施工方案设计时，应对具体情况进行具体分析，按总工期、合同工期的要求，事先制定出必须遵循的原则，做出切实可行的施工方案。

2.2.1 拟定施工程序

2.2.1.1 在保证工期要求的前提下，尽量实行分期分批施工

为了充分发挥工程建设投资的效果，对于大中型、总工期较长的工程建设项目，一般应当在保证总工期的前提下，实行分期分批建设，既可使各具体项目迅速建成，及早发挥工程效益，又可在全局上实现施工的连续性和均衡性，减少临时工程数量，降低工程成本。

至于如何进行分期分批，则要根据生产工艺要求、工程规模大小、施工难易程度、建设单位要求、资金和技术资源情况等，由建设单位、监理单位和施工单位共同研究确定。

2.2.1.2 统筹安排各类工程施工

既要保证重点，又要兼顾其他。在安排施工项目先后顺序时，应按照各施工项目的重要程度，优先安排以下工程：

（1）先期投入生产或起主导性作用的施工项目。

（2）工程量大、施工难度大、施工工期长的施工项目。

（3）生产需先期使用的机修、车床、办公楼及部分宿舍等。

（4）供施工使用的项目。如钢筋加工厂、木材加工厂、各种预制构件加工厂、混凝土搅拌站、采砂（石）场等附属企业及其他为施工服务的临时设施。

2.2.1.3 注意施工顺序的安排

施工顺序是指互相制约的工序在施工组织上必须加以明确、而又不可调整的安排。建

筑施工活动由于建筑产品的固定性，必须在同一场地上进行，如果没有前一阶段的工作，后一阶段就不能进行。在施工过程中，即使它们之间交错搭接地进行，也必须遵守一定的顺序。

满足施工工艺的要求，不能违背各施工顺序间存在的工艺顺序关系。例如，堤（坝）护坡工程的施工顺序为：堤（坝）坡面平整、碾压—垫层铺设—护坡块的砌筑。

考虑施工组织的要求，有的施工顺序可能有多种方式，此时必须按照对施工组织有利和方便的原则确定。例如，水闸的施工，闸室基础较深，而相邻结构基础浅，则应根据施工组织的要求，先施工闸室深基础，再施工相邻的浅基础。

考虑施工质量的要求，例如，现浇混凝土的拆模，必须等到混凝土强度达到一定要求后，方可进行。

施工顺序一般应满足以下要求：

（1）先地下后地上。主要指应先完成基础工程、土方工程等地下部分，然后再进行地面结构施工，即使单纯的地下工程也应执行先深后浅的程序。

（2）先主体后围护。指先对主体框架进行施工，再施工围护结构。

（3）先土建后设备安装。先对土建部分进行施工，再进行机电金属结构设备等安装的施工。

（4）注意施工季节的影响。

不同季节对施工有很大影响，它不仅影响施工进度，而且影响工程质量和投资效益，在确定工程开展程序时，应特别注意。例如在多雨地区施工，就必须考虑先土方工程，再进行其他工程的施工；大规模的土方工程和深基础工程施工，最好不要安排在雨季；寒冷地区的工程施工，最好在入冬时转入室内作业和设备安装。

2.2.2 施工方法与施工机械的选择

施工方案编制的依据主要是：施工图纸，施工现场勘察调查的资料和信息，施工验收规范，质量检查验收标准，安全与技术操作规程，施工机械性能手册，新技术、新设备、新工艺等的资料。

施工方案编制的主要内容包括：确定主要的施工方法、施工工艺流程、施工机械设备等。对施工方法的确定，要兼顾技术工艺的先进性和经济的合理性；对施工工艺流程的确定，要符合施工的技术规律；对施工机械设备的选择，应使主要施工机械的性能满足工程的需要，辅助配套机械的性能应与主导施工机械相适应，并能充分发挥主导施工机械的工作效率。

在现代化施工条件下，施工方法与施工机械关系极为密切，一旦确定了施工方法，施工机械也就随之而定。施工方法的选择随工种的不同而不同，例如，土石方工程中，确定土石方开挖方法或爆破方法；钢筋混凝土工程中，确定模板类型及支撑方法，选择混凝土的搅拌、运输和浇筑方法等。所选择的机械化施工总方案，不仅在技术上先进、适用，而且在经济上是合理的。

2.2.3 评价施工方案

施工方案的评价工作是对施工方案进行技术经济评价的重要一环，评价的目的在于对单位工程各可行的施工方案进行比较，选择工期短、质量好、成本低的最佳方案。

评价施工方案的方法主要有以下两种：

（1）定量分析评价。定量是通过计算各方案的一些主要技术经济指标，进行综合比较分析，从中选出综合指标较佳方案的一种方法。主要技术经济指标包括：工期指标、劳动量指标、主要材料消耗指标和成本指标。

（2）定性分析评价。指结合施工经验，对多个施工方案的优缺点进行分析比较，最后选定较优方案的评价方法。

水利水电工程施工组织设计的编制工作非常复杂，而作用又十分突出，因此要求在编制施工组织设计时，既要敢于创新，又不能盲目冒进，只有编制出切合实际的施工组织设计，才能保证水利水电工程建设的顺利进行。

任务2.3　小溶江水利枢纽工程施工导流方案

2.3.1　导流标准

2.3.1.1　导流建筑物的级别和导流标准

小溶江水库正常蓄水位267m，水库总库容1.52亿m^3，根据SL 252—2000《水利水电工程等级划分及洪水标准》规定，属Ⅱ等大（2）型工程，其主要建筑物级别定为2级，根据SL 303—2004《水利水电工程施工组织设计规范》及强制性条文（水利工程部分）的规定，临时性建筑物相应定为4级，因此，确定导流建筑物按4级建筑物设计。施工导流采用枯水期围堰挡水、隧洞导流，洪水期坝体缺口与导流洞联合泄洪的方案。根据工程具体条件，推荐导流方案的上、下游横向围堰采用土石围堰，根据SL 303—2004《水利水电工程施工组织设计规范》及强制性条文（水利工程部分）的规定，当围堰为土石结构、级别为4级时，围堰设计洪水标准为10～20年一遇。小溶江水利枢纽工程导流标准为枯水期10年一遇洪水。

2.3.1.2　导流时段选择

小溶江流域为山区河流，洪水暴涨暴落，洪、枯水位变幅大，工程导流时段的选择应在保证工期的前提下，尽可能选择枯水期，以节省导流费用。工程选择导流时段为11月至次年4月，相应10年一遇的洪峰流量为506m^3/s。

2.3.2　导流方式

本工程坝址处为V形河谷，河床狭窄。采用左岸隧洞导流、河床一次断流的导流方式。

导流程序为：2009年10～12月先提前进行两岸坝肩开挖，利用原河床导流。2009年10月底填筑围堰，利用导流洞导流，施工大坝、厂房基础，2010年4月底两岸非溢流坝段浇筑至206m高程，溢流坝段浇筑至200m高程，汛期可穿插进行灌浆施工。2010年5～7月主汛期间停工，利用导流洞与坝体预留缺口联合度汛。2010年8月利用坝体挡水，继续施工主体工程。2011年8月初下闸蓄水，利用环境放水管向下游供水，8月中旬进行导流洞封堵，9 月拆除下游围堰，2 台机组发电。

小溶江施工导流程序详见表 2.6。

表 2.6　　施工导流程序表

<table>
<tr><th colspan="3">导　流　时　段</th><th>挡水建筑物</th><th>泄水建筑物</th><th>施　工　形　象</th></tr>
<tr><td>准备期</td><td colspan="2">2009 年 10～12 月</td><td></td><td>原河床</td><td>两岸坝肩基础开挖</td></tr>
<tr><td rowspan="5">主体工程施工期</td><td>一枯</td><td>2009 年 11 月～2010 年 4 月</td><td>上、下游土石围堰</td><td>导流隧洞</td><td>河床坝基开挖，浇筑基础常态混凝土，基础处理，两岸挡水坝段浇筑至 206m，溢流坝段浇筑至 200m 高程。厂房浇筑至 190m，消力池浇筑至 181.5m</td></tr>
<tr><td rowspan="2">一汛</td><td>2010 年 5～7 月</td><td></td><td>导流隧洞、溢流坝预留缺口</td><td>基坑过水，除穿插进行固结灌浆施工外，其他部分停止施工</td></tr>
<tr><td>2010 年 8～10 月</td><td>大坝坝体、下游土石围堰</td><td>导流隧洞</td><td>大坝、厂房继续施工。同时继续进行基础处理</td></tr>
<tr><td>二枯</td><td>2010 年 11 月～2011 年 4 月</td><td>大坝坝体、下游土石围堰</td><td>导流隧洞</td><td>大坝段继续浇筑碾压混凝土，厂房与消力池已浇筑至设计高程。同时继续进行基础处理</td></tr>
<tr><td>二汛</td><td>2011 年 5～10 月</td><td>大坝坝体、下游土石围堰</td><td>导流隧洞</td><td>大坝段继续浇筑碾压混凝土，同时继续进行基础处理。8 月初下闸蓄水，导流隧洞封堵，9 月上旬 2 台机组发电</td></tr>
<tr><td></td><td>三枯</td><td>2011 年 11 月～2012 年 1 月</td><td>大坝坝体</td><td></td><td>表孔闸门安装完成，两岸挡水坝、溢流坝浇筑至坝顶</td></tr>
</table>

任务 2.4　小溶江水利枢纽工程混凝土浇筑施工方案

2.4.1　风、水、电布置

2.4.1.1　施工用风

大坝混凝土工程施工用风主要为清理仓面，及有要求的施工缝凿毛处理用风，所需用风自左、右两岸供风系统接引。

2.4.1.2　施工用水

大坝混凝土工程施工用水主要为仓面混凝土施工缝处理，仓面清理，养护用水及坝体冷却用水等。水源从河里抽水于左右岸高位水池，再用管道引至各个施工仓面。

2.4.1.3　施工用电

大坝混凝土工程施工用电主要负荷为门机、空压机、振捣器、电焊机、水泵、仓面施工照明等，由施工现场所布置的变压器就近接取。

2.4.2　混凝土拌和系统

拌和系统布置于坝下游右岸，混凝土拌和系统配备一座铭牌生产能力为 240m^3/h 的拌和楼和一座铭牌生产能力为 $120m^3/h$ 的拌和站，可满足浇筑强度要求。

2.4.3 施工道路布置

根据开挖施工中的道路布置，在大坝左岸共设 4 条施工道路，可通往坝体▽195.00、▽227.00、▽259.00、▽271.50 各高程；在大坝右岸共设 4 条施工道路，通往坝体▽182.00（大坝基坑）、▽210.00、▽247.00、▽271.50 各高程。

坝体混凝土施工过程中，可充分应用以上各条施工道路，通过修分支道路或适当填筑加高，以满足坝体在各高程的施工要求。

2.4.4 常态混凝土施工

2.4.4.1 地质缺陷处理

首先进行地质缺陷处理，即断层混凝土塞及基础回填混凝土的施工，混凝土浇筑前先铺一层 2～3cm 厚的水泥砂浆，砂浆强度等级比同部位混凝土强度等级高一级，然后再浇筑混凝土。地质缺陷处理回填混凝土采用 $6m^3$ 混凝土罐车运输，移动式传输带机入仓。铺料厚度 30～50cm，采用 $\phi70$ 和 $\phi50$ 插入式振捣器振捣。

2.4.4.2 坝基垫层混凝土

（1）浇筑方案。坝基础河床段垫层混凝土按照坝体设计横缝进行分块，最大块宽度为 39m，沿平行坝轴线方向设两道纵缝，分三仓浇筑；两岸坝肩岸坡垫层混凝土与坝体碾压混凝土一起分层平起浇筑，施工时先铺筑碾压混凝土，靠近岸坡处预留 1m 宽度，待碾压混凝土摊铺完后再浇筑垫层混凝土。

垫层混凝土厚度均为 1m，最大浇筑块仓面为 39m×30m（长×宽），混凝土最大块浇筑量为 $1170m^3$，采用 $6m^3$ 罐车运输混凝土，胎带机入仓，台阶法浇筑。其余岸坡处垫层混凝土量均不大，采用 $6m^3$ 罐车运输混凝土，移动式传输带机入仓，与碾压混凝土平起浇筑。

（2）浇筑方法。

1）仓面的准备。在建基面上浇筑混凝土时，将整个建基面用高压水冲洗干净并排除积水，凿除松动岩石，并对光滑的岩石面进行凿毛，基岩面经监理工程师验收合格后才能开始混凝土浇筑。浇筑第一层混凝土时，先铺一层 2～3cm 厚强度等级比同部位混凝土强度等级高一级的水泥砂浆，然后再浇筑混凝土。边浇混凝土边铺砂浆，保证砂浆初凝前覆盖混凝土。

2）混凝土的拌和运输。垫层混凝土在坝下游集中拌和站集中拌制，$6m^3$ 混凝土罐车运输至施工现场。

3）混凝土入仓振捣。河床基础较大仓面采用胎带机入仓，岸坡处仓面采用移动式传输带运输机入仓。基础垫层混凝土浇筑采用台阶法铺筑，一次铺料厚度 50cm 左右，铺筑方向垂直于坝轴线，$\phi100$ 插入式高频振捣器振捣。在边角部位和模板、钢筋、埋件附近采用 $\phi50$ 和 $\phi70$ 软轴插入式振捣器振捣。

（3）常态混凝土施工工序如图 2.1 所示。

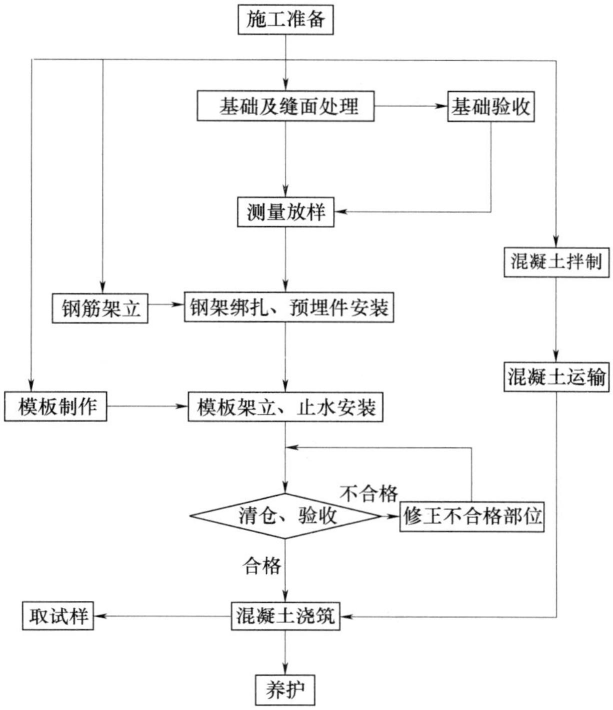

图 2.1　常态混凝土施工工序图

思　考　题

(1) 在拟定施工方案时，施工工序上有何要求？

(2) 施工方案的评价有哪些方法？

项目3　施工进度计划编制

知识目标：通过本项目学习，学生应掌握施工进度计划的编制原则、类型及表达方式；掌握流水施工原理、参数，及不同施工方式的表达形式；掌握双代号网络图的基本概念、图形绘制、工作参数计算；掌握时标网络图的绘制及工作参数计算；掌握施工进度计划的编制步骤；了解单代号网络的基本概念、绘制及时间参数计算，了解网络图优化。

能力目标：通过本项目学习，学生能利用双代号网络图或横道图编制施工进度计划，能计算各项工作的时间参数，能绘制时标网络图。

项目导航：参见项目1。

任务3.1　施工进度计划基础知识

施工总进度是施工组织设计的重要组成部分，它确定出整个工程中各单项工程的施工顺序和起止时间，以及包括主体工程施工前的施工准备和主体工程完成后结尾工作在内工程施工所需的总时间。

编制施工总进度首先要根据工程所在地区的自然及社会经济条件、工程施工特点，对工程施工分期并确定施工顺序，计算按正常条件施工所需的合理性工期，进而拟定可能的施工进度方案；其次要在条件允许的情况下参考合同工期，调整各单位工程施工进度，进行施工总进度优化，确保工程按期建成投产。最终的施工总进度计划不但要尽可能满足各方面对工期的要求，而且要经济上合理、技术上可行，并保证不因进度提前或滞后影响工程质量和施工安全。

3.1.1　施工总工期确定

大中型水利水电工程建设，一般包括以下四个阶段：

(1) 工程筹建期。工程正式开工前由业主单位负责筹建对外交通、施工用电、通信、征地、移民以及招标、评标、签约等工作，为承包单位进场开工创造条件所需的时间。

(2) 工程准备期。土建工程承包商按照合同规定进场之日起到河床基坑开挖（河床式）或主体工程开工（引水式）前的工期。必要准备工程一般包括场地平整、场内交通、临时设施等。

(3) 主体工程施工期。一般从河床基坑开挖或从引水道或厂房开挖起至工程竣工的时间。

(4) 工程完建期。自水电站第一台机组投入运行或工程开始受益起至工程竣工的工期。

工程总工期为后三者之和，即包括工程准备期、主体工程施工期、工程完建期。施工总进度计划应综合反映工程建设各阶段的主要施工项目及其进度安排，并充分体现总工期的目标要求。

3.1.2 施工进度计划编制深度

建设水利水电工程是一项非常艰巨的任务，从最初的设想到最后的竣工需要经历一个漫长的过程，而在这个过程中会出现各种因素，这些因素都会对施工进度计划产生严重或轻微的影响，所以编制施工进度计划不是一蹴而就的，其应当与工程所处的建设阶段相适应，是一个由粗到细的过程。

不同阶段编制施工进度计划的要点：

(1) 河流规划（坝址选择）阶段施工进度计划。根据流域内各坝址的自然和社会条件，各坝址的规模和可能的施工方案，参照已建工程施工指标，拟定轮廓性施工进度计划，粗略估计施工总工期、人工消耗数量和总工日数。

(2) 可行性研究阶段施工进度计划。根据拟建工程的类型及施工特点，对各种可能的施工进度方案进行研究，提供施工进度的基础资料，参与方案选择及评价，在此基础上，考虑可能的施工导流方案，研究主体工程的施工时间和施工顺序，提出控制性进度计划及主要工程的施工强度，并估算施工高峰期人工消耗量和总工作日。

(3) 初步设计阶段施工进度计划。根据主管部门对可行性研究报告的审查意见、设计任务书以及实际情况的变化，在参与选择和评价水利枢纽布置方案和配合选择施工导流方案过程中，提出和修改施工控制性进度；对既定导流方案的控制性进度，进行方案比较，选择最优方案，在各专业设计分析研究和论证的基础上，进一步完善施工控制性进度，编制施工总进度和准备工程进度，提出主要工程施工强度，绘制施工强度曲线、人工消耗量曲线等资料。

(4) 技术设计阶段施工进度计划。根据初步设计编制的施工总进度、水工建筑物型式、工程量的局部修改，结合施工方法和技术供应条件，选定合适的劳动定额，制定单项工程施工进度，并据此调整施工总进度。

3.1.3 施工进度计划表达方式

施工进度计划的表达方式一般有两种，分别是横道图和网络计划。

横道图是在时间坐标表上画出各个工作过程的起止时间，图形简单明了，通俗易懂，在工程中得到广泛的应用，但由于其不能表达各工作之间的逻辑关系，不能反映进度与资源或成本之间的制约关系，当实际进度与计划进度出现偏差时，不便于调整等情况。因此，横道图一般都用来表达施工总进度图。

网络计划可以反映各工作之间的逻辑关系，能表示控制工期和关键线路，便于施工和管理，同时利用计算机技术可以较为容易地实现进度计划优化，但对于水利水电工程，需要考虑的不确定因素较多，致使网络计划在施工总进度的应用中还缺乏经验。

横道图与网络计划在工程中相辅相成，为施工进度计划的编制及调整提供了有利的工具。

任务 3.2 流水施工

3.2.1 工程施工类型

一个水利水电工程的建设包含很多的施工过程，而各个施工过程又有很多的施工方法和组织形式，一般来讲，施工组织方式有三种：依次施工、平行施工、流水施工，如图 3.1 所示。

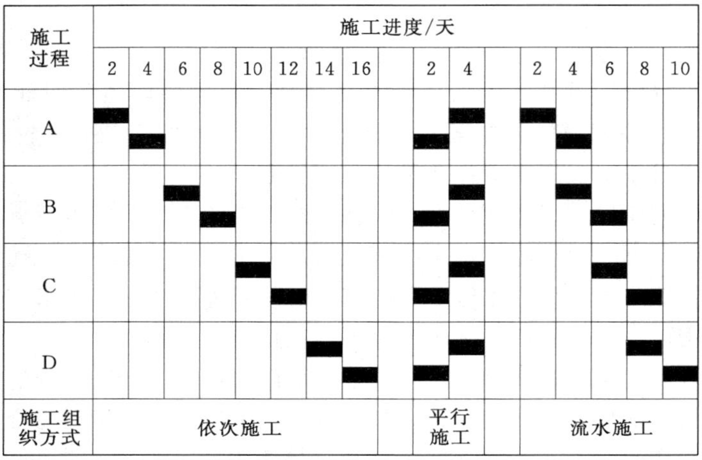

图 3.1 施工组织方式

（1）依次施工。是将拟建工程按照项目划分原则拆分成若干个施工过程，考虑施工过程之间的逻辑关系和组织关系，依照一定的顺序，完成前一个，再开始后一个的施工组织形式。

这种方法的特点是：组织施工简单明了，单位时间投入的资源量较少，便于安排，易于管理，但会造成施工队忙闲不一，资源供应不能统筹安排，工期最长。

（2）平行施工。是指同一个专业的多个施工队在不同的施工段上同时进行施工，同时竣工的施工组织形式。

这种方法的特点是：可以成倍提高施工效率，耗时最短，但在单位时间内投入的资源成倍增长，施工队不能连续作业，现场管理混乱，经济效益不佳。

（3）流水施工。是将拟建工程按照项目划分原则拆分成若干个施工过程，根据流水施工的要求把各施工过程在平面或立面上划分成工程量大致相等的施工段，不同专业的施工队陆续开工、陆续竣工的施工组织形式。

这种方法的特点是：分工协作、连续作业、均衡生产，其提高了施工效率，缩短了工期，克服了依次施工和平行施工的缺点，又具备了两者的优点。

3.2.2 流水施工参数

在组织流水施工时，用来表达流水施工在工艺流程、空间分布和时间策划等方面实施的参数，称为流水施工参数，主要包括工艺参数、空间参数、时间参数。

3.2.2.1 工艺参数

在组织流水施工时，用以表达流水施工在施工工艺上开展顺序及其特征的参数，称为工艺参数，主要指施工过程数。施工过程数是指参与一组流水的施工过程数目，以符号 n 表示，施工过程划分的数目多少、粗细程度一般与下列因素有关：

（1）施工计划的性质与作用。

（2）施工方案及工程结构。

（3）劳动组织及劳动量大小。

（4）施工过程内容和工作范围。

3.2.2.2 空间参数

在组织流水施工时，用以表达流水施工在空间布置上所处状态的参数，称为空间参数，主要有工作面、施工段数和施工层数。

（1）工作面。工作面是指某专业工种的工人在从事建筑产品施工生产过程中所必须具备的活动空间，这个空间称为工作面。工作面的大小是根据相应工种单位时间内的产量定额、工程操作规程和安全规程的要求确定的。

（2）施工段数和施工层数。施工段数和施工层数是指工程对象在组织流水施工中，在平面或立面所划分的、工程量大致相等的施工区段数目。一般把平面上划分的称为施工段，用符号 m 表示；把建筑物立面划分的称为施工层，用符号 r 表示。

划分施工区段的目的在于保证不同的施工队（组）能在不同的施工区段上同时进行施工，且能够间隔一定的时间进入下一个施工段，保证连续施工，既消除互等、停歇现象，又互不干扰，加快了施工进度。

划分施工段基本要求如下：

1）各施工段的劳动量（或工程量）要大致相等（相差宜在15%以内），确保各专业施工队（组）能连续、均衡、有节奏地施工。

2）施工段的数目要合理。施工段数过多，施工人员相对减少，工作面不能充分利用，工期被拖延；施工段数过少，则会引起人力、物力等资源的供应过度集中，可能会出现“断流”的现象。

3）要有足够的工作面。使每一施工段所容纳的劳动力人数或机械台数能满足合理劳动组织的要求，发挥尽可能大的效率。

4）施工段的划分应考虑结构的整体性，并以保证施工质量且不违反操作规程为前提，施工段分界宜划在伸缩缝、沉降缝及对结构整体性影响较小的位置，但结构上不允许留施工缝的部位不能作为划分施工段的界限。

5）当组织流水施工的工程对象分层分段施工时，为保证使各专业施工队（组）能连续施工，要求每层的施工段数必须大于或等于其施工过程数（$m \geqslant n$），即参与施工过程的专业施工队组做完第一段能立即转入第二段，施工完第一层的最后一段能立即转入第二层的第一段。

3.2.2.3 时间参数

在组织流水施工时，用以表达流水施工在时间排列上所处状态的参数，称为时间参数。它包括流水节拍、流水步距、平行搭接时间、技术与组织间歇时间等。

(1) 流水节拍。流水节拍是指某个专业队在一个施工段上完成相应工程量所需要的施工作业时间，以符号 t 表示。流水节拍的大小反映了流水施工速度的快慢、资源消耗量的多少。

1) 流水节拍确定。影响流水节拍的因素主要有：施工方案、各施工段投入的劳动力人数或施工机械台班数、工作班次，以及该施工段工程量的大小，其数值大小可以按以下几种方法确定。

a. 定额计算法。计算公式为

$$t=\frac{Q}{RS}=\frac{P}{R} \tag{3.1}$$

式中 t——某施工过程在某施工段上的流水节拍；

Q——一个施工段的工程量；

R——专业队的人数或机械数；

S——产量定额，即单位时间（工日或台班）完成的工程量；

P——劳动量或台班量。

b. 经验估算法。根据施工经验进行估算。为了提高准确度，需要先估算该流水节拍的最长、最短、正常三种时间，求出期望时间作为某专业施工队在某施工段上的流水节拍，计算公式为

$$t=\frac{a+4c+b}{6} \tag{3.2}$$

式中 t——某施工过程在某施工段上的流水节拍；

a——某施工过程在某施工段上的最短估算时间；

b——某施工过程在某施工段上的最长估算时间；

c——某施工过程在某施工段上的正常估算时间。

c. 工期计算法。对某些施工任务在规定时间内必须完成的施工项目，采用倒排进度法。步骤如下：

根据工期倒排进度，确定各个施工过程的工作延续时间。

确定某施工过程在某个施工段的流水节拍，如同一施工过程流水节拍不等，用估算法；如流水节拍相等，则按下式计算

$$t=\frac{T}{M} \tag{3.3}$$

式中 t——流水节拍；

T——某施工过程的工作持续时间；

M——某施工过程划分的施工段数。

2) 确定流水节拍要点。

a. 专业施工队的人数应满足最小劳动力组合的要求，以具备集体协作的能力。

b. 必须保证有足够的施工操作空间（最小工作面），充分发挥专业施工队的劳动效率，且保证施工安全。

c. 在保证接线设备操作安全的前提下，考虑机械设备的效率以及可能供应的机械设

备数量。

d. 有特殊技术限制、安全质量限制的工程，在安排其流水节拍时，应满足相关的限制要求。

e. 必须考虑材料和构配件供应能力对进度的影响和限制，合理确定相关施工过程的流水节拍。

f. 主导工程直接影响工期，所以应首先确定主导施工过程的流水节拍，在此基础上确定其他施工过程的流水节拍。

（2）流水步距。流水步距是指两个相邻的专业施工队相继进入同一施工段流水作业的时间间隔，以符号 $K_{i,i+1}$ 表示，i 表示前一个施工过程，$i+1$ 表示后一个施工过程。

与流水步距相关的因素包括工期、前后两个相邻施工过程流水节拍的大小、施工工艺技术要求、是否有技术和组织间歇时间、施工段数目、流水施工的组织方式等。流水步距与工期的关系，一般是在施工段不变的情况下，流水步距越大，工期越长；流水步距越小，则工期越短。

流水步距制定原则：①满足工艺要求；②主要专业施工队连续施工；③最大限度搭接。

（3）平行搭接时间。在组织流水施工时，有时为了缩短工期，在工作面允许的条件下，如果前一个专业施工队完成部分施工任务后，能够提前为后一个专业施工队提供工作面，使后一个专业施工队能提前进入前一个施工段，两者在同一施工段上平行搭接施工，这个搭接的时间称为平行搭接时间，通常以 $C_{i,i+1}$ 表示。

（4）技术间歇时间。在组织流水施工时，除要考虑相邻专业施工队之间的流水步距外，有时根据建筑材料或现浇构件等的工艺性质，还要考虑合理的工艺等待间歇时间，这个等待间歇时间称为技术间歇时间，如混凝土浇筑后的养护时间、砂浆抹面干燥时间等。技术间歇时间以 $Z_{i,i+1}$ 表示。

（5）组织间歇时间。在流水施工中，由于施工组织的原因，造成的在流水步距以外增加的间歇时间，称为组织间歇时间，如施工人员、机械转移、回填土前地下管道检查验收等。组织间歇时间以 $G_{i,i+1}$ 表示。

3.2.2.4 工期

工期是指从第一个专业施工队投入流水作业开始，到最后一个专业施工队完成最后一个施工过程的最后一段工作退出流水作业为止的整个延续时间，可用符号 T 表示。由于一个工程往往由许多流水组组成，所以这里所说的工期是流水组的工期，而不是整个工程的总工期。

3.2.3 流水施工组织方法

流水施工按其流水节拍的特征不同可分为等节奏流水施工、异节奏流水施工和无节奏流水施工等几种形式。

3.2.3.1 等节奏流水施工

等节奏流水施工指同一施工过程在各施工段上的流水节拍都相等，且不同施工过程之间的流水节拍也相等的一种流水施工方式，是一种最理想的组织流水方式，这种方式能够保证专业队连续、有节奏、均衡地施工。

(1) 特征。

1) 各施工过程在各施工段上的流水节拍彼此相等。如有 n 个施工过程，流水节拍为 t_i，则 $t_1=t_2=\cdots=t_n=t$。

2) 流水步距彼此相等，且等于流水节拍，即 $K_{1,2}=K_{2,3}=\cdots=K_{n-1,n}=t$。

3) 各专业工作队在各施工段上能够连续作业，施工段之间没有空闲时间。

4) 施工班组数 n_1 等于施工过程数 n。

5) 工期计算，如下式

$$T=(m+n-1)t+\sum Z_{i,i+1}+\sum G_{i,i+1}-\sum C_{i,i+1} \tag{3.4}$$

(2) 组织施工步骤。

1) 划分施工过程，应将劳动量小的施工过程合到相邻施工过程去，以使各流水节拍相等。

2) 确定主要施工过程的施工人数并计算其流水节拍。

3) 确定流水步距。

4) 确定流水施工的工期。

5) 绘制流水施工进度安排表，如图3.2所示。

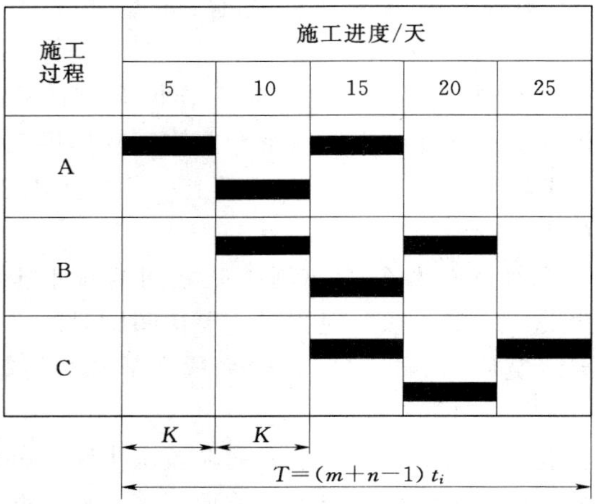

图 3.2　等节奏流水施工示意图

3.2.3.2　异节奏流水施工

异节奏流水施工又称为成倍节拍流水，指同一施工过程在各个施工段上的流水节拍相等，不同施工过程之间的流水节拍不完全相等，但各个施工过程的流水节拍均为最小流水节拍的整数倍的流水施工方式。

(1) 特征。

1) 同一施工过程流水节拍相等，不同施工过程流水节拍之间存在整数倍关系。

2) 流水步距彼此相等，且等于流水节拍值的最大公约数 K_b。

3) 各专业施工队都能保持连续作业，施工段没有空闲。

4) 施工队组数等于施工过程数 n。

5) 工期计算，如下式

$$T=(m+n-1)K_b+\sum Z_{i,i+1}+\sum G_{i,i+1}-\sum C_{i,i+1} \tag{3.5}$$

(2) 组织施工步骤。

1) 划分施工过程。

2) 确定主要施工过程的施工人数并计算其流水节拍。

3) 确定流水步距。

4) 确定流水施工的工期。

5）绘制流水施工进度安排表，如图 3.3 所示。

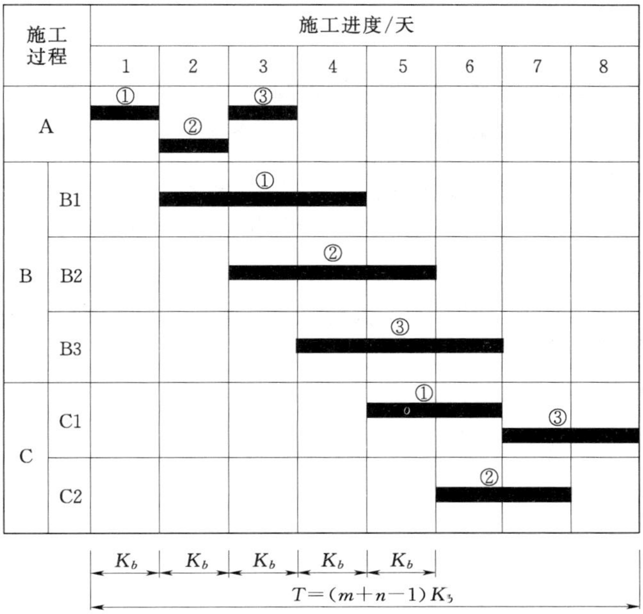

图 3.3　异节奏流水施工示意图

3.2.3.3　无节奏流水施工

无节奏流水施工指同一施工过程在各个施工段上流水节拍不完全相等，也不存在倍数关系，流水节拍没有规律性的一种流水施工方式。

（1）特征。

1）每个施工过程在各个施工段上的流水节拍不相等。

2）各个施工过程之间的流水步距不相等。

3）各施工作业队能够在施工段上连续作业，但有的施工段之间可能有空闲时间。

4）施工队组数等于施工过程数 n。

5）工期计算，如下式

$$T=\sum K_{i,i+1}+\sum Z_{i,i+1}+G_{i,i+1}-C_{i,i+1} \tag{3.6}$$

（2）组织施工步骤。无节奏流水施工的实质是各专业施工队连续作业，流水步距经计算确定，使专业施工队之间在一个施工段内不相互干扰（不超前，但可能滞后），或做到前后专业施工队之间工作紧密衔接。因此，组织无节奏流水的关键就是正确计算流水步距，流水步距的计算最简单的方法是“最大差法”，具体步骤如下：

1）划分施工过程。

2）确定主要施工过程的施工人数并计算各施工过程在各个施工段上的流水节拍。

3）按“最大差法”确定各流水步距。

4）确定流水施工的工期。

5）绘制流水施工进度安排表，如图 3.4 所示。

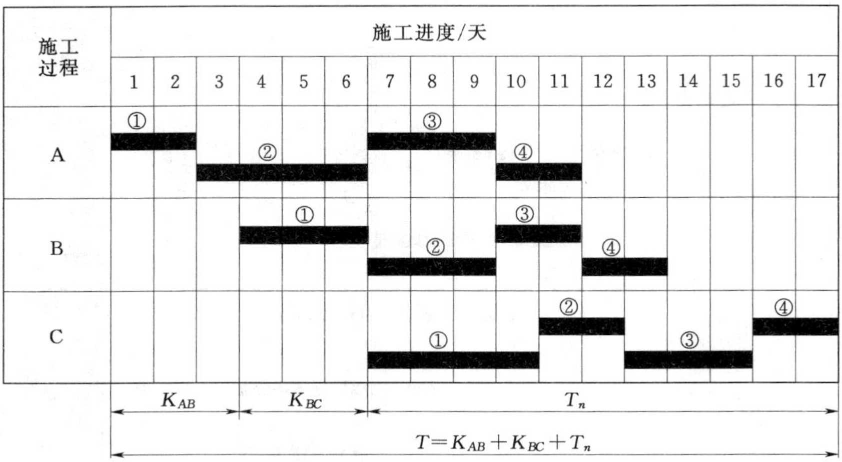

图 3.4　无节奏流水施工示意图

任务 3.3　网络计划——双代号网络图

网络计划起源于 20 世纪 50 年代末，以其逻辑严密、主要矛盾突出，便于优化调整和电子计算机应用的优点，广泛应用于各个领域，被诸多国家认为是有效的、先进的、科学的管理方法。

网络计划的基本原理是：用网络图的形式和数学运算来表达一项计划中各项工作的逻辑关系，通过时间参数计算，找出关键线路、关键工作和工期，在既定的约束条件下，按照给定目标不断完善网络计划，选择最优方案并加以实施。

3.3.1　双代号网络图构成要素

双代号网络计划是以双代号网络图为基础，经过绘制、计算形成的网络计划形式。双代号网络图是以箭线和节点来表示工作的网络图，如图 3.5 所示，它的基本构成单元是一条箭线和两个节点，在箭线的上方标明工作名称，下方标注工作延续时间，箭线的方向代表工作的开展方向，箭尾代表工作开始，箭头表示工作结束，如图 3.6 所示。

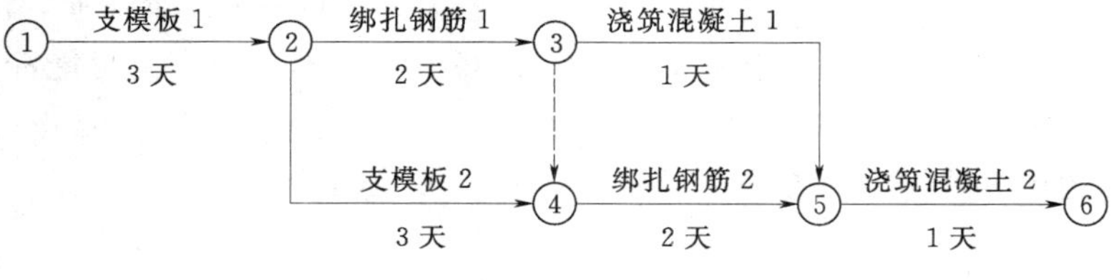

图 3.5　双代号网络示意图

双代号网络图的构成要素包括实箭线、节点、虚箭线和线路。

3.3.1.1　实箭线

实箭线特征如下：

(1) 一条实箭线表示一项工作，工作所包含的范围可大可小，既可以是一道工序，如混凝土板预制中的立模，也可以是一个分部工程，如混凝土护坡工程。

图 3.6　双代号网络图基本构造图

(2) 对于既消耗时间也消耗资源的工作（混凝土浇筑），或只消耗时间的工作（如混凝土养护）都应作为一项工作来看待，用实箭线表示，且在无时标的网络图中，实箭线的长短并不反映该工作占用时间的长短。

(3) 在双代号网络图中，针对某一工作，紧靠其前的工作称为紧前工作，紧靠其后的工作称为紧后工作，与其平行的工作称为平行工作，如图 3.7 所示。

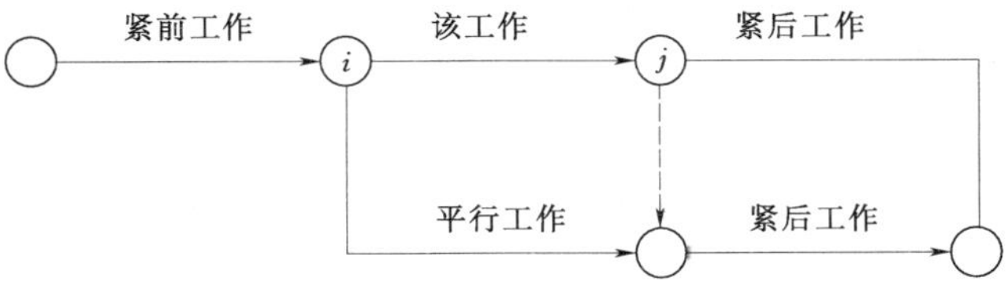

图 3.7　紧前工作、紧后工作、平行工作示意图

3.3.1.2　节点

节点特征如下：

(1) 节点在双代号网络图中表示一项工作的开始或结束，用圆圈表示。

(2) 节点仅为前后两项工作的交接点，只是一个“瞬间”点，它既不消耗时间也不消耗资源。

(3) 箭线尾部的节点称箭尾节点，箭线头部的节点称箭头节点。

(4) 网络图的第一个节点称起点节点，它意味着一项工程或任务的开始；最后一个节点称终点节点，它意味着一项工程或任务的完成；网络图中的其他节点称为中间节点。

(5) 节点编号。为使网络图便于检查和计算，所有节点均应统一编号，一条箭线两端节点的一对号码就是该工作所表示的活动代号，在进行节点编号时，箭尾节点的号码应小于箭头节点的号码。

3.3.1.3　虚箭线

虚箭线又称虚工作，它表示一项虚拟的工作，用带箭头的虚线表示，由于是虚拟的工作，故不占用时间，也不消耗资源，它的主要作用是在网络图中解决工作之间的连接关系，即正确表示网络图中工作之间的相互依存和相互制约的逻辑关系。

3.3.1.4　线路

从网络图的开始节点沿着箭线的方向直到结束节点，形成的若干条通道称为线路，其中时间累计最长的那条称为关键线路，用粗箭线标出，其他的为非关键线路。在网络图中，可能会出现多条关键线路，而且当条件发生变化时，关键线路可能转化为非关键线路，非关键线路转化为关键线路。

如图 3.5 所示，第一条线路：①→②→③→⑤→⑥，时间累计 7 天；第二条线路：①→

②→③→④→⑤→⑥，时间累计 8 天；第三条线路：①→②→④→⑤→⑥，时间累计 9 天。

第三条线路历时最长，所以为关键线路，第一条和第二条为非关键线路。关键线路是网络计划中持续时间最长的线路，关键线路上的各项工作称为关键工作，关键工作是否能按期完成直接影响工期的长短。

3.3.2 双代号网络图绘制

3.3.2.1 绘制原则

（1）双代号网络图必须正确表达逻辑关系。逻辑关系是指网络图计划中各项工作客观存在的一种先后顺序关系，是相互依赖、相互制约的关系。常见的逻辑关系表达方法见表 3.1。

表 3.1　双代号网络图中常见的逻辑关系表达方法

序号	工作之间的逻辑关系	双代号网络图中表示方法
1	A、B 依次施工	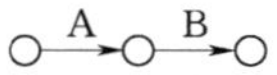
2	A、B、C 同时开始施工	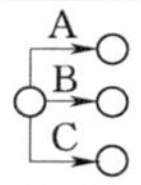
3	A 结束后，B、C 开始施工	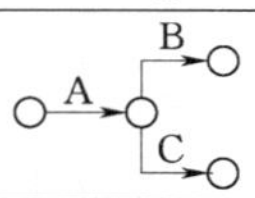
4	A、B 结束后，C 开始施工	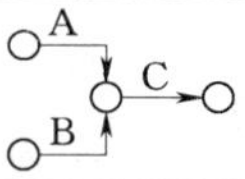
5	A 结束后开始 C，B、C 结束后，D 开始施工	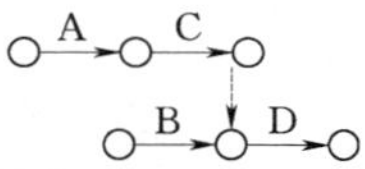
6	A、B 均结束后开始 D，A、B、C 结束后开始 E，D、E 结束后开始施工 F	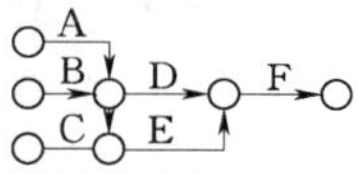
7	A、B 均结束后开始 C，B、D 结束后开始 E	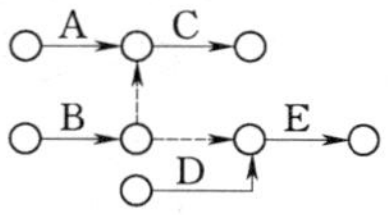
8	A、B、C 均结束后开始 D，B、C 结束后开始 E	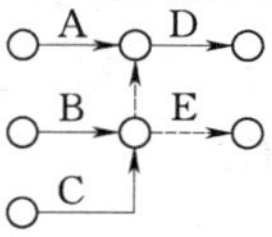
9	A 结束后开始 C，A、B 结束后开始 D，B 结束后开始 E	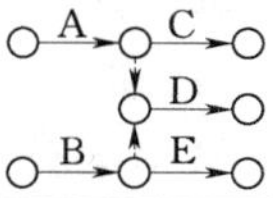
10	A、B 两项工程流水施工	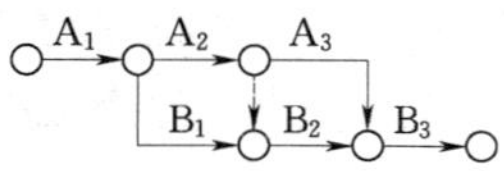

（2）网络图中禁止出现循环线路，如图 3.8 所示。

(3) 网络图中禁止出现代号相同的箭线，如图 3.9 所示。

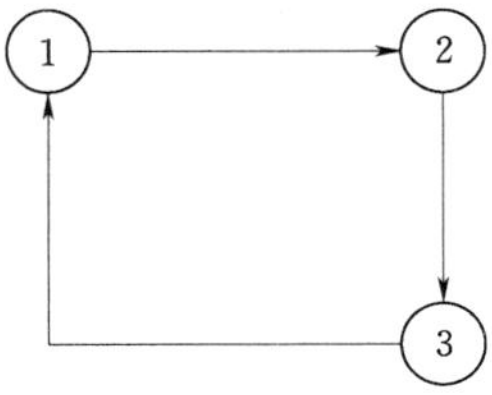

图 3.8 循环线路

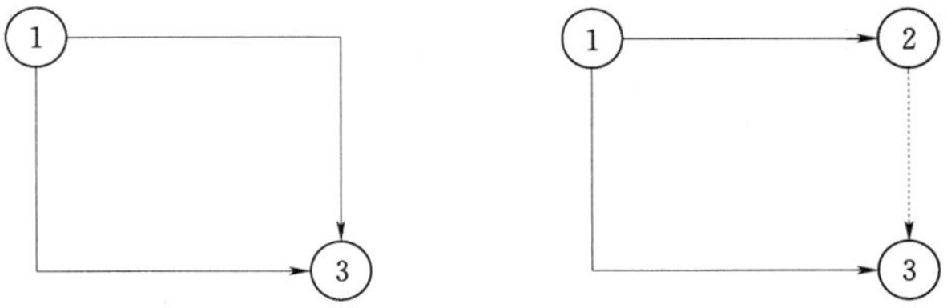

(a)　　(b)

图 3.9 禁止出现节点相同的箭线

(a) 错误做法；(b) 正确做法

(4) 严禁在网络图中出现没有箭尾节点的箭线和没有箭头节点的箭线，如图 3.10 所示。

(5) 网络图中不允许出现双向箭头、无箭头的箭线，如图 3.11 所示。

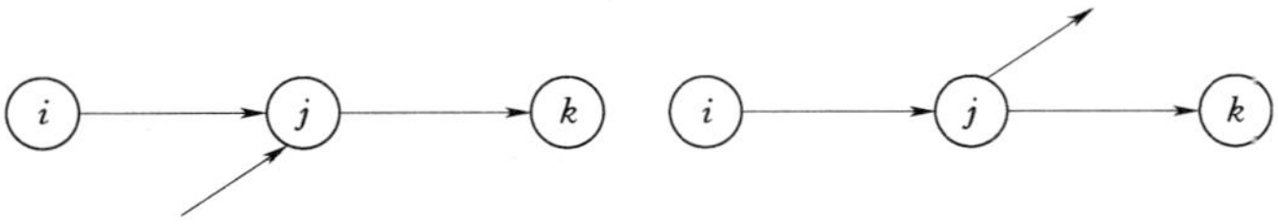

图 3.10 无箭尾节点箭线和无箭头节点箭线

图 3.11 双向箭线和无箭头箭线

(6) 在一个网络图中，只允许有一个起点节点和一个终点节点，其余为中间节点。

(7) 箭线不宜交叉，当交叉不可避免时，可用过桥法、断线法或指向法，如图 3.12 所示。

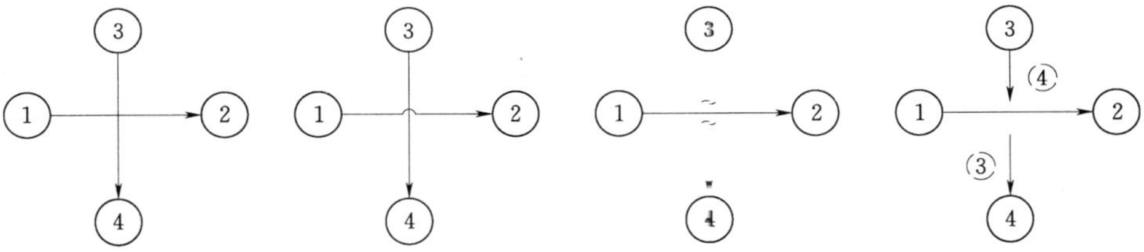

(a)　　(b)　　(c)　　(d)

图 3.12 箭线交叉画法

(a) 错误画法；(b) 过桥法；(c) 断线法；(d) 指向法

(8) 当网络图的起点节点有多条外向箭线或终点节点有多条内向箭线时，为使图形简洁，可应用母线法绘图，如图 3.13 所示。

3.3.2.2 绘制步骤

(1) 根据各项工作之间的逻辑关系，从左到右正确绘制网络计划草图。

(2) 去掉多余的节点、虚箭线（单向射出或单向射入的节点、虚箭线均可去掉）。

(3) 检查各项工作之间的逻辑关系是否正确，网络图的绘制是否符合规则要求。

(4) 整理网络图，使网络图条理清楚、层次分明。

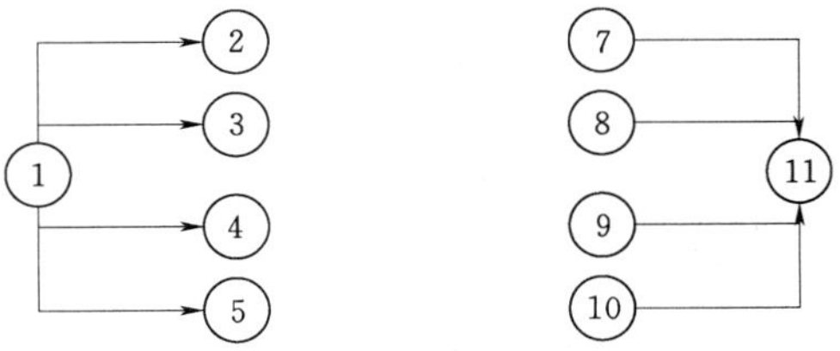

图 3.13 母线法

【例 3.1】 现有某工程各工作之间的逻辑关系（表 3.2），绘制双代号网络图。

表 3.2　　某分部分项工程各施工工程逻辑关系表

施工过程	A	B	C	D	E	F	G	H
紧前工作	无	A	B	B	B	C、D	C、E	F、G
紧后工作	B	C、D、E	F、G	F	G	H	H	无
持续时间/天	3	5	8	2	4	4	2	5

整个绘制过程如图 3.14 所示。

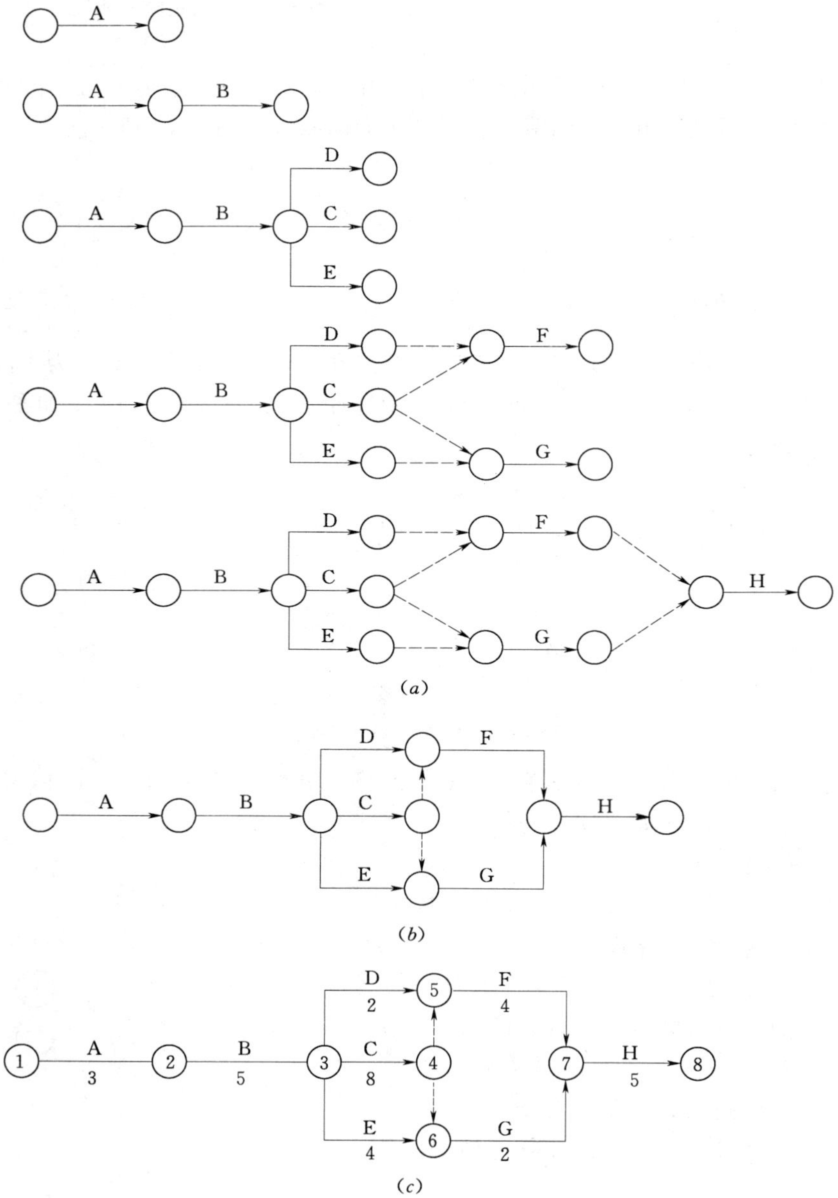

图 3.14　双代号网络图绘制过程

(*a*) 绘制草图；(*b*) 去掉多余节点和虚箭线；(*c*) 整理编号

3.3.3 双代号网络图时间参数计算

网络图时间参数计算的方法有很多种，主要有工作计算法、节点计算法、图上计算法、表上计算法等，简单的网络图采用人工计算和绘制，复杂的网络图则采用计算机程序进行绘制和计算，在本书中简单介绍图上计算法。

网络计划时间参数计算包括节点时间参数和各项工作时间参数，节点时间参数包括节点最早时间 ET_i 和节点最迟时间 LT_i，各项工作时间参数包括工作最早开始时间（ES_{i-j}）、工作最早完成时间（EF_{i-j}）、工作最迟开始时间（LS_{i-j}）、工作最迟完成时间（LF_{i-j}）及工作总时差（TF_{i-j}）和工作自由时差（FF_{i-j}），利用图上计算法计算各个时间参数，具体表达方式如图 3.15 所示。

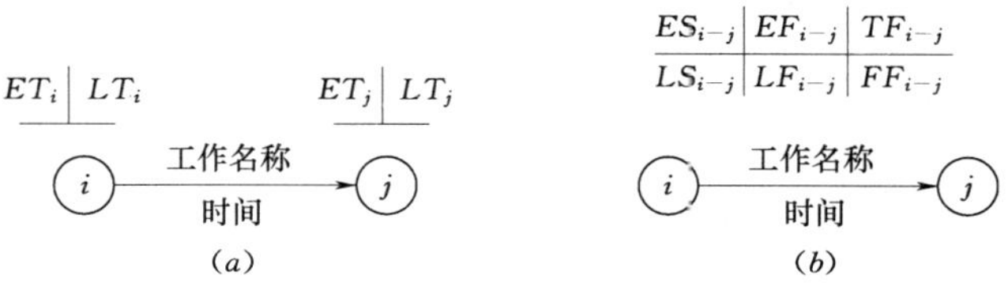

图 3.15 时间参数标注

(a) 节点标注；(b) 工作标注

3.3.3.1 节点时间参数

节点时间计算应符合其表达的逻辑关系，计算结集标注在节点上。

(1) 节点最早时间（ET_i）。节点是瞬间点，代表以该节点为结束节点的所有工作全部完成的时间，以该节点为开始节点的各项工作的最早开始时间。各节点最早时间计算，沿箭线方向，由起始节点向终点节点计算。

1）起始节点为网络图中第一个节点，即开工日期

$$ET_1=0 \tag{3.7}$$

式中 ET_1——起点节点最早开始时间。

2）其他节点的最早时间为

$$ET_j=\max\{ET_i+D_{i-j}\}(i<j) \tag{3.8}$$

式中 ET_i、ET_j——节点 i、j 最早开始时间；

D_{i-j}——工作 $i-j$ 的持续时间。

终点节点的最早时间，即为整个项目的计算工期，同时也是该终点节点的最迟时间。

(2) 节点最迟时间（LT_i）。在不影响计划总工期的前期下，以该节点为结束节点的各项工作最迟必须完成的时间。应逆着箭线方向，由终点节点向起点节点计算。终点节点的最迟时间计算，当有规定工期为 T_r 时

$$LT_n=T_p=T_r \tag{3.9}$$

当未规定工期时

$$LT_n=ET_n \tag{3.10}$$

式中 ET_n、LT_n——终点节点 n 最早开始时间和最迟开始时间。

其他节点的最迟时间为

$$LT_i=\min\{LT_j-D_{i-j}\}(i<j) \tag{3.11}$$

式中 LT_i——节点 i 最迟开始时间。

3.3.3.2 各项工作时间参数

(1) 工作最早开始时间(ES_{i-j})。工作 $i-j$ 的最早开始时间 ES_{i-j} 应从网络计划的起点节点开始，顺箭线方向依次逐项计算。

以起点节点为箭尾节点的工作 $i-j$ 如未规定其最早开始时间 ES_{i-j} 时，其值等于零，即

$$ES_{i-j}=0(i=1) \tag{3.12}$$

其他工作 $i-j$ 的最早开始时间应为

$$ES_{i-j}=\max\{ES_{h-i}+D_{h-j}\}=\max\{EF_{h-i}\} \tag{3.13}$$

式中 ES_{h-i}——工作 $i-j$ 的紧前工作 $h-i$ 的最早开始时间；

D_{h-j}——工作 $i-j$ 的紧前工作 $h-i$ 的持续时间。

(2) 工作最早完成时间(EF_{i-j})

$$EF_{i-j}=ES_{i-j}+D_{i-j} \tag{3.14}$$

计算工期

$$T_c=\max\{EF_{i-n}\} \tag{3.15}$$

式中 EF_{i-n}——以终点节点($j=n$)为箭头节点工作 $i-n$ 的最早完成时间。

网络计划的计划工期 T_p 应按下列情况分别确定：①当已规定了要求工期，则 $T_p\leqslant T_r$；②当未规定要求工期时，则 $T_p=T_c$。

(3) 工作最迟完成时间(LF_{i-j})。工作 $i-j$ 的最迟完成时间 LF_{i-j} 应从网络计划的终点节点开始，逆箭线方向依次逐项计算。

以终点节点($j=n$)为箭头节点的工作的 LF_{i-j} 应按网络计划的计划工期确定，即

$$LF_{i-n}=T_p \tag{3.16}$$

其他工作 $i-j$ 的最迟完成时间应为

$$LF_{i-j}=\min\{LF_{j-k}-D_{j-k}\}=\min\{LS_{i-j}\} \tag{3.17}$$

式中 LF_{j-k}——工作 $i-j$ 的各项紧后工作 $j-k$ 的最迟完成时间；

D_{j-k}——工作 $i-j$ 的各项紧后工作 $j-k$ 的持续时间。

(4) 工作最迟开始时间(LS_{i-j})

$$LS_{i-j}=LF_{i-j}-D_{i-j} \tag{3.18}$$

(5) 工作总时差(TF_{i-j})。是指在不影响工期的前提下，一项工作可以利用的机动时间，利用工作的总时差延长工作的作业时间或推迟其开工时间，均不会影响计划的总工期。工作 $i-j$ 的总时差 TF_{i-j} 应按下式计算

$$TF_{i-j}=LS_{i-j}-ES_{i-j}=LF_{i-j}-EF_{i-j} \tag{3.19}$$

(6) 工作自由时差(FF_{i-j})。是指不影响其紧后工作最早开始时间的前提下，可以利用的机动时间。

工作 $i-j$ 的自由时差 TF_{i-j} 应符合下列规定：

1) 当工作 $i-j$ 有紧后工作 $j-k$ 时，其自由时差为

$$FF_{i-j}=\min\{ES_{j-k}-ES_{i-j}-D_{i-j}\}=\min\{ES_{j-k}-EF_{i-j}\} \quad (3.20)$$

2）以终点节点（$j=n$）为箭头节点的工作，其自由时差 FF_{i-j} 应按网络计划的计划工期 T_p 确定，即

$$FF_{i-n}=T_p-ES_{i-n}-D_{i-n}=T_p-EF_{i-n} \quad (3.21)$$

（7）关键线路。在所有线路中历时最长的线路称为关键线路，它具有以下特点：

1）关键线路持续时间即为网络计划计算工期，即 T_c。

2）总时差最小的为关键工作。若计划工期等于计算工期，关键工作的总时差为0。

3）关键线路应用粗线或双线在图形上表示。

【例3.2】 参照表3.2提供的各项工作的历时，计算节点和各项工作的时间参数。

（1）节点时间参数。

1）节点最早开始时间：从起始节点开始从左向右逐步计算，直到终点节点。

$ET_1=0 \quad ET_2=ET_1+D_{1-2}=0+3=3$

$ET_3=ET_3+D_{2-3}=3+5=8 \quad ET_4=ET_3+D_{3-4}=8+8=16$

$ET_5=\max\{ET_3+D_{3-5}、ET_4+D_{4-5}\}=\max\{8+2、16+0\}=16$

$ET_6=\max\{ET_3+D_{3-6}、ET_4+D_{4-6}\}=\max\{8+4、16+0\}=16$

$ET_7=\max\{ET_5+D_{5-7}、ET_6+D_{6-7}\}=\max\{16+4、16+2\}=20$

$ET_8=ET_7+D_{7-8}=20+5=25$

2）节点最迟开始时间：从终点节点开始从右向左逐步计算，直到起始节点。

$LT_8=ET_8=25 \quad LT_7=LT_8-D_{7-8}=25-5=20$

$LT_6=LT_7-D_{6-7}=20-2=18 \quad LT_5=LT_7-D_{5-7}=20-4=16$

$LT_4=\min\{LT_5-D_{4-5}、LT_6-D_{4-6}\}=\min\{16-0、18-0\}=16$

$LT_3=\min\{LT_4-D_{3-4}、LT_5-D_{3-5}、LT_6-D_{3-6}\}=\min\{16-8、16-2、18-4\}=8$

$LT_2=LT_3-D_{2-3}=8-5=3 \quad LT_1=LT_2-D_{1-2}=3-3=0$

（2）工作时间参数。

1）最早开始时间、最早完成时间。从网络计划的起始节点开始从左向右逐步计算，直到终点节点。

$ES_{1-2}=0 \quad EF_{1-2}=ES_{1-2}+D_{1-2}=0+3=3$

$ES_{2-3}=EF_{1-2}=3 \quad EF_{2-3}=ES_{2-3}+D_{2-3}=3+5=8$

$ES_{3-4}=EF_{2-3}=8 \quad EF_{3-4}=ES_{3-4}+D_{3-4}=8+8=16$

$ES_{3-5}=EF_{2-3}=8 \quad EF_{3-5}=ES_{3-5}+D_{3-5}=8+2=10$

$ES_{3-6}=EF_{2-3}=8 \quad EF_{3-6}=ES_{3-6}+D_{3-6}=8+4=12$

$ES_{5-7}=\max(EF_{3-4}、EF_{3-5})=\max(16、10)=16 \quad EF_{5-7}=ES_{5-7}+D_{5-7}=16+4=20$

$ES_{6-7}=\max(EF_{3-4}、EF_{3-6})=\max(16、12)=16 \quad EF_{6-7}=ES_{6-7}+D_{6-7}=16+2=18$

$ES_{7-8}=\max(EF_{5-7}、EF_{6-7})=\max(20、18)=20 \quad EF_{7-8}=ES_{7-8}+D_{7-8}=20+5=25$

计算工期 $T_c=25 \quad T_p=T_c=25$ 天。

2）最迟开始时间、最迟完成时间。从网络计划的终点节点开始从右向左逐步计算，直到起始节点。

$LF_{7-8}=T_p=25 \quad LS_{7-8}=LF_{7-8}-D_{7-8}=25-5=20$

$LF_{6-7}=LS_{7-8}=20$　$LS_{6-7}=LF_{6-7}-D_{6-7}=20-2=18$

$LF_{5-7}=LS_{7-8}=20$　$LS_{5-7}=LF_{5-7}-D_{5-7}=20-4=16$

$LF_{3-6}=LS_{6-7}=18$　$LS_{3-6}=LF_{3-6}-D_{3-6}=18-4=14$

$LF_{3-5}=LS_{5-7}=16$　$LS_{3-5}=LF_{3-5}-D_{3-5}=16-2=14$

$LF_{3-4}=\min(LS_{5-7}、LS_{6-7})=\min(18、16)=16$　$LS_{3-4}=LF_{3-4}-D_{3-4}=16-8=8$

$LF_{2-3}=\min(LS_{3-4}、LS_{3-5}、LS_{3-6})=\min(8、14、14)=8$　$LS_{2-3}=LF_{2-3}-D_{2-3}=8-5=3$

$LF_{1-2}=LS_{2-3}==3$　$LS_{1-2}=LF_{1-2}-D_{1-2}=3-3=0$

3）总时差。

$TF_{1-2}=LS_{1-2}-ES_{1-2}=LF_{1-2}-EF_{1-2}=3-3=0$　$TF_{2-3}=LS_{2-3}-ES_{2-3}=LF_{2-3}-EF_{2-3}=8-8=0$

$TF_{3-4}=LS_{3-4}-ES_{3-4}=LF_{3-4}-EF_{3-4}=16-16=0$　$TF_{3-5}=LS_{3-5}-ES_{3-5}=LF_{3-5}-EF_{3-5}=16-10=6$

$TF_{3-6}=LS_{3-6}-ES_{3-6}=LF_{3-6}-EF_{3-6}=18-12=6$　$TF_{5-7}=LS_{5-7}-ES_{5-7}=LF_{5-7}-EF_{5-7}=20-20=0$

$TF_{6-7}=LS_{6-7}-ES_{6-7}=LF_{6-7}-EF_{6-7}=20-18=2$　$TF_{7-8}=LS_{7-8}-ES_{7-8}=LF_{7-8}-EF_{7-8}=25-25=0$

4）自由时差。

$FF_{1-2}=ES_{2-3}-ES_{1-2}-D_{1-2}=ES_{2-3}-EF_{1-2}=3-3=0$

$FF_{2-3}=\min(ES_{3-4}、ES_{3-5}、ES_{3-6})-ES_{2-3}-D_{2-3}=\min(ES_{3-4}、ES_{3-5}、ES_{3-6})-EF_{1-2}=8-8=0$

$FF_{3-4}=\min(ES_{5-7}、ES_{6-7})-ES_{3-4}-D_{3-4}=\min(ES_{5-7}、ES_{6-7})-EF_{3-4}=16-16=0$

$FF_{3-5}=ES_{5-7}-ES_{3-5}-D_{3-5}=ES_{5-7}-EF_{3-5}=16-10=6$

$FF_{3-6}=ES_{6-7}-ES_{3-6}-D_{3-6}=ES_{6-7}-EF_{3-6}=16-12=4$

$FF_{5-7}=ES_{7-8}-ES_{5-7}-D_{5-7}=ES_{7-8}-EF_{5-7}=20-20=0$

$FF_{6-7}=ES_{7-8}-ES_{6-7}-D_{6-7}=ES_{7-8}-EF_{6-7}=20-18=2$

$FF_{7-8}=T_p-ES_{7-8}-D_{7-8}=T_p-EF_{7-8}=25-25=0$

5）关键线路为①→②→③→④→⑤→⑦→⑧，如图 3.16 所示。

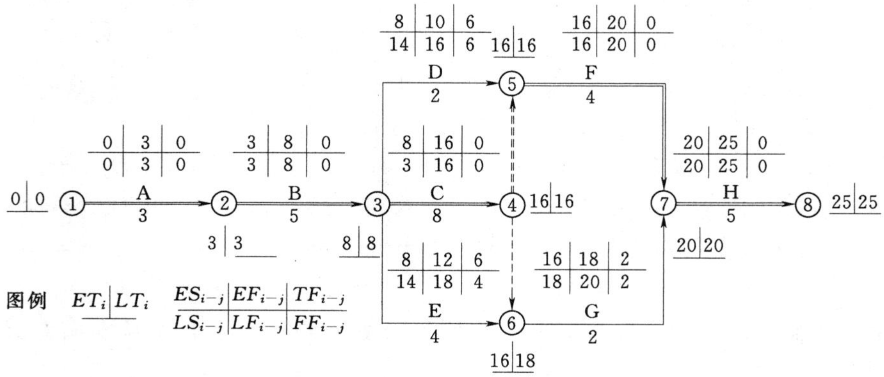

图 3.16　双代号网络计划时间参数计算示例

任务 3.4　网络计划——单代号网络图

单代号网络计划是基于单代号网络图，经过绘制、计算形成的网络计划形式。与双代号网络图一样，单代号网络图也是由节点、箭线组成，但含义却不相同，其节点代表工作，箭线代表工作之间的逻辑关系。由于是节点代表工作，所以单代号网络图又称为节点网络图，如图 3.17 所示，它的基本构成单元是一个节点和一条箭线，在节点的上方标明工作代号，中间标明工作名称，下方标明历时，如图 3.18 所示。

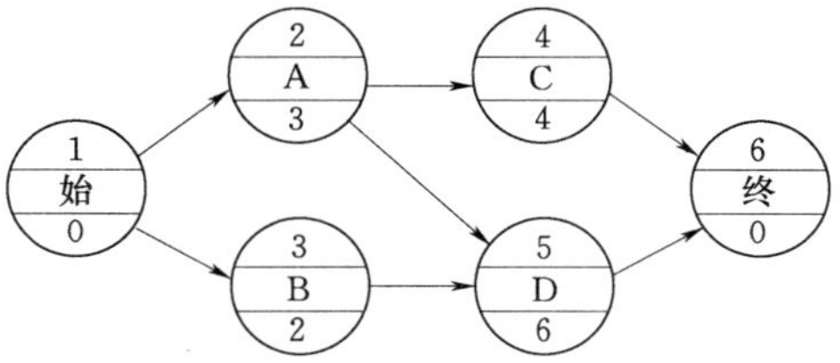

图 3.17　单代号网络图

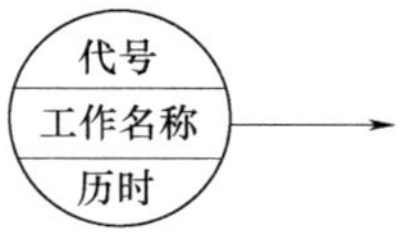

图 3.18　单代号网络图基本构造

3.4.1　单代号网络图构成要素

单代号网络图的构成要素包括节点、箭线、线路，各个要素的特征如下：

(1) 节点。是用一个圆圈或方框来表示，其中包含了工作代号、工作名称和工作历时，一个圆圈就代表一项工作。

(2) 箭线。在单代号网络图中只有实箭线，没有虚箭线，它标明各项工作之间的逻辑关系，不占用时间和资源，对于一条箭线来讲，箭尾节点称为紧前工作，箭头节点称为紧后工作。

(3) 线路。单代号网络图中的线路与双代号网络图中的线路概念一致，都是从网络图中的起始节点开始，沿着箭头方向前进，直到终点节点，就形成一条线路，其中历时最长的线路称为关键线路。

3.4.2　单代号网络图绘制

单代号网络图的绘制与双代号网络图基本一致，两者的不同点如下：

(1) 单代号网络图与双代号网络图的逻辑关系确定方法一致，只是符号的意义不同，表 3.3 中列出了单代号网络图中几种基本的逻辑关系。

表 3.3　单代号网络图常见的几种逻辑关系

序号	工作之间的逻辑关系	单代号网络图中表示方法
1	A、B 依次施工	
2	A、B、C 同时开始施工	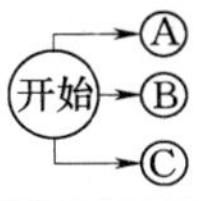

续表

序号	工作之间的逻辑关系	单代号网络图中表示方法
3	A 结束后，B、C 开始施工	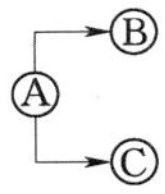
4	A、B 结束后，C 开始施工	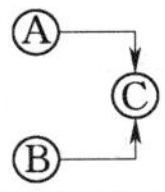
5	A 结束后开始 C，A、B 结束后，D 开始施工	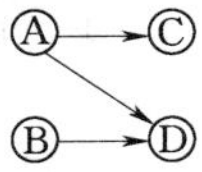
6	A、B 结束后开始 C，B、D 结束后开始 E	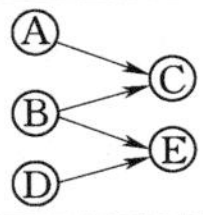
7	A 结束后开始 C，A、B 结束后开始 D，B 结束后开始 E	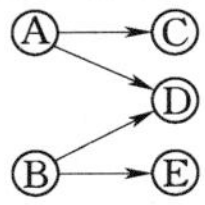

（2）节点中的工作代号禁止出现重复，一个代号只能代表一项工作。

（3）单代号网络图中只能出现一个起始节点和一个终点节点，当出现多项无内向箭线的工作或无外向箭线的工作时，就需要增加虚拟节点，作为该网络图的起始节点和终点节点，如图 3.19 所示。

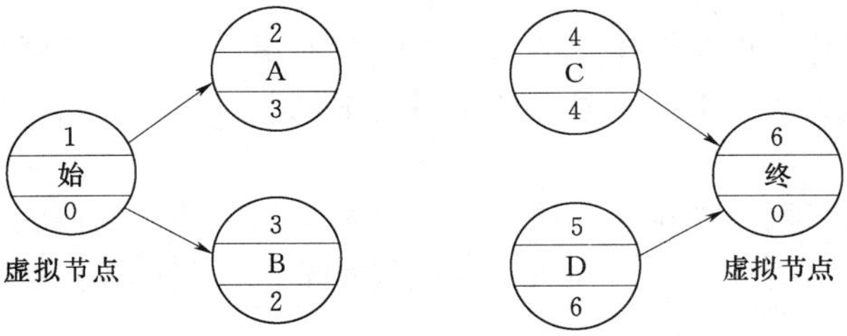

图 3.19　单代号网络图中虚拟节点绘制

3.4.3　单代号网络图时间参数计算

单代号网络计划中各项工作的时间参数与双代号网络计划基本相同，也包含了最早开始时间（ES_i）、最早完成时间（EF_i）、最迟开始时间（LS_i）、最迟完成时间（LF_i）、工作总时差（TF_i）和自由时差（FF_i），除上述六个之外，还有一个时间间隔（LAG_{i-j}），它的具体标注形式如图 3.20 所示。

各项工作时间参数如下：

（1）工作最早开始时间（ES_i）。工作 i 的最早开始时间 ES_i 应从网络计划的起点节点开始，顺箭线方向依次逐项计算。

$$ES_i = 0(i \text{ 为起始节点}, i=1) \tag{3.22}$$

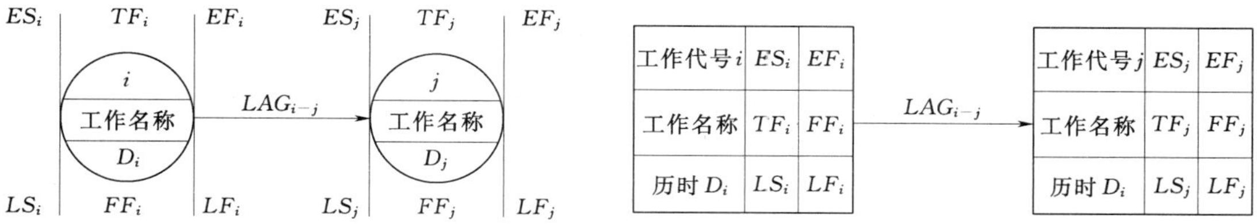

图 3.20 单代号时间参数标注形式

其他工作 i 的最早开始时间

$$ES_i=\max\{ES_h+D_h\}=\max\{EF_h\} \tag{3.23}$$

式中 ES_h——工作 i 的紧前工作 h 的最早开始时间；

D_h——工作 i 的紧前工作 h 的持续时间。

（2）工作最早完成时间（EF_i）。

$$EF_i=ES_i+D_i \tag{3.24}$$

计算工期

$$T_c=\max\{EF_n\} \tag{3.25}$$

式中 EF_n——终点节点（$i=n$）的最早完成时间。

（3）工作最迟完成时间（LF_i）。工作 i 的最迟完成时间 LF_i 应从网络计划的终点节点开始，逆箭线方向依次逐项计算。

以终点节点（$j=n$）为箭头节点的工作的 LF_{i-j} 应按网络计划的计划工期确定，即

$$LF_i=T_p(n\text{ 为终点节点}) \tag{3.26}$$

其他工作 i 的最迟完成时间应为

$$LF_i=\min\{LF_j-D_j\}=\min\{LS_j\}(i<j) \tag{3.27}$$

式中 LF_j——工作 i 的各项紧后工作 j 的最迟完成时间；

D_j——工作 i 的各项紧后工作 j 的持续时间。

（4）工作最迟开始时间（LS_i）。

$$LS_i=LF_i-D_i(i<j) \tag{3.28}$$

（5）工作总时差（TF_i）。

$$TF_i=LS_i-ES_i=LF_i-EF_i=\min\{LAG_{i-j}+TF_j\} \tag{3.29}$$

（6）工作自由时差（FF_i）。工作 i 的自由时差 FF_i 应符合下列规定：

当工作 i 有紧后工作 j 时，其自由时差为

$$FF_i=\min\{ES_j-ES_i-D_i\}=\min\{ES_j-EF_i\} \tag{3.30}$$

终点节点（$i=n$）的工作，其自由时差 FF_n 应按网络计划的计划工期 T_p 确定，即

$$FF_n=T_p-ES_n-D_n=T_p-EF_n \tag{3.31}$$

（7）相邻两项工作的时间间隔（LAG_{i-j}）。时间间隔等于紧后工作最早开始时间减去该工作最早完成时间。

$$LAG_{i-j}=T_p-EF_i\text{（终点节点为虚拟节点）} \tag{3.32}$$

$$LAG_{i-j}=ES_j-EF_i(i<j) \tag{3.33}$$

【例 3.3】 参照图 3.21，计算各项工作时间参数。

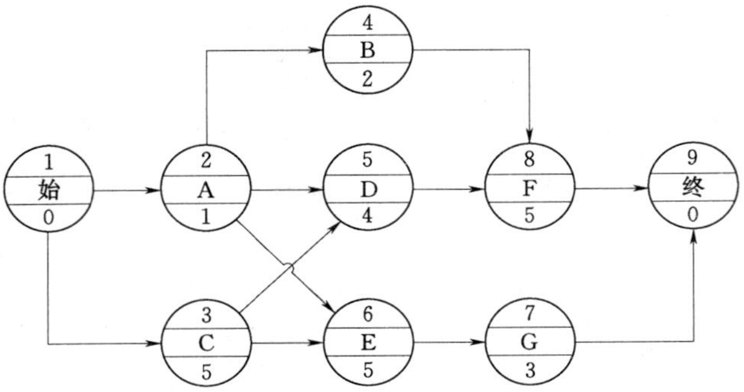

图 3.21　单代号网络计划图

(1) 最早开始时间（ES_i）、最早完成时间（EF_i）。

$ES_1=0 \quad EF_1=0$

$ES_2=ES_3=ES_1+D_1=0 \quad EF_2=ES_2+D_2=1 \quad EF_3=ES_3+D_3=5$

$ES_4=ES_2+D_2=0+1=1 \quad EF_4=ES_4+D_4=3$

$ES_5=\max\{EF_2、EF_3\}=\max\{1、5\}=5 \quad EF_5=ES_5+D_5=5+4=9$

$ES_6=\max\{EF_2、EF_3\}=\max\{1、5\}=5 \quad EF_6=ES_6+D_6=5+5=10$

$ES_7=ES_6+D_6=5+5=10 \quad EF_7=ES_7+D_7=10+3=13$

$ES_8=\max\{EF_4、EF_5\}=\max\{3、9\}=9 \quad EF_8=ES_8+D_8=9+5=14$

$ES_9=\max\{EF_7、EF_8\}=\max\{13、14\}=14 \quad EF_9=EF_{终}=14$

(2) 最迟开始时间（LS_i）、最迟完成时间（LF_i）。假设计划工期等于计算工期

$T_c=LF_9=14 \quad LS_9=14$

$LF_8=LF_7=LF_9=14 \quad LS_8=LF_8-D_8=14-5=9 \quad LS_7=LF_7-D_7=14-3=11$

$LF_6=LS_7=11 \quad LS_6=LF_6-D_6=11-5=6$

$LF_4=LF_5=LS_8=9 \quad LS_5=LF_5-D_5=9-4=5 \quad LS_4=LF_4-D_4=9-2=7$

$LF_3=\min\{LS_5、LS_6\}=\{5、6\}=5 \quad LS_3=LF_3-D_3=5-5=0$

$LF_2=\min\{LS_4、LS_5、LS_6\}=\{7、5、6\}=5 \quad LS_2=LF_2-D_2=5-1=4$

$LF_1=\min\{LS_3、LS_2\}=\{0、4\}=0 \quad LS_1=0$

(3) 时间间隔（LAG_{i-j}）。

$LAG_{8-9}=T_c-EF_8=14-14=0 \quad LAG_{7-9}=T_c-EF_7=14-14=0$

$LAG_{1-2}=ES_2-EF_1=0-0=0 \quad LAG_{1-3}=ES_3-EF_1=0-0=0$

$LAG_{2-4}=ES_4-EF_2=1-1=0 \quad LAG_{2-5}=ES_5-EF_2=5-1=4$

$LAG_{2-6}=ES_6-EF_2=5-1=4 \quad LAG_{3-5}=ES_8-EF_4=5-5=0$

$LAG_{3-6}=ES_6-EF_3=5-5=0 \quad LAG_{4-8}=ES_5-EF_3=9-3=6$

$LAG_{5-8}=ES_8-EF_5=9-9=0 \quad LAG_{6-7}=ES_7-EF_6=10-10=0$

(4) 自由时差（FF_i）。

$FF_9=T_c-EF_9=14-14=0$

$FF_1=\min\{LAG_{1-2}、LAG_{1-3}\}=\min\{0、0\}=0$

$FF_2=\min\{LAG_{2-4}、LAG_{2-5}、LAG_{2-6}\}=\min\{0、4、4\}=0$

$FF_3 = \min\{LAG_{3-5}、LAG_{3-6}\} = \min\{0、0\} = 0$

$FF_4 = LAG_{4-8} = 6$　$FF_5 = LAG_{5-8} = 0$　$FF_6 = LAG_{6-7} = 0$

$FF_7 = LAG_{7-9} = 0$　$FF_8 = LAG_{8-9} = 0$

（5）总时差（TF_i）。

$TF_1 = LS_1 - ES_1 = 0 - 0 = 0$　$TF_2 = LS_2 - ES_2 = 4 - 0 = 4$

$TF_3 = LS_3 - ES_3 = 0 - 0 = 0$　$TF_4 = LS_4 - ES_4 = 7 - 1 = 6$

$TF_5 = LS_5 - ES_5 = 5 - 5 = 0$　$TF_6 = LS_6 - ES_6 = 6 - 5 = 1$

$TF_7 = LS_7 - ES_7 = 11 - 10 = 1$　$TF_8 = LS_8 - ES_8 = 9 - 9 = 0$

$TF_9 = LS_9 - ES_9 = 14 - 14 = 0$

关键线路：①→③→⑤→⑧→⑨，如图 3.22 所示。

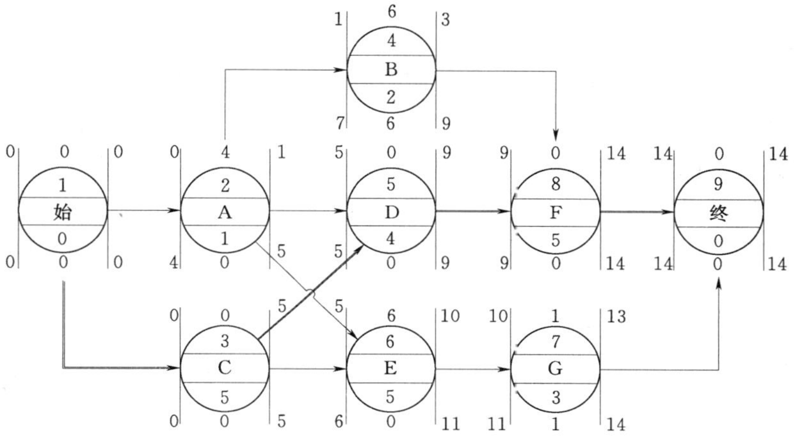

图 3.22　单代号网络计划时间参数计算示例图

计划工期：$T_p = T_c = 14$ 天。

任务 3.5　网络计划——双代号时标网络图

双代号时标网络图也是网络计划的一种表示方式。前面表述的网络图都是非时标网络图，由于其没有时间坐标，不能直观地看到各项工作的开始时间和结束时间，进而出现了带有时标的网络图，即时标网络图。

双代号时标网络图将横道图的时间坐标和网络计划合二为一，以时间坐标为尺度，以箭线的长短和位置表示工作的历时和进程，既具有横道图计划的直观、明了，又能清楚地表达各项工作之间的逻辑关系。在双代号时标网络图中各项工作以实箭线表示，虚工作以虚箭线表示，自由时差以波浪线表示。

双代号时标网络图可以用最早开始时间绘制，也可以用最晚开始时间绘制，在本书中只介绍前者，即按最早开始时间绘制，绘制步骤如下：

（1）间接绘制法。利用各项工作之间的逻辑关系先绘制无时标双代号网络计划，并计算出各项工作的时间参数，根据时间参数在时间坐标表上确定节点位置，用箭线标出工作历时，若某些工作箭线长度不能到达完成节点，用波浪形补足。将无时标网络图转为时标网络图，具体步骤如下：

1）绘制草图，并计算双代号网络计划各项工作的时间参数，确定关键线路。

2）绘制时间坐标表，在有横向时间刻度的表格上确定每项工作最早开始时间的节点位置。

3）按各项工作的历时长短绘制相应工作的实线部分，箭线一般沿水平方向绘制，其水平投影长度即该工作的持续时间。

4）用水平波形线将实线部分与其紧后工作的最早开始节点连接起来，波形线的水平投影就是工作的自由时差。

5）对于虚工作，不占用时间的用垂直虚线连接，占用时间的部分用波形线来表示。

6）将总时差为最小的工作由起点节点连至终点节点的线路，即为关键线路。终点节点所在位置的时间即工程竣工时间。

（2）直接绘制法。无需绘制非时标网络图，而是直接利用各项工作的逻辑关系及持续时间绘制时标网络计划的方法，步骤如下：

1）绘制时间坐标表，将起始节点放在时间表的起始刻度上。

2）绘制起始节点的外向箭线，其长度等于工作历时。

3）对于各项工作的箭头节点，要保证所有内向箭线全部绘制完，定位在内向箭线的最晚完成处，其他箭线长度不足的地方用波形线连接。

4）利用上述方法，从左向右依次作图，直到结束节点，绘图完成。

【例 3.4】 参照表 3.2 提供的各项工作的逻辑关系和历时，绘制双代号时标网络图，如图 3.23 所示。

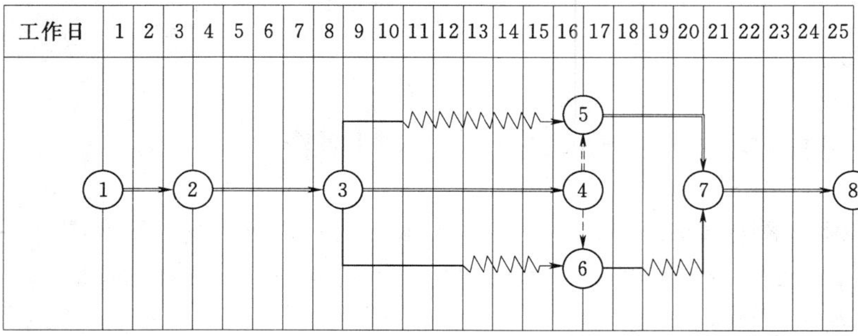

图 3.23　双代号时标网络示意图

任务 3.6　网络计划——网络图优化

不管是双代号网络计划，还是单代号网络计划，都只是一种可行方案，而这个方案可能存在一些未知的矛盾和缺点，如工期方面，可能超过了合同要求的工期；资源利用方面，可能出现供不应求的矛盾等，如何解决这些问题，就是本节要描述的内容。网络计划的优化，即运用优化原理，对原始网络计划进行调整、完善，以满足各方面的要求。

网络计划优化是指根据一定的约束条件，按照给定的目标对网络计划进行调整、改进，直到满足目标要求的过程。根据目标要求，网络计划优化分为工期优化、费用优化和资源优化。

3.6.1 工期优化（时间优化）

3.6.1.1 概念

工期优化是指以合同规定的工期为基准，以缩短工期为目标，压缩计算工期，达到在一定约束条件使工期最短的过程。

通过网络计划各项工作时间参数计算，可以得到计算工期 T_c，T_c 是否符合要求，要参照具体的约束条件，具体有以下三种情况：

（1）计算工期等于要求工期。这种情况下，无需对网络计划进行调整，只要按部就班地实施施工进度计划的每一步，即可满足要求。

（2）计算工期小于要求工期。这种情况说明完成该项任务的时间比较宽裕，可以适当延长某些工作的持续时间，降低工作强度，达到资源上的平衡，节约费用。

（3）计算工期大于要求工期。这种情况说明工期不符合要求，必须通过各种途径调整网络计划，使之满足工期要求。一般是通过压缩关键线路上关键工作的持续时间或调整工作关系，以满足工期要求。

3.6.1.2 要求

（1）压缩关键工作持续时间，不应以牺牲工程质量和安全为代价。

（2）由于压缩工作的时间而导致费用增加要最小。

3.6.1.3 措施

（1）采取施工组织措施。如把按顺序实施的工作调整为流水作业，或利用非关键工作的自由机动时间，改变其开工的时间，或延长其施二的时间，将资源应用到关键工作上等。

（2）增加资源。可以加大人力、物力的投入，以缩短关键工作的持续时间。

3.6.2 费用优化

3.6.2.1 概念

费用优化又称为工期成本优化，指的是在总工期既定的情况下，寻求总费用最低，或者是总费用最小时对应的总工期。

3.6.2.2 工期与费用的关系

按照工程造价费用组成数学模型，总费用通常由直接费、间接费、利润、税金组成，其中直接费、间接费与费用优化关系密切。

直接费包括人工费、材料费、机械费、措施费等费用，不同的施工方案、不同的工期，其直接费也不尽相同，一般来说，直接费与时间成反比关系，即时间越短，费用越高；时间越长，费用越低，如图 3.24 所示。

间接费包括规费、企业管理费，其中企业管理费一般与时间成正比关系，即工期越长，费用越高；工期越短，费用越低，如图 3.24 所示。

将直接费与间接费叠加，就得到了总费用曲线，考虑到直接费和间接费与时间的关系，那么在这条曲线上，必然存在一个总费用最低点，而这个最低点就是该工程总费用最低的最佳工期。当然，也可以通过曲线来确定不同工期时的总费用。

工期是由关键线路上的关键工作的历时叠加而成，一项工作的直接费随着持续时间的长短而变化，如果为了满足工期要求，压缩关键工作的历时，就需要增加人力、物力、财力，其直接费不断增加，而当工期压缩到一定的程度，无论再怎么增加各种资源的投入量，都无法缩短工期，此时所对应的工期称为强化工期，所对应的费用称为极限费用；反之，当延长工期，降低直接费至某一极限时，再延长工期，也不会降低直接费，此时所对应的工期为正常工期，对应的费用是正常费用，将两个极限点相连，就得到了费用曲线的假象状态，而实际应为曲线关系，如图 3.25 所示。为了简化计算，用直线代替曲线，其斜率——费用率，公式如下

$$费用率 = \frac{极限费用 - 正常费用}{正常时间 - 极限时间} \tag{3.34}$$

很明显，费用率越大，意味着每缩短一天，费用投入越大；费用率越小，费用投入越小。

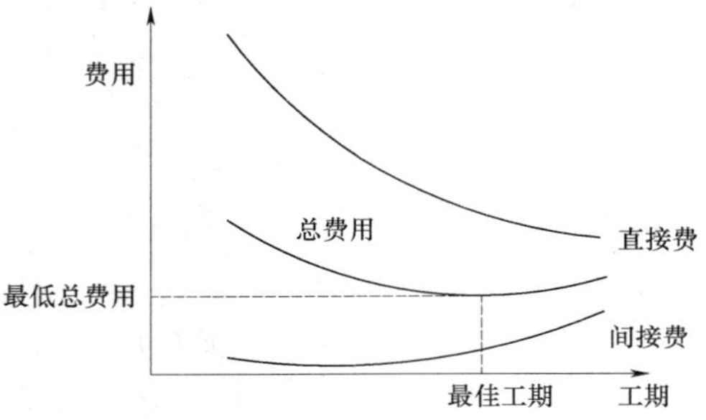

图 3.24 直接费、间接费与时间的关系图

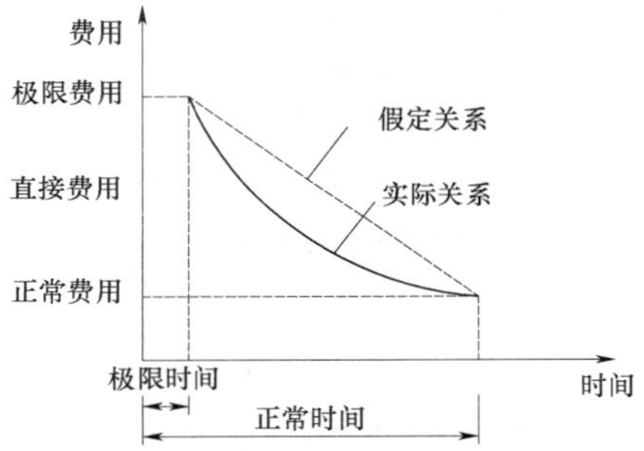

图 3.25 费用曲线

3.6.2.3 措施

选择关键线路上直接费用率最低的工作，缩短其作用时间。

3.6.3 资源优化

3.6.3.1 概念

资源是指完成工程施工任务所必须消耗的人工、材料、机械和资金的统称。前面讲述的编制各种计划都隐含了一个条件，就是资源是充足的，计划的实施不会受到资源的影响，而现实中资源是影响工期的一个非常重要的因素，所以需要根据资源的供应情况来对网络计划进行调整，在资源和工期之间找到平衡，达到两者最优的状态。

资源优化包含两种情况：第一在既定工期的条件下，寻找资源消耗的均衡，尽量不出现“高峰”和“低谷”；第二在资源有限制的情况下，寻求最短工期。

3.6.3.2 措施

利用工作的时差，推迟某些工作的开工时间，或延长某些工作的历时，降低其资源消

耗强度，如果条件允许，在资源供应紧张时，可暂停某些工作。

任务3.7 施工总进度计划编制

3.7.1 施工总进度计划编制步骤

3.7.1.1 收集基本资料

在编制施工总进度之前和在编制过程中，要收集和不断完善编制施工总进度所需的基本资料。主要包含下列资料：

（1）可行性研究阶段的水工、机电设计成果。

（2）工程勘测和技术经济调查资料。如水文、气象、地形、地质、水文地质和当地建筑材料等自然条件资料，以及工程所在地区（和水库库区的）厂矿企业、矿产资源、库区淹没、文物保护、移民安置、地震和环保等资料。

（3）交通运输和技术供应的基本资料。主要包括对外交通运输方式、运输能力和发展情况，劳动力、建筑材料、机械设备等的供应情况，以及施工用电和通信等有关资料。

（4）国民经济各部门对施工期间的防洪、灌溉、航运、过木、供水等方面的要求。

3.7.1.2 编制轮廓性施工进度计划

在进行流域规划阶段和可行性研究阶段，一般基本资料不齐全，但设计方案较多，有些项目尚未进行工作，不可能对主体建筑的施工分期、施工程序进行详细分析，因此，这一阶段的施工进度属轮廓性的，称轮廓性施工进度。

在流域规划阶段，轮廓性施工进度计划是最终成果，在可行性研究阶段，是编制控制性施工进度的中间成果，其目的：一是为了配合拟定可能成立的导流方案；二是为了对关键性施工项目进行粗略规划，拟定工程的受益日期和总工期，并为编制控制性施工进度做好准备。在初步设计阶段，可不编制轮廓性施工进度计划。

在编制轮廓性施工进度时，需要继续收集和完善基本资料，同时根据工程特征可参考已建同类工程的施工进度指标，工程受益的工期和总工期。

3.7.1.3 编制控制性施工进度计划

在可行性设计阶段，控制性施工进度是施工总进度的最终成果；在初步设计阶段，是编制施工总进度的重要步骤，并作为中间成果，提供给施工组织设计的有关专业，作为设计工作的初步依据。

控制性施工进度同导流、施工方法设计等专业有密切的联系，在编制过程中，应根据建设总工期的要求，确定施工分期和施工程序，以拦河坝为主要主体建筑的工程，还应解决好施工导流和主体工程施工方法设计之间在进度安排上的矛盾，协调各主体工程在施工中的衔接关系。因此，控制性施工进度的编制必然是一个反复调整的过程。

完成控制性施工进度的编制后，涉及施工总进度中的主要技术问题，应当基本解决。

3.7.1.4 施工进度方案比较

在可行性研究阶段或初步设计的前期，一般常有几个枢纽布置方案，对于具有代表性的枢纽方案，都应编制控制性施工进度计划表，提出施工进度计划指标和对枢纽方案的评价意见，作为枢纽布置方案比较的依据之一。有时，对一个枢纽方案可能作出几种不同的施工方案，因而可以编制出多个相应的施工进度方案，需要对施工进度方案进行比较和优选。

3.7.1.5　编制施工总进度计划表

在初步设计的后期，即选定枢纽总体布置方案之后，对以拦河坝为主要主体建筑的工程在导流方案确定之后，编制选定方案的施工总进度表。

在编制施工总进度计划表时，以控制性施工进度为基础，列入非控制性的施工项目，进一步修改、完善控制性施工进度表，并编制各阶段施工形象进度图，绘制劳动力需要量曲线。同时还要提出准备工程施工进度表，准备工程的规模和工程量。

3.7.2　施工总进度计划编制要点

3.7.2.1　轮廓性施工进度的编制

编制轮廓性施工进度的方法如下：

（1）同专业设计人员共同研究，选定代表性的施工方案，并了解主要建筑物的施工特性，初步选定关键性的施工项目。

（2）对初步掌握的基本资料，进行粗略的分析，根据对外交通和施工布置的规模和难易程度，拟定准备工程的工期。

（3）对于以拦河坝为主要主体建筑的工程，可根据初步拟定的导流方案，对主体建筑物进行施工分期规划，确定截流和主体工程下基坑施工的日期。

（4）根据已建工程的施工进度指标，结合本工程的具体条件，规划关键性施工项目的施工期限，确定工程受益日期和总工期。

（5）对其他主体建筑物的施工进度做粗略的分析，绘制轮廓性施工进度表。

3.7.2.2　控制性施工进度的编制

编制控制性施工进度，首先要选定关键性施工项目，根据工程特点和施工条件，拟定关键性施工项目的施工程序。在此基础上，初拟控制性施工进度表，然后由各专业施工技术人员进行施工方法设计，对初拟的施工进度加以论证。经过反复修改、调整，最后确定控制性施工进度。

控制性施工进度表应列出控制性施工进度指标的主要施工项目，应显示工程的开工、截流、各项主体建筑物的施工程序和开工、完工日期、大坝各期上升高程、工程受益日期和总工期，以及主要工种的施工强度。

（1）分析选定关键性施工项目。一个水利水电施工项目包含诸多单项工程，编制控制性施工进度时，应以关键性施工项目为主线，慎重研究其施工分期和施工程序，其他非控制性施工项目，则可围绕关键性施工项目的工期要求，考虑节约资源和施工强度平衡的原则进行安排。

选定关键性施工项目的方法如下：

1）分析工程所在地区的自然条件。在编制控制性施工进度之前，应当首先取得工程所在地区的水文、气象、地形、地质等基本资料，并进行认真的分析研究。例如河流的水文条件对拦河坝施工的影响；降雨、气温等对土料填筑和混凝土工程施工的影响；地形、地质条件对坝基处理、高边坡开挖和地下工程施工的影响等。

2）分析主体建筑物的施工特性。在编制控制性施工进度之前，应取得主要水工建筑物的布置图和剖面图。根据水工建筑物图纸，研究大坝坝型、高度、宽度和施工特点，研究地下厂房跨度、高度和可能的出渣通道、引水隧洞的洞径、长度、可能开挖方式、是否有施工支洞等。

3）分析主体建筑物的工程量。水工设计提供工程量之后，应对各建筑物的工程量分布进行分析。例如位于河床水上部分和水下部分，右岸和左岸，上游和下游，以及在某些控制高程以上或以下的工程量，分析施工期洪水对这些工程施工的影响。

4）选定关键性工程。通过以上分析，用施工进度参考指标，粗估各项主体建筑物的控制工期，即可初步选定控制工程受益工期的关键性工程。

随着控制性施工进度编制工作的深入，可能发现新的关键性工程，于是控制性施工进度就应以新的关键性工程为主进行编制。

（2）初拟控制性施工进度表。选定关键性工程之后，首先分析研究关键性工程的施工进度，而后以关键性工程的施工进度为主线，安排其他单项工程的施工进度，拟定初步的控制性施工进度表。

下面详细阐明以拦河坝为关键性施工项目时，初拟控制性施工进度的步骤和方法。

1）结合研究导流方案，确定拦河坝的施工程序。拦河坝的施工，受水文、气象条件的直接影响，汛期往往受到洪水的威胁，因此拦河坝的施工进度与施工导流方式以及施工期历年度汛方案有密切的关系。

2）确定准备工程的净期。在编制控制性施工进度时，首先要分析确定准备工程的净期，才能安排导流工程、其他工程和岸坡开挖的开始时间。

3）确定坝基开挖工期。

a. 确定截流时段。

b. 确定坝基开挖和地基处理的工期。

c. 确定坝体各期上升高程。

d. 确定底孔封堵、蓄水和发电日期。

e. 安排其他单项工程的施工进度。

其他单项工程的施工进度，根据其本身在施工期的运用条件以及相互衔接关系，围绕拦河坝的施工进度进行安排和调整。

（3）编制控制性施工进度表。初拟控制性施工进度完成以后，交由施工技术人员对主要建筑物的施工方法进行设计，施工方法设计通过论证后，对初拟控制性施工进度进行调整，得到控制性施工进度表。

3.7.2.3 准备工程施工进度

准备工程的施工进度是在施工设计工作基本完成，并提出准备工程的规模和工程量后编制的。

编制准备工程的步骤如下：

（1）列出准备工程的项目，了解各项准备工程布置概况，收集工程量等资料。

（2）根据各项准备工程的规模、工程量、施工特性，参照类似工程的经验分析和拟定所需工期。

(3) 结合控制性施工进度表对各项准备工期、投入使用日期的要求绘制初步的准备工程施工进度表。

(4) 综合平衡土石方、混凝土、房建等工程的施工强度和投资比例（一般年投资不宜超过建安工作总投资）的调整并完成准备工程施工进度表。

(5) 根据初步确定的投资拨款计划、征地进展情况，适当调整施工准备工程施工进度表。

准备工程施工参考工期见表3.4。

表3.4　准备工程施工参考工期

序号	项　目	规　模	施工条件	参考工期/年	备　注
1	准轨铁路	100km	山区 丘陵	2～3 1～2	
2	窄轨铁路	50km		0.5～1.0	
3	公路	100km	山区 丘陵	1.5～2.5 1～2	
4	大型桥梁	>100m		0.5～1.0	
5	砂、石料系统： 天然砂石系统 人工砂石料系统	 >150万t/年 30万～150万t/年 <30万t/年		 0.5～1.0 1.5～2.5 0.5～1.5 0.5	
6	混凝土系统	>70万m^3/年 20万～70万m^3/年 <20万m^3/年		1～1.5 0.5～1.0 0.5	
7	高压输电线	100km		0.5～1.5	山区取大值
8	通信线路	100km		0.5～1.0	山区取大值
9	房屋建筑	10万m^2 10万～20万m^2 >20万m^2		0.5～1.0 1.0～2.0 2.0～3.0	

3.7.2.4　导流工程施工进度

(1) 导流设计与施工总进度关系。以拦河大坝为主体建筑物的水利水电工程的施工总进度与导流设计的关系十分密切，施工总进度的编制以导流方案为基础，既满足导流方案，又应满足施工总进度的要求，两者既相互制约，又相辅相成。在设计过程中，须将两者紧密配合，综合研究，进行综合的技术经济比较，才能制定经济合理的导流方案和施工总进度。两者的关系主要表现在以下几个方面：

1) 围堰的挡水标准及其相应的挡水流量是根据围堰的挡水时段来选定的。而围堰挡水时段的长短，一方面关系到导流流量的大小，进而影响导流建筑物的布置、形式和造价；另一方面将直接影响大坝施工的有效工期和施工总进度的编制，因此，需要进行导流设计与施工总进度的综合比较。

2）拦河坝的施工分期和施工程序应当与导流方案相适应，不同的导流方案有其不同的施工分期和施工程序，施工分期和施工程序的合理与否又反过来影响导流方案的拟定。

3）拦河坝施工期的度汛方案主要由导流设计进行研究，但拦河坝的施工进度能否达到度汛方案所要求的，应通过对施工总进度的分析论证之后才能确定。

（2）常用导流方案的施工程序。

1）分期导流方案。分期导流方案适用于混凝土坝和浆砌石坝。

在河床较宽的坝址，常用分期导流方案，一般采用二期导流。其施工程序是将拦河坝分为两期施工，第一期先围一岸，进行一期基坑施工。待形成导流条件后，进行二期围堰截流，形成二期基坑，修建二期坝体，直至大坝完建。根据地形、枢纽布置和施工条件，也有用三期导流的，其施工程序和二期导流方案基本相同。

2）明渠导流方案。明渠导流一般用于混凝土坝和浆砌石坝，适宜河床边有台地、缓坡地形，具有施工场面大、工期短的优点，但其只能解决初期导流，后期常配合底孔或隧洞导流。施工程序大体分为四段，分别是明渠开挖、修建大坝、封堵明渠、修建明渠段至大坝完建。

3）隧洞导流方案。隧洞导流方案适用于各种坝型。一般在河谷狭窄、没有条件布置纵向围堰或导流明渠的坝址常采用隧洞导流方案。其施工程序是在建成导流隧洞之后，上、下游围堰一次拦断河床，形成基坑，进行坝基开挖处理，然后坝体全面升高。对于混凝土坝，有时为了减少施工期坝体过水次数，加快施工进度，在后期常配合坝内底孔导流。对于土石坝，为了降低拦洪高程，减小填筑强度，后期常利用永久的泄洪洞或放空洞进行导流。

4）涵管导流方案。涵管导流方案多用于土石坝，在河床相对较宽且一岸有布置涵管的地形、地质条件时，可采用涵管导流方案。与隧洞导流方案相比，具有施工场面大、速度快、造价低的优点。

（3）截流时段选定。大坝截流一般安排在枯水期，并避开流冰时段，在安排施工总进度时，除考虑方便截流外，还需考虑导流泄水建筑物的导流条件、围堰施工要求等因素。

（4）围堰挡水时段选定。围堰的挡水时段，一般有以下三类情况：

1）洪水期挡水。采用允许过水的围堰形式，选择适当的挡水流量，争取汛期有一定的有效工期。

2）枯水期挡水。洪水期围堰失效，基坑施工时段仅一个枯水期。

3）全年挡水。基坑和大坝可以常年施工。

（5）枯水施工时段选定。当采用枯水期挡水的围堰时，须对枯水施工时段进行选择。时段短时，导流流量小，导流建筑物布置和施工简易，造价低，但基坑施工期短，施工强度高；反之亦然。

（6）导流洞（底孔）下闸封堵时间确定。导流洞的封堵，首先要下闸截水，然后浇筑混凝土堵头，并进行回填灌浆，在编制施工总进度时，下闸封堵的时间需要考虑较多因素才能确定，如下闸后，水库开始蓄水，蓄水后的下一个汛期，将通过永久泄洪建筑物泄洪，所以，在下闸蓄水前，或最迟在下一个汛期前，该永久泄洪建筑物应完成，对混凝土坝，还需要考虑接缝灌浆的进度；再如下闸后水位抬升，而堵洞需要时间，此时需由闸门承受水压力，因此，下闸和堵洞应安排在枯水期，还需要做蓄水计算。

3.7.2.5 地基处理和地下工程施工进度

（1）地基处理。水利水电工程地基处理一般包括灌浆、断层处理和防渗墙工程，其施工进度主要根据施工总进度要求，结合本身的施工特性来安排。

1）固结灌浆和接触灌浆。对于混凝土坝，灌浆一般在地基开挖并浇筑几层混凝土之后进行，先进行接触灌浆，而后进行固结灌浆，与混凝土浇筑平行交叉施工。在编制控制性施工进度时，可不考虑占用直线工期，但由于灌浆同混凝土浇筑有一定的干扰，故混凝土的浇筑速度较正常情况下略有降低。

2）帷幕灌浆。混凝土坝和建在基岩上的黏土心墙坝，一般在廊道或灌浆洞内进行帷幕灌浆，基本上不受气候和洪水的影响，与大坝施工干扰少，故可均衡安排其施工进度；斜墙坝和面板坝的帷幕灌浆一般在坝的上游坡脚进行，可与坝体填筑平行作业，不占直线工期，但应考虑汛期坝前水位对灌浆工期的影响。所有帷幕灌浆均应安排在水库蓄水以前完成。

建在软地基上的中小型坝，一般不设廊道，须在河床帷幕灌浆完后才能修建坝体，此时，帷幕灌浆成为直线工期的一道重要工序。

安排帷幕灌浆的进度，应首先分析工作面上可能布置的灌浆机械，根据地质条件和钻灌方法，拟定台班产量定额，再根据设计的灌浆工程量分析所需要的工期。

3）断层破碎带处理。断层破碎带处理一般包括开挖、回填混凝土和灌浆，应根据断层破碎带所在部位、处理方案、工程量大小，分析其处理工期。

4）混凝土防渗墙。混凝土防渗墙的施工工序主要是施工准备、造孔和混凝土浇筑。控制工期的主要工序是造孔，造孔的速度与地质条件、孔深有关。

（2）地下工程。水电工程的地下工程，一般包括隧洞、竖井、斜井及地下厂房等工程。施工主要工序为开挖、出渣、安全处理或临时支护、浇筑混凝土衬砌或锚喷混凝土衬砌、灌浆及附属工作等。

地下工程的施工进度与地质、水文地质、断面积和断面形状、采用的施工方法及工作量有关，在编制施工进度之前，应根据施工总进度的要求，研究设置施工支洞的可能性与必要性，结合具体条件，确定进出口和洞身的施工程序与施工方法。在编制施工进度时，要考虑地质条件可能的变化，注意留有适当的裕量。

（3）地下厂房。地下厂房一般跨度较大，开挖量集中，出渣和运送混凝土均较为困难；与厂房主体相连的孔洞多，施工干扰较大。因此，在拟定施工程序之前，应首先分析水工建筑物的布置特性，研究已有水工孔洞作为通风和施工通道的可能性，当地形有利时，还应研究设置必要的施工支洞，以增加工作面，加快施工进度。

一般情况下，厂房主体常分为顶部、中部和下部三部分进行施工。顶部利用排风洞（施工支洞）出渣和运送混凝土，中部和下部分别利用交通洞和尾水洞作为施工通道。故在安排施工进度时，应同时研究排风洞（或支洞）、交通洞、尾水洞和其他洞室的进度，使整个地下厂房系统的施工既能平行作业，又能互相配合。

1）顶部。顶部施工之前，应首先开挖排风洞或施工支洞，在进入厂房部位之后，一般采用导洞扩大法施工，先导洞、后扩大。支洞和导洞的进度，可参考隧洞进尺指标控制；扩大进度按工作面可能布设的装渣设备的生产能力估算工期。当地质条件较好时，开挖完成后进行顶拱衬砌；地质条件不利时，采用边开挖、边衬砌的施工方法。

2）中部。中部开挖和浇筑混凝土一般是以交通洞为施工通道，故在中部开挖以前，应完成交通洞的开挖。中部开挖常采用导井扩大法施工，首先开挖导井，形成导井后，即可自上而下分层进行扩大。导井施工进度可参考竖井开挖的工期指标控制，扩大时按出渣能力估算工期。

3）下部。下部开挖一般利用尾水洞出渣，故下部开挖之前，应完成尾水洞的开挖。

地下厂房系统的其他洞室，可以厂房主体的施工进度为主线，根据出渣方便和施工强度平衡的原则进行安排。

每个工程都有其不同的地形、地质条件和厂房布置形式，各种孔洞的相对位置和尺寸也不尽相同，有的厂房需要进行混凝土衬砌，有的则仅需喷锚支护，因此，施工程序和进度各异。安排地下厂房系统的施工进度时，应首先分析工程的自然条件和布置特点，妥善处理各孔洞之间的相互配合和相互衔接关系，并根据采用的施工方法和开挖出渣设备，分析各洞室的施工工期，而后根据施工总进度的要求，进行反复调整，最终确定地下厂房系统的施工进度。

3.7.2.6 混凝土坝施工进度

（1）混凝土坝施工特点。

1）混凝土坝的施工受气温条件的影响，在高温季节要加强骨料的降温和混凝土的散热措施；在寒冷季节，日平均气温稳定在5℃以下会增加混凝土坝的施工难度。因此，在我国南方的高温季节和北方的寒冷季节，混凝土坝的施工强度和坝体上升速度都将受到影响。

2）在浇筑混凝土坝过程中，要求各块体均匀上升，相邻块体高差有一定的限制。块体之间形成缝面，重力坝的纵缝、拱坝的横缝只有在混凝土温度降低到设计灌浆温度时进行灌浆，使坝形成整体，才能承受水压力，因此坝体的二期冷却和接缝灌浆是影响混凝土坝施工进度的一个重要因素。

3）一般混凝土坝内常设置引水系统、泄洪建筑及埋设件、孔洞和廊道，施工干扰较大，这使坝体上升速度受到限制，同时在施工过程中，还要考虑汛期洪水对坝内孔洞的影响。

4）在施工进度安排上，混凝土坝可考虑坝内设置底孔导流，汛期坝上留缺口过水，在大流量的河流上，施工导流问题较土石坝容易解决，施工进度安排较为灵活。

5）混凝土坝一般采取柱状分块分层浇筑，浇筑过程中，因温度控制要求，层与层之间应有一定的间歇时间，特别是基础层，因受基础约束的影响，浇筑层应薄，温控要求严格，须利用有利季节浇筑混凝土，对施工进度有一定的制约；块体之间的间歇期，随混凝土浇筑的准备工序而异。因此，混凝土坝的上升速度，与块体多少、分层厚度、温控条件以及浇筑混凝土的准备工序有直接关系。

（2）确定坝体各期上升高程的一般方法。坝体各期上升高程的确定应考虑的因素很多，不同的坝型、不同的枢纽布置和不同的导流方案就有不同的要求。下面介绍确定坝体各期上升高程的一般方法。

1）导流和大坝度汛的要求。

a. 当采用上、下游围堰一次拦断河流的导流方案，且为全年挡水围堰时，坝体上升不受洪水影响，可根据总工期的要求分析施工强度和上升速度的可能性，使坝体均匀上升；当采用枯水期挡水围堰时，在枯水期末最好将大坝浇筑到洪水期可以继续施工的高程，此高程可按下一施工月份一定标准的河流流量相对应的水位控制，如果达不到此高程，则至少应浇筑到枯水期的正常水位以上，以便代替上游围堰挡水，使汛后能继续施工。

如果基坑工作量大，一个枯水期内难以将坝体浇出枯水期正常水位，则可考虑采用允许过水的围堰，此时，应根据设计的围堰挡水流量分析汛期可能的过水次数和由于过水而损失的工期，据此安排混凝土的浇筑进度；有时，汛期坝体过水次数较多，不宜在汛期进行间断施工，对于在河床较宽的坝址，应考虑河床坝段留作过水缺口，使两岸坝体在汛期继续升高，两岸不过水坝段在枯水期末应达到下一个施工月份的洪水位以上。

b. 当采用分期导流方案时，大坝分作二期或三期施工，第一期坝体的浇筑高程应考虑在二期围堰截流前形成导流泄水建筑物，并达到汛期能够继续施工的高程。有时，为了降低二期围堰高度，可考虑在一期坝体预留一部分坝段作为过水缺口，参与后期导流。缺口的高程一般应定在枯水期正常水位以上，以便于后期加高。

第二期坝体的上升高程常由导流和度汛要求决定，如果第一期坝体内留有导流底孔和过水缺口，导流过水能力大，则第二期坝体可连续升高，直至坝顶，待后期一次封堵缺口；如果一期坝体内仅留导流底孔，未留过水缺口，且底孔仅能在枯水期导流，则应考虑在第二期坝体内也设置底孔，或留缺口度汛，以保证多数坝段能常年施工。缺口高程的选定以尽量争取汛期停工时间最短为原则。

当坝后布置有发电厂房时，厂房坝段最好能优先升高，把过水缺口留在其他坝段，汛期厂房坝段的高程应达到相应的挡水标准。

由于组合情况很多，安排进度时，应结合施工导流和施工布置条件，进行多种方案的比较，选择最有利的施工程序和坝体各期上升高程。

c. 当采用明渠导流方案时，大坝的河床部分应分成明渠坝段和河床坝段两期进行施工，其各期上升高程的确定方法与分期导流方案基本相同。

d. 施工期大坝临时挡水，不论何种坝型，在未进行接缝灌浆之前，均应按单独坝块核算其稳定和应力，要求坝基面和坝面不出现或出现不大的拉应力，否则应加快工期冷却和灌浆进度，或限制大坝的上升高程。

坝体在施工期挡水或坝体过水的洪水标准由导流设计根据规范选定，并核算坝体和下游河床的安全，在安排进度时保证坝体正常施工的挡水标准，可参考表3.5。

表3.5　施工期坝体临时挡水参考标准

施工条件	坝体挡水标准	备注
准备汛期过水的缺口坝段	枯水期常水位以上	在导流允许的条件下，越高越好
要求汛期继续加高的坝段	$P=20\%\sim10\%$	视要求继续加高的保证性而定
坝后有厂房或其他建筑物的坝段	$P=5\%\sim1\%$	视坝后建筑物的重要性而定

2）蓄水发电的要求。

a. 封堵导流隧洞（或底孔）后的下一个汛期，洪水将通过永久泄洪建筑宣泄（库容很大的工程除外），故封孔时或在封孔后的下一个汛前，大坝最好浇筑至溢流堰顶以上。有时为了提前发电，可在溢流坝浇至死水位以上时就封洞（孔）蓄水，此时应有相应的后期导流措施。非溢流坝根据坝高和库容，按规范规定的洪水标准计算相应的坝体挡水高程。

b. 水库蓄水后，在一般情况下，库水位不再降至死水位以下，故在底孔封堵后的下一个汛期前，坝体接缝必须灌至死水位以上，接缝灌浆时坝体高程应满足接缝灌浆的要求，否则，应推迟下闸蓄水的日期。

c. 设有电站进水口的引水坝段应在机组投产发电前3～6个月浇筑达到坝顶，以便进行进水口闸门和启闭机的安装。

（3）坝体浇筑进度的论证。坝体浇筑进度应从坝体上升速度和浇筑强度两方面进行安排并加以论证，经过反复调整才能最后确定。

1）上升速度。首先根据导流、度汛和蓄水、发电的要求，初步确定坝体各期上升高程，安排大坝控制进度，算出各时段的坝体上升速度，然后根据分层分块、温控要求和坝内埋设件等施工条件，拟定层块之间的间歇期，对关键部位进行浇筑排块，论证进度安排的坝体上升速度是否能够达到，在安排控制进度时可参考已建同类工程的坝体升高速度指标进行控制。

2）浇筑强度。在坝体高程-混凝土浇筑累计曲线上查得各控制时段的混凝土量，算出混凝土的平均浇筑强度和高峰强度。根据可能布置的混凝土运输、浇筑设备的生产能力，估算可能达到的浇筑强度，论证控制进度所安排的浇筑强度是否能够达到要求。

采用大型浇筑设备，改进混凝土的运输工艺，采用通仓薄层浇筑，减少浇筑层之间的间歇时间，浇筑干硬性混凝土时，采用碾压混凝土施工方法可以减少坝体接缝灌浆数量，提高混凝土的浇筑强度。

3）坝体浇筑进度的调整。经过上升速度和浇筑强度的论证，如果确认达不到控制进度的要求，则应反过来修正导流和度汛方案。例如，增加导流底孔数量，加大缺口宽度，降低缺口高程等，或者修改初步拟定的控制进度，推迟蓄水、发电日期。经过反复调整和修正，求得导流度汛可靠施工技术可行的各期坝体上升高程。

3.7.2.7 土石坝的施工进度

（1）土石坝施工特点。

1）黏土心墙坝施工时，上、下游坝壳受心墙上升速度的制约，而心墙施工首先要进行地基处理（如开挖截水槽或浇筑混凝土防渗墙等），且心墙填筑受气候因素的影响，因此，黏土心墙的施工进度主要由心墙上升速度来控制。

黏土斜墙坝的堆石体施工，受气候因素影响较小，可均衡上升，但斜墙的升高往往落后于堆石体，而大坝拦洪时，要求斜墙也达到拦洪高程。

混凝土面板堆石坝的施工进度主要由石料的运输条件、填筑工艺和上坝强度来控制，面板可待完成堆石体填筑之后采用拉模浇筑混凝土来制作，因而施工干扰小，上升速度快。

2）土石坝一般采用全年挡水围堰的方法施工，其高度和填筑量均较大，上游围堰常与大坝的坝壳相结合，有时利用围堰代替坝体拦洪，为此，应慎重分析围堰的施工进度。

3）对于采用黏性土料作防渗体的土石坝，降雨和气温条件对施工进度有很大影响，在雨季和严寒季节，施工有效工日显著减少，为此，须根据工程所在地区的气象资料详细分析施工的有效工日。

4）土石坝在施工期间一般不允许坝体过水，在截流后的下一个汛前，一般应将坝体填筑到拦洪高程。如果达不到拦洪高程，则必须采取有效措施，并进行专门的论证。

为了减少在拦洪前坝体的填筑数量，降低施工强度，一般采用临时断面的方法施工。

（2）施工有效工日的分析。对于采用黏性土料作为防渗体的土石坝，黏性土料的备料和填筑受气温、降雨等因素的影响，年内各月的施工有效工日有很大的差异。在我国南方的雨季和北方的冬季，施工有效工日较少，工期受到明显的影响。因此，在安排大坝施工进度之前，首先要分析施工有效工日，作为安排施工进度的依据。

分析施工有效工日的步骤如下：

1）收集工程所在地区历年的有关气象资料。

2）拟定各项停工标准。

3）统计历年各月由于气象因素影响的停工日数。

4）分析和选取各月的施工有效工日。

（3）拦洪高程和拦洪日期。

拦洪高程是指大坝在施工过程中，按一定的洪水标准确定的坝体挡水高程。拦洪日期是指施工进度规定的坝体达到拦洪高程的日期。拦洪日期的确定是安排土石坝施工进度的一个重要问题。拦洪时间过早，虽减少了抢修拦洪坝体的工期，但加大了施工强度；而拦洪时间过迟，万一洪水提前到来，将造成坝体漫水，可能引起大坝出事故，因此，必须慎重对待。

1）确定拦洪高程。确定拦洪高程是一项综合性的工作，须由导流设计、施工总进度、施工方法密切配合，反复比较后才能最后选定。在初步选定拦洪高程后，施工总进度着重分析拦洪前的填筑量和填筑强度，并由施工设计加以配合。如果不能达到此高程，则应改变拦洪方案，如加大导流的泄洪能力，以降低拦洪高程，或者采取特殊的泄洪或保坝措施。

进行几个拦洪方案的分析与比较，最终选定一个经济上合理、技术上可靠、保证大坝安全的坝体拦洪高程。

2）确定拦洪日期。

a. 根据历年实测洪水资料，选用历年资料中洪水来临最早的日期。这种方法比较安全，但工期短，施工强度高，一般较少采用。

b. 根据河流的水文特性，分析历年最大洪水的出现规律，与导流设计单位共同研究，选取最大洪水可能出现的日期，这是设计中常用的方法。

3）拦洪过渡期坝体上升高程。由枯水期末到设计规定的拦洪日期这一时段称为拦洪过渡期。确定拦洪过渡期坝体上升高程的方法如下：

a. 按水文特性划分时段法。是指将过渡期按水文特性划分成若干时段，计算各时段不同频率的洪水及其相应的坝前水位。下面举例说明其方法。

某坝采取枯水期挡水围堰方法浇筑，枯水时段为9月15日至次年3月31日，拦洪日期为7月20日，拦洪设计洪水标准为$P=1\%$的流量为$11000m^3/s$。根据本流域的水文特性，将过渡期划分为三个时段，分别计算其不同频率的流量，见表3.6。

表3.6　某坝不同时段，各种频率洪水流量

设计频率 $P/\%$	时段/(月.日) 和流量/($m^3\cdot s^{-1}$)		
	4.1—5.15	5.16—6.20	6.21—7.20
10	2000	3000	
5	3000	4200	5300
2		6500	7300
1			9000

根据各时段的拦河坝坝高、库容等条件，选定时段设计洪水位，并计算其坝前水位，从而确定各时段末的坝体上升高程，见表3.7。

表3.7　某坝不同时段坝体上升高程

项　目	时段/(月.日)				
	枯水期末	4.1—5.15	5.16—6.20	6.21—7.20	7.20
设计频率/%		5	5	5	5
设计流量/($m^3\cdot s^{-1}$)		3000	4200	7300	11000
相应坝前水位/m		45.5	52	60.3	64.3
坝体上升高程/m	46	53	61	66	

b. 按月划分时段法。按月计算不同频率的流量及相应水位，从而确定月末的坝体上升高程。

(4) 坝体填筑强度和上升速度的论证。

1) 填筑强度。

a. 根据坝体各期上升高程，在坝体高程-填筑量累计曲线上查得各控制时段的填筑量，根据相应时段的有效工日算出该时段的日平均填筑强度。

b. 日平均填筑强度乘以日不均衡系数即为日高峰强度，日不均衡系数与工程的机械化配套程度、施工管理水平、料物性质以及时段的长短有关，该系数可以在1.3～1.6范围内选取。

c. 确定工日高峰强度之后，应进行施工方法设计，研究料物运输、上坝方式、碾压施工方法、坝面流水作业分区等，经过施工方法设计，论证能否达到施工进度规定的施工强度。

2) 坝体上升速度。

a. 根据坝体各期上升高程和该时段的施工有效工日计算坝体的日平均上升速度。

b. 黏土心墙坝和斜墙坝的上升速度，主要由心墙或斜墙的上升速度控制。心墙、斜墙可能的上升速度与土料的性质、压实机械的性能及压实参数有关，要通过碾压试验确定。钢筋混凝土面板坝的上升速度主要由上坝强度控制。根据不同高程可能达到的上坝强度，查坝体高程-填筑量累计曲线，就可以分析出施工进度拟定的各期上升高程是否能够达到。

改善上坝运输道路，采用大型运输设备和重型碾压机械，加大铺土厚度，可以提高土石坝的施工强度，加快上升速度。在安排土石坝施工进度时，应结合工程的具体条件，尽可能采用先进的施工方案，加快土石坝的施工进度。

在初步拟定施工进度时，可参考已建工程的施工进度指标，结合本工程的具体条件，初拟坝体的上升速度和施工强度。

3.7.2.8 发电厂房施工进度

（1）发电厂房的施工程序。发电厂房主要包括主厂房、副厂房和开关站。一般情况下，主厂房项目是控制直线工期的关键项目，副厂房和开关站可和主厂房同时进行施工。

厂房布置形式不同，其施工程序也有所差异，应根据厂房布置的特点灵活规划施工程序。

（2）安排施工进度的一般方法。首先分析控制直线工期的厂房地基开挖、主厂房下部混凝土、上部混凝土和水轮发电机组安装的工期，而后根据厂房布置特点和施工总进度的要求，安排全部厂房工程的控制性施工进度。安排施工进度的一般方法如下：

1）厂房基础开挖。根据开挖面积和深度、出渣路线布置和开挖方法，分析可能达到的开挖强度，确定地基开挖工期。

2）厂房下部和上部混凝土浇筑。首先根据经验，粗略进行混凝土分层，分析每层的浇筑工期，结合导流和度汛的要求，安排混凝土浇筑总工期。

3）机组安装拟定。结合机组安装工期和已建工程的机组安装工期安排施工，安装顺序最好是从距安装间最远的一台开始。

4）确定直线工期之后，安排安装间、副厂房和开关站的施工进度，使之互相衔接合理。

厂房施工和大坝、引水系统工程的施工既有联系又有干扰，不同类型的厂房，有其不同的施工特点，要根据其施工特点具体安排施工进度。

3.7.3 施工总进度计划编制方法

3.7.3.1 划分并列出施工项目

水利水电工程是一个庞大且复杂的系统，根据不同阶段对编制施工进度计划的深度要求，需要对工程进行不同程度划分，如对于施工总进度计划，项目划分可能就粗一些，对于单位工程施工进度计划划分就要细一些，重点是突出每一个主要施工项目，一些次要的零星项目则可并入其他项目中去。

3.7.3.2 计算工程量

在列出施工项目后，依据所列项目，根据施工图纸、工程量计算规则及相应的施工方法，计算各项工程的工程量。工程量计算时，由于进度计划所对应的设计阶段不同，工程量计算精度也不一样。在工程规划阶段，可参照类似工程进行匡算；在可行性研究阶段，依据可行性研究设计图纸进行估算；在初步设计阶段，设计图纸内容更为全面，工程量精度加深；在技术设计阶段，各项工程设计图纸更为详细，工程量计算精度相应提高。

工程量的计算应注意以下几点：

(1) 工程量的计量单应位尽量与所使用的定额相一致。

(2) 计算工程量时，应与采用的施工方法相一致，使计算的工程量与施工的实际情况相符合。

最后，把计算出的工程量填入工程量汇总表。

3.7.3.3 计算劳动量及机械台班量，确定施工过程的延续时间

根据工程量及确定采用的施工定额，即可进行劳动量及机械台班量的计算，然后确定施工过程的延续时间。

3.7.3.4 确定各个项目之间的逻辑关系

(1) 概念。施工项目各工作之间相互联系、相互依赖，这种客观上存在的先后顺序关系又称逻辑关系，有了正确的逻辑关系才能编制进度计划。

逻辑关系分析的依据包括：已设计的工作方案、项目已分解的工作、收集到的有关信息、编制计划人员的专业工作经验和管理工作经验等。

(2) 类型。逻辑关系类型包括工艺关系和组织关系。

1) 工艺逻辑关系。工艺逻辑关系一般是项目中各项工作中固有的依赖关系，是一种不可违背的逻辑关系，它是由客观规律和物资条件的限制而造成的。在施工项目中的施工工艺即是这种逻辑关系，例如建筑施工项目一定是先做基础，再做结构，最后才做装修。工艺逻辑关系虽是客观的，但也是有条件的，条件不同，工艺关系也会不一样。

2) 组织逻辑关系。组织逻辑关系是由项目管理人员确定的项目工作之间的关系，这种关系可以由人根据主观意志去调整和确定。例如，在施工过程中，由于劳动力、机械、材料和构配件等资源的组织与安排需要而形成的各项工作之间的先后顺序关系，这种关系不是由施工项目本身决定的，而是人为安排的。组织方式不同，组织逻辑关系也就不同，所以它是可变的。

3.7.3.5 初拟施工进度计划

(1) 编制方法。

1) 根据施工经验直接安排的方法。根据经验资料及有关计算，直接在进度表上画出进度线。其一般步骤是：先安排主导施工过程的施工进度，再安排其余施工过程，其余施工过程应尽可能配合主导施工过程并最大限度地搭接，形成施工进度计划的初步方案。总的原则是，使每个施工过程尽可能早地投入施工。

2) 按工艺组合组织流水的施工方法。就是先按各施工过程（即工艺组合流水）初排流水进度线，然后将各工艺组合最大限度地搭接起来。

(2) 注意事项。无论采用上述哪一种方法编排进度，都应注意以下问题：

1) 每个施工过程的施工进度线都应用横道粗实线段表示（初排时可用铅笔细线表示，待检查调整无误后再加粗）。

2) 每个施工过程的进度线所表示的时间（天）应与计算确定的延续时间一致。

3) 每个施工过程的施工起止时间应根据施工工艺顺序及组织顺序确定。

3.7.3.6 调整优化

施工进度计划初步方案编出后，应根据业主和有关部门的要求、合同规定及施工条件等，先检查各施工过程之间的施工顺序是否合理、工期是否满足要求、劳动力等资源消耗是否均衡，然后再进行调整，直至满足要求，正式形成施工进度计划。总的要求是在合理的工期下尽可能地使施工过程连续，这样便于资源的合理安排。

任务 3.8 小溶江水利枢纽工程进度计划编制

3.8.1 施工进度计划简要

小溶江水利枢纽工程于 2009 年 11 月 10 日至 12 月 31 日进行左右岸及溢流坝段土石方开挖；2009 年 12 月 1 日至 2010 年 1 月 31 日进行消力池基础土石方开挖。

2009 年 11 月 29～30 日河床截流。

2010 年 1 月 1 日至 4 月 30 日进行左右岸坝体 206m 高程以下及溢流坝段 200m 以下混凝土浇筑（大坝一期混凝土浇筑）；2010 年 8 月 1 日至 2011 年 2 月 28 日进行 206～246.5m 坝体混凝土浇筑（大坝二期混凝土浇筑）；2011 年 3 月 1 日至 4 月 15 日进行右岸坝体混凝土浇筑（大坝三期混凝土浇筑）；2011 年 4 月 16 日至 5 月 20 日进行左岸坝体混凝土浇筑（大坝四期混凝土浇筑）；2011 年 1 月 16 日至 11 月 30 日进行溢流坝段常态混凝土浇筑（大坝五期混凝土浇筑）。

2010 年 5 至 7 月汛期混凝土浇筑停工。

2010 年 2 月 1 日至 2011 年 3 月 31 日进行消力池混凝土浇筑。

2011 年 8 月 1 日至 9 月 30 日进行表孔检修闸门安装。

2011 年 12 月 1 日至 2012 年 1 月 31 日进行表孔工作闸门安装。

电站厂房及其机电设备和金属结构设备安装工程进度如下：

2009 年 12 月 1 日至 2010 年 2 月 28 日进行厂房基础土石方开挖。

2010 年 3 月 1 日至 12 月 31 日进行厂房混凝土浇筑。

2011 年 1 月 1 日至 7 月 31 日进行金属结构及机电设备安装，2011 年 5 月 31 日第一台机组安装完成，2011 年 7 月 30 日第二台机组安装完成。

3.8.2 施工进度计划控制性节点

按照招标文件要求，计划开工日期为 2009 年 11 月 6 日，计划完工日期为 2012 年 3 月 6 日，工程历时 852d。合同要求的主要控制性进度计划见表 3.8。

表 3.8　　计划控制性工期表

序号	施工项目		开工/(年.月.日)	完成/(年.月.日)	施工历时/工作日
1	施工准备（包括道路）		2009.11.06	2009.12.31	56
2	导流工程	导流隧洞（已建成）			
		环境用水支洞	2009.11.08	2009.11.30	1

续表

序号	施　工　项　目		开工/(年.月.日)	完成/(年.月.日)	施工历时/工作日
2	导流工程	围堰填筑	2009.11.29	2009.12.20	22
		截流	2009.11.29	2009.11.30	2
		导流洞下闸，封堵	2011.10.01	2011.11.30	61
3	左、右岸挡水坝段	土石方开挖	2009.11.10	2011.12.31	52
		大坝一期混凝土浇筑	2010.01.01	2011.04.30	120
		大坝二期混凝土浇筑	2010.08.01	2011.02.28	212
		大坝三期混凝土浇筑	2011.03.01	2011.04.15	46
		大坝四期混凝土浇筑	2011.04.16	2011.05.20	35
		大坝五期混凝土浇筑	2011.01.16	2011.11.30	258
		206m 以下固结灌浆	2010.02.15	2010.06.30	136
		206m 以上固结灌浆	2010.09.01	2011.05.10	252
		帷幕灌浆	2010.09.01	2011.06.30	303
		表孔检修闸门安装	2011.08.01	2011.09.30	61
		表孔工作闸门安装	2011.12.01	2012.01.31	62
		发电钢管安装	2010.10.15	2011.01.31	109
		进水口闸门安装	2011.06.01	2011.10.31	153
4	消力池	土石方开挖	2009.12.01	2010.01.31	62
		混凝土浇筑	2010.02.01	2011.03.31	302
		固结灌浆	2010.03.01	2010.04.15	46
5	厂房工程	土石方开挖	2009.12.01	2010.02.28	90
		191m 以下混凝土浇筑	2010.03.01	2010.04.30	61
		191m 以上混凝土浇筑	2010.09.01	2010.12.31	122
		机组安装	2011.01.01	2011.07.31	212
6	竣工验收		2012.02.01	2012.02.06	6

3.8.3　施工总进度计划

小溶江水利枢纽工程关键施工项目为坝体工程，其关键线路为：左右坝肩开挖→河床截流→大坝基础开挖→大坝一期混凝土浇筑→大坝二期混凝土浇筑→大坝五-1 期混凝土浇筑→大坝五-2 期混凝土浇筑→大坝五-3 期混凝土浇筑→表孔检修闸门安装→大坝五-4 期混凝土浇筑→表孔工作闸门安装→竣工验收。

结合该工程实际情况，按照倒排进度法，编制施工总进度计划，见表 3.9。

表 3.9 **小溶江水利枢纽施工总进度计划**

序号	项目名称	单位	工程量	施工天数/天	工期/(年.月.日)	施工强度
1	施工准备工程			56	2009.11.06—2009.12.31	
2	施工导流工程			753	2009.11.08—2011.11.30	
3	拦河坝工程			813	2009.11.10—2012.01.31	
3.1	土石方开挖（水上）	万 m^3	18.6	19	2009.11.10—2009.11.28	29.4
3.2	土石方开挖（水下）	万 m^3	5.45	31	2009.12.01—2009.12.31	5.45
3.3	大坝一期混凝土浇筑	万 m^3	10.1	120	2010.01.01—2010.04.30	2.53
3.4	大坝二期混凝土浇筑	万 m^3	21.4	212	2010.08.01—2011.02.28	3.06
3.5	大坝三期混凝土浇筑	万 m^3	4.56	46	2011.03.01—2011.04.15	3.04
3.6	大坝四期混凝土浇筑	万 m^3	3.45	35	2011.04.16—2011.05.20	2.96
3.7	大坝五期混凝土浇筑	万 m^3		319	2011.01.16—2011.11.30	
3.7.1	大坝五-1期混凝土浇筑	万 m^3	0.35	75	2011.01.16—2011.03.31	0.14
3.7.2	大坝五-2期混凝土浇筑	万 m^3	1.29	30	2011.04.01—2011.04.30	1.29
3.7.3	大坝五-3期混凝土浇筑	万 m^3	1.26	92	2011.05.01—2011.07.31	0.42
3.7.4	大坝五-4期混凝土浇筑	万 m^3	0.087	61	2011.10.01—2011.11.30	0.04
3.8	206以下固结灌浆	m(灌浆/造孔)	4460/8390	136	2010.02.15—2010.06.30	984/1850
3.9	206以上固结灌浆	m(灌浆/造孔)	7900/13200	252	2010.09.01—2012.05.10	940/1571
3.10	帷幕灌浆	m(灌浆/造孔)	6120/7500	303	2010.09.01—2011.06.30	606/743
3.11	表孔检修闸门安装	t	202.4	61	2011.08.01—2011.09.30	
3.12	表孔工作闸门安装	t	459.9	62	2011.12.01—2012.01.31	
3.13	发电钢管安装	t	162	109	2010.10.15—2011.01.31	
3.14	进水口闸门安装	t	42.49	153	2011.06.01—2011.10.31	
3.15	消力池			486	2009.12.01—2011.03.31	
4	厂房工程			608	2009.12.01—2011.07.31	
5	竣工验收			6	2012.02.01—2012.02.06	

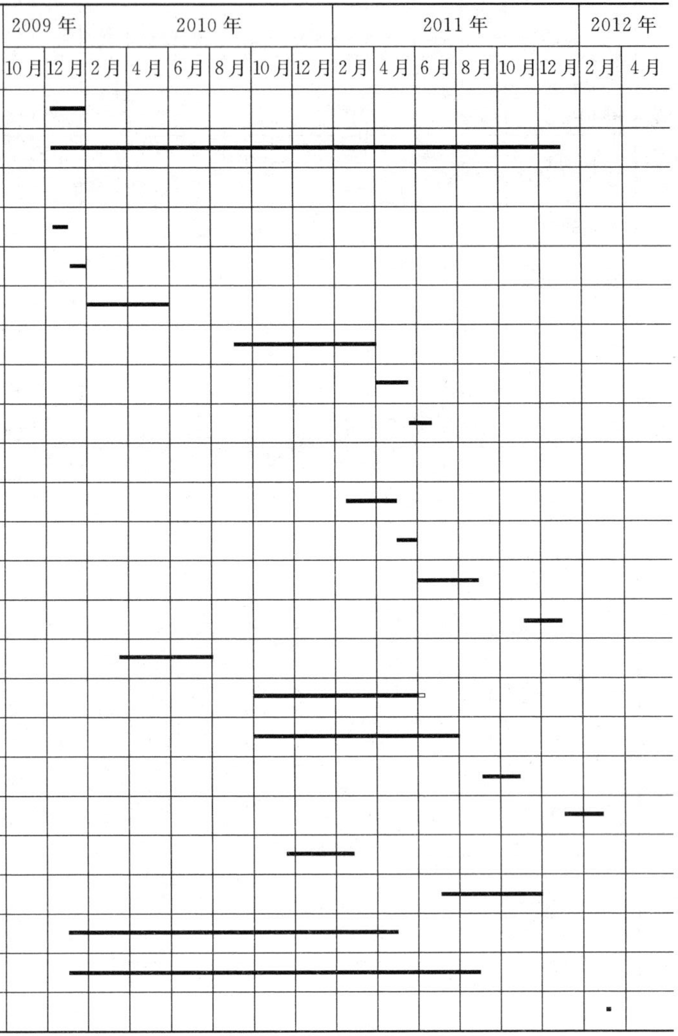

思 考 题

(1) 简述流水施工的要点。

(2) 流水施工的主要参数有哪些?

(3) 双代号网络计划图与单代号网络计划图有什么区别?

(4) 简述双代号网络计划构成要素的含义。

(5) 虚箭线在网络计划中起什么作用?

(6) 网络计划优化的内容有哪些?

(7) 某分部工程分为A、B、C、D四个施工过程,分为四段施工,流水节拍为2天,试组织全等节拍专业流水施工。

(8) 已知工作间的逻辑关系(表3.10),试绘制双代号网络计划图,并计算节点和各项工作的时间参数,进而绘制时标网络图。

表3.10　各项工作之间的逻辑关系

工作名称	A	B	C	E	D	F	G	H
紧前工作	无	无	A	A	A	B、C	D	D、E、F
持续时间	1	2	2	3	2	1	2	2

项目4　施 工 总 布 置

知识目标：通过本项目学习，学生应掌握工程施工总布置的内容及布置原则。

能力目标：通过本项目学习，学生初步具备对工程施工现场进行布置的能力。

项目导航：参见项目1。

任务4.1　施工总布置基础知识任务

4.1.1　施工总布置的作用、内容及布置原则

4.1.1.1　施工总布置的作用

施工总平面图是拟建项目施工场地的总布置图，是施工组织设计的重要组成部分，它是根据工程特点和施工条件，对施工场地上拟建的永久建筑物、施工辅助设施和临时设施等进行平面和高程上的布置。施工现场的布置应在全面了解掌握枢纽布置、主体建筑物的特点及其他自然条件等基础上，合理组织和利用施工现场，妥善处理施工场地内外交通，使各项施工设施和临时设施能最有效地为工程服务，保证施工质量，加快施工进度，提高经济效益，同时，也为文明施工、节约土地、减少临时设施费用创造了条件。另外，将施工现场的布置成果标在一定比例的施工地区地形图上，就构成施工现场布置图。绘制的比例一般为1∶1000或者1∶2000。

4.1.1.2　施工总布置的内容

（1）配合选择对外运输方案，选择场内运输方式以及两岸交通联系的方式，布置线路，确定渡口、桥梁位置，组织场内运输。

（2）选择合适的施工场地，确定场内区域划分原则，布置各施工辅助企业及其他生产辅助设施，布置仓库站场、施工管理及生活福利设施。

（3）选择给水、供电、压气、供热以及通信等系统的位置，布置干管、干线。

（4）确定施工场地排水、防洪标准，规划布置排水、防洪沟槽系统。

（5）规划弃渣、堆料场地，做好场地土石方平衡以及开挖土石方调配。

（6）规划施工期环境保护和水土保持措施。

概括起来包括：原有地形已有的地上、地下建筑物、构筑物、铁路、公路和各种管线等；一切拟建的永久建筑物、构筑物、道路和管线；为施工服务的一切临时设施；永久、半永久性的坐标位置，料场和弃渣场位置。

4.1.1.3　施工总布置的原则及依据

（1）施工总布置原则。施工总布置方案应遵循因地制宜、因时制宜、有利生产、方便生活、易于管理、安全可靠、经济合理的原则。

1）施工总布置应综合分析水工枢纽布置、主体建筑物规模、型式、特点、施工条件和工程所在地区社会、自然条件等因素，妥善处理好环境保护和水土保持与施工场地布局的关系，合理确定并统筹规划为工程施工服务的各种临时设施。

2）施工总布置方案应贯彻执行十分珍惜和合理利用土地的方针，遵循因地制宜、因时制宜、有利生产、方便生活、易于管理、安全可靠、注重环境保护、减少水土流失、充分体现人与自然和谐相处以及经济合理的原则，经全面系统比较论证后选定。

3）施工总布置设计时应该考虑以下各点：

a. 施工临时设施与永久性设施，应研究相互结合、统一规划的可能性。临时性建筑设施，不要占用拟建永久性建筑或设施的位置。

b. 确定施工临时设施项目及其规模时，应研究利用已有企业设施为施工服务的可能性与合理性。

c. 主要施工工厂设施和临时设施的布置应考虑施工期洪水的影响，防洪标准根据工程规模、工期长短、河流水文特性等情况，分析不同标准洪水对其危害程度，在5～20年重现期范围内酌情采用。高于或低于上述标准，应有充分论证。

d. 场内交通规划，必须满足施工需要，适应施工程序、工艺流程；全面协调单项工程、施工企业、地区间交通运输的连接与配合，运输方便，费用少，尽可能减少二次转运；力求使交通联系简便，运输组织合理，节省线路和设施的工程投资，减少管理运营费用。

e. 施工总布置应做好土石方挖填平衡，统筹规划堆、弃渣场地；弃渣应符合环境保护及水土保持要求。在确保主体工程施工顺利的前提下，要尽量少占农田。

f. 施工场地应避开不良地质区域、文物保护区。

g. 应避免在以下地区设置施工临时设施：严重不良地质区域或滑坡体危害地区；泥石流、山洪、沙暴或雪崩可能危害地区；重点保护文物、古迹、名胜区或自然保护区；与重要资源开发有干扰的地区；受爆破或其他因素严重影响的地区。

施工总布置应该根据施工需要分阶段逐步形成，做好前后衔接，尽量避免后阶段拆迁。初期场地平整范围按施工总布置最终要求确定。

（2）施工总布置依据。

1）SL 619—2013《水利水电工程初步设计报告编制规程》。

2）可行性研究报告及审批意见、上级单位对本工程建设的要求或批件。

3）工程所在地区有关基本建设的法规或条例，地方政府、业主对本工程建设的要求。

4）国民经济各有关部门（铁道、交通、林业、灌溉、旅游、环境保护、城镇供水等）对本工程建设期间有关要求及协议。

5）当前水利水电工程建设的施工装备、管理水平和技术特点。

6）工程所在地区和河流的自然条件（地形、地质、水文、气象特征和当地建材情况等）、施工电源、水源及水质、交通、环境保护、旅游、防洪、灌溉、航运、供水等现状和近期发展规划。

7）当地城镇现有修配、加工能力，生活、生产物资和劳动力供应条件，居民生活、卫生习惯等。

8）施工导流及通航等水工模型试验、各种原材料试验、混凝土配合比试验、重要结构模型试验、岩土物理力学试验等成果。

9）工程有关工艺试验或生产性试验成果。

10）勘测、设计各专业有关成果。

4.1.2 施工总平面的布置

4.1.2.1 收集基本资料

（1）当地国民经济现状及发展的前景。

（2）可为工程施工服务的建筑、加工制造、修配、运输等企业的规模、生产能力及其发展规划。

（3）现有水陆交通运输条件和通过能力，近、远期发展规划。

（4）水、电以及其他动力供应条件。

（5）邻近居民点、市政建设状况和规划。

（6）当地建筑材料及生活物质供应情况。

（7）施工现场土地状况和征地的有关问题。

（8）工程所在地区行政区规划图、施工现场地形图及主要临时工程剖面图，三角水准网点等测绘资料。

（9）施工现场范围内的工程地质与水文地质资料。

（10）河流水文资料、当地气象资料。

（11）规划、设计各专业设计成果或中间资料。

（12）主要施工项目定额、指标、单价、运杂费率等。

（13）当地及各有关部门对工程施工的要求。

（14）施工现场范围内的环境保护要求。

4.1.2.2 编制临时建筑物的项目清单

在充分掌握基本资料的基础上，根据施工条件和特点，结合类似工程经验或有关规定，编制临时建筑物的项目清单，并初步定出它们的服务对象、生产能力、主要设备、风水电等需要量及占地面积、建筑面积和布置的要求。

以混凝土工程为主体的枢纽工程，临建施工项目一般包括以下内容：

（1）混凝土系统（包括搅拌楼、净料堆场、水泥库、制冷楼）。

（2）砂石加工系统（包括破碎筛分厂、毛料堆场、净料堆场）。

（3）金属结构机电安装系统（包括金属结构加工厂、金属结构拼装场、钢管加工厂、钢管拼装场、制氧厂）。

（4）机械修配系统（包括机械修配厂、汽车修配厂、汽车停放保养场、船舶修配厂、机车修配厂）。

（5）综合加工系统（包括木材加工厂、钢筋加工厂、混凝土预制厂）。

（6）风、水、电、通信系统（包括空压站、水厂、变电站、通信总机房）。

（7）基础处理系统（包括设备堆放基地、灌浆基地）。

（8）仓库系统（包括基地仓库、工区仓库、现场仓库、专业仓库）。

（9）交通运输系统（包括铁路场站、公路汽车站、码头港区、轮渡）。

（10）办公生活福利系统（包括办公房屋、宿舍、公共福利房屋、招待所）。

4.1.2.3　现场布置总规划

现场布置总规划是施工现场布置中的最关键一步。应该着重解决施工现场布置中的重大原则问题，具体包括以下几点：

（1）施工场地是一岸布置还是两岸布置。

（2）施工场地是一个还是几个，如果有几个场地，哪一个是主要场地。

（3）施工场地怎样分区。

（4）临时建筑物和临时设施采取集中布置还是分散布置，哪些集中哪些分散。

（5）施工现场内交通线路的布置和场内外交通的衔接及高程的分布等。

一般施工现场为了方便施工、利于管理，都将现场划分成主体工程施工区，辅助企业区，仓库、站、场、转运站，码头等储运中心，当地建筑材料开采区，机电金属结构和施工机械设备的停放修理场地，工程弃料堆放场，施工管理中心和主要施工区，生活福利区等。各区域用场内公路沟通，在布置上相互联系，形成统一的、高度灵活的、运行方便的整体。

在进行各分区布置时，应满足主体工程施工的要求。对以混凝土建筑物为主体的工程枢纽，应该以混凝土系统为重点，即布置时以砂石料的生产，混凝土的拌和、运输线路和堆弃料场地为主，重要的施工辅助企业集中布置在所服务的主体工程施工工区附近，并妥善布置场内运输线路，使整个枢纽工程的施工形成最优工艺流程。对于其他设施的布置，则应围绕重点来进行，确保主体工程施工。

在进行区域规划时，布置方式有集中布置、分散布置和混合布置三种方式，水利水电工程一般采用混合布置。

对于坝后式水电站枢纽，由于永久建筑物的布置比较集中，且坝址附近又有开阔地，可满足临时设施的布置要求时，常把临时设施集中布置，新青铜峡、观音阁等工程就是这种布置形式。

若坝址施工现场位于高山峡谷地区，地形狭窄，可根据实际情况，进行具体布置。

地形较狭窄时，可沿河流一岸或两岸冲沟绵延布置，按临时建筑物及其设施对施工现场影响程度分类排队，对施工影响大的靠近坝址区布置，其他项目按对工程影响大小顺序逐渐远离分散布置，新安江、上犹江、柘溪等工程均采用了这种布置形式。

地形特别狭窄时，则可把与施工现场关系特别密切的设施（如混凝土生产系统）布置在坝址附近，而其他一些施工辅助企业等布置在大坝较远的基地，这是典型的混合布置，如三门峡水库等。

对于引水式水电站或大型输水工程，常在取水口、中间段和厂房段设立施工场地，即形成“一条龙”的布置形式，又称分散布置。

在现场规划布置时，要特别注意场内运输干线的布置，如两岸交通联系的线路，砂石骨料运输线路，上、下游联系的过坝线路等。

4.1.2.4　施工现场布置

施工总平面布置图应根据设计资料和设计原则，结合工程所在地的实际情况，编制出几个可能方案进行比较，然后选择较好的布置方案。

(1) 施工交通运输。施工交通包括对外交通和场内交通两部分。对外交通是指联系施工工地与国家公路或地方公路、铁路车站、水运港口及航空港之间的交通，一般应充分利用现有设施，选择较短的新建、改建里程，以减少对外交通工程量。场内交通是联系施工工地内部各工区、料场、堆料场及各生产、生活区之间的交通，一般应与对外交通衔接。

在进行施工交通运输方案的设计时，主要解决的问题有：选定施工场内外的交通运输方式和场内外交通线路的连接方式；进行场内运输线路的平面布置和纵剖面设计；确定路基、路面标准及各种主要的建筑物（如桥涵、车站、码头等）的位置、规模和形式；提出运输工具和运输工程量、材料和劳动力的数量等。

1）确定对外交通和场内交通的范围。对外交通方案应确保施工工地与国家或地方公路、铁路车站、水运港口之间的交通联系，具备完成施工期间外来物资运输任务的能力；场内交通方案应确保施工工地内部各工区、当地材料产地、堆渣场、各生产、生活区之间的交通联系，主要道路与对外交通衔接。

2）场内交通规划的任务。正确选择场内运输主要和辅助的运输方式，合理布置线路，合理规划和组织场内运输。各分区间交通道路布置合理、运输方便可靠、能适应整个工程施工进度和工艺流程要求，尽量避免或减少反向运输和二次倒运。

3）场内运输的特点。物料品种多、运输量大、运距短；物料流向明确，车辆单向运输；运输不均衡；对运输保证性要求高；场内交通的临时性；运输方式多样性。

4）场内运输方式。运输方案选择应考虑工程所在地区可资利用的交通运输设施情况，施工期总运输量、分年度运输量及运输强度，重大件运输条件，国家（地方）交通干线的连接条件以及场内、外交通的衔接条件，交通运输工程的施工期限及投资，转运站以及主要桥涵、渡口、码头、站场、隧道等的建设条件。

场外交通运输方案的选择，主要取决于工程所在地区的交通条件、施工期的总运输量及运输强度、最大运件重量和尺寸等因素。中、小型水利工程一般情况下应优先采用公路运输方案，对于水运条件发达的地区，应考虑水运方案为主、其他运输方式为辅。

场内运输方式的选择，主要根据各运输方式自身的特点、场内物料运输量、运输距离、对外运输方式、场地分区布置、地形条件和施工方法等。中、小型工程一般采用汽车运输为主，其他运输为辅的运输方式。至于对外交通运输专用线或场内公路设计时，应结合具体情况，参照国家有关的公路标准来进行。

场内运输方式分水平运输和垂直运输两大类。垂直运输方式和永久建筑物施工场地、各生产系统内部的运输组织等，一般由各专业施工设计考虑，场内交通规划主要考虑场区之间的水平运输方式。水电工程常采用公路和铁路运输作为场内主要水平运输方式。

(2) 仓库与材料堆场的布置。

1）当采用铁路运输时，仓库通常沿铁路线布置，并且要留有足够的装卸前线；如果没有足够的装卸前线，必须在附近设置转运仓库。布置铁路沿线仓库时，应将仓库设置在靠近工地一侧，以免内部运输跨越铁路。同时仓库不宜设置在弯道处或坡道上。

2）当采用水路运输时，一般应在码头附近设置转运仓库，以缩短船只在码头上的停留时间。

3）当采用公路运输时，仓库的布置较灵活，一般中心仓库布置在工地中央或靠近使用的地方，也可以布置在靠近外部交通连接处。砂石、水泥、石灰、木材等仓库或堆场宜布置在施工对象附近，以免二次搬运。一般笨重设备应尽量放在车间附近，其他设备仓库可布置在其外围或其他空地上。

4）炸药库应布置在僻静的位置，远离生活区；汽油库应布置在交通方便之处，且不得靠近其他仓库和生活设施，并注意避开多发的风向。

（3）加工厂布置。一般应将加工厂集中布置在同一个地区，且多处于工地边缘。各种加工厂应与相应仓库或材料堆场布置在同一地区。

污染较大的加工厂，如砂石加工厂、沥青加工厂和钢筋加工厂，应尽量远离生活区和办公区，并注意风向。

（4）布置内部运输道路。根据加工厂、仓库及各施工对象的相对位置，研究货物转运图，区分主要道路和次要道路。

1）在规划临时道路时，应充分利用拟建的永久性道路，提前修建永久性道路或者先修路基和简易路面作为施工所需的道路，以达到节约投资的目的。

2）道路应有两个以上进出口，道路末端应设置回车场；场内道路干线应采用环形布置，主要道路宜采用双车道，宽度不小于 6m；次要道路宜采用单车道，宽度不小于 3.5m。

3）一般场外与省、市公路相连的干线，因其以后会成为永久性道路，因此，一开始就建成高标准路面；场区内的干线和施工机械行驶路线，最好采用碎石级配路面，以利修补；场内支线一般为土路或砂石路。

（5）行政与生活临时设施布置。应尽量利用建设单位的生活基地或其他永久性建筑，不足部分另行建造，还可考虑租用当地的民房。

一般全工地性行政管理用房宜设在全工地入口处，以便对外联系；也可设在工地中间，便于全工地管理；工人用的福利设施应设置在工人较集中的地方，或工人必经之处；生活基地应设在场外，距工地 500～1000m 为宜；食堂可布置在工地内部或工地与生活区之间。应尽量避开危险品仓库和砂石加工厂等位置，以利安全和减少污染。

（6）临时水电管网及其他动力设施的布置。临时水电管网沿主要干道布置干管、主线；临时总变电站应设置在高压电引入处，不应放在工地中心；设置在工地中心或工地中心附近的临时发电设备，沿干道布置主线；施工现场供水管网有环状、枝状和混合式三种形式。

根据工程防火要求，应设立消防站。一般设置在易燃物（木材、仓库、油库、炸药库等）附近，并需有通畅的出口和消防车道，其宽度不宜小于 6m；沿道路布置消防栓时，其间距不得大于 100m，消防栓到路边的距离不得大于 2m。

工地电力网，一般 3～10kV 的高压线采用环状，380/220V 低压线采用枝状布置。工地上通常采用架空布置，距路面或建筑物不小于 6m。

应该指出，上述各设计步骤不是截然分开、各自孤立进行的，而是互相联系、互相制约的，需要综合考虑、反复修正才能确定下来。

4.1.2.5 施工辅助企业

水利水电工程施工的辅助企业主要包括：砂石采料厂，混凝土生产系统，综合加工厂

（混凝土预制构件厂，钢筋加工厂，木材加工厂等），机械修配厂，工地供风、供水系统等。其布置的任务是根据工程特点、规模及施工条件，提出所需的辅助企业项目、任务和生产规模及内部组成，选定厂址，确定辅助企业的占地面积和建筑面积，并进行合理的布置，使工程施工能顺利进行。

（1）砂石骨料加工厂。砂石骨料加工厂布置时，应尽量靠近料场，选择水源充足、运输及供电方便，有足够的堆料场地和便于排水清淤的地段，同时，若砂石料厂不止一处，可将加工厂布置在中心处，并考虑与混凝土生产系统的联系。

砂厂骨料加工厂的占地面积和建筑面积与骨料的生产能力有关。

（2）混凝土生产系统。混凝土生产系统应尽量集中布置，并靠近混凝土工程量集中的地点，如坝体高度不大时，混凝土生产系统高程可布置在坝体重心位置。

混凝土生产系统的面积可依据选择的拌和设备的型号生产能力来确定。

（3）综合加工厂。综合加工厂尽量靠近主体工程施工现场，有条件时，可与混凝土生产系统一起布置。

1）钢筋加工厂。一般需要的面积较大，最好布置在来料处，即靠近码头、车站等。占地面积和建筑面积，可查表4.1确定。

2）木材加工厂。应布置在铁路或公路专用线的近旁，又因其有防火的要求，则必须安排在空旷地带，且主要建筑物的下风向，以免发生火灾时蔓延。木材加工厂的占地面积和建筑面积，可查表4.1确定。

3）混凝土预制构件厂。其位置应布置在有足够大的场地和交通方便的地方，若服务对象主要为大坝主体，应尽量靠近大坝布置。其面积的确定，可参照表4.1。

（4）机械修配厂。应与汽车修配厂和保养厂统一设置，其位置一般选在平坦、宽阔、交通方便的地段，若采用分散布置，应分别靠近使用的机械、设备等地段。具体面积可参照表4.1选定。

（5）工地供风系统。工地供风主要供石方开挖、混凝土、水泥输送、灌浆等施工作业所需的压缩空气。一般采用的方式是集中供风和分散供风，压缩空气主要由固定式的空气压缩机站或移动的空压机来供应。

表4.1　几种施工辅助企业的面积指标

钢筋加工厂				
生产规模/机床台数	10	20	40	60
锻造能力/（t·a^{-1}）	60	120	250	350
铸造能力/（t·a^{-1}）	70	150	350	500
建筑面积/m^2	545	1040	2018	2917
占地面积/m^2	1800	3470	6720	9750
木材加工厂				
生产规模/（m^3·班$^{-1}$）	20	30	50	80
建筑面积/m^2	372	484	1031	1626
占地面积/m^2	5000	7390	12200	19500

续表

混凝土构件预制厂（露天式）				
生产规模/（t·班$^{-1}$）	5000	10000	20000	30000
建筑面积/m^2	200	320	620	800
占地面积/m^2	6200	10000	18000	22000
机械修配厂				
生产规模/（m^3·a^{-1}）	5	10	25	50
建筑面积/m^2	178	224	736	1900
占地面积/m^2	800	1200	4100	11200

一个供风系统主要由空压机站和供风管道组成，空压机站的供风量 Q_f 可以按照下式计算：

$$Q_f = k_1 k_2 k_3 \sum nqk_4 k_5 \tag{4.1}$$

式中 Q_f——供风量，m^3/min；

k_1——由于空气压缩机效率降低及未预计到的少量用气所采用的系数，取1.05～1.10；

k_2——管网漏气系数，一般取1.10～1.30，管网长或铺设质量差时取大值；

k_3——高原修正系数，按表4.2选取；

k_4——各类风动机械同时工作系数，按表4.3选取；

k_5——风动机械磨损修正系数，按有关规定选取；

n——同时工作的同类型风动机械台数；

q——每台风动机械的用气量，m^3/min，一般采用风动机械定额气量。

表4.2 **高原修正系数**

海拔高程/m	0	305	610	914	1219	1524	1829	2134	2433	2743	3049	3653	4572
高原修正系数	1.00	1.03	1.07	1.1	1.14	1.17	1.2	1.23	1.26	1.29	1.32	1.37	1.43

表4.3 **凿岩机同时工作系数**

同时工作凿岩机台数	1	2	3	4	5	6	7	8	9	10	11	12	20	30
k_4	1	0.9	0.9	0.85	0.82	0.8	0.78	0.75	0.73	0.71	0.68	0.61	0.59	0.5

为了调节输气管网中的空气压力，清除空气中的水分和油污等，每台空气压缩机都需要设置储气罐，其容量可按下式估算：

$$V = a\sqrt{Q_f} \tag{4.2}$$

式中 V——储气罐的容量，m^3；

Q_f——供风量，m^3/min；

a——系数，对于固定式空压机，空压机生产率为10～40m^3/min时，采用1.5；生产率为3～10m^3/min时，采用0.9；对于移动式空压机，采用0.4。

空气压缩机站的位置，应尽量靠近用风量集中的地点，保证用风质量，同时，接近供电供水系统，并要求有良好的地基，空气压缩机距离用风地点最好在700m左右，最大不超过1000m。

供风管道采用树枝状布置，一般沿地表敷设，必要时可局部埋设或架空敷设（如穿越重要交通道路等），管道坡度大致控制为0.1%～0.5%的顺坡。

（6）工地供电系统。工地用电主要包括室内外交通照明用电和各种机械、动力设备用电等。在设计工地供电系统时，主要应该解决的问题是：确定用电地点和需电量、选择供电方式、进行供电系统的设计。

工地的供电方式常见的有：施工地区已有的国家电网供电、临时发电厂供电、移动式发电机供电三种方式，其中国家电网供电的方式最经济方便，宜尽量选用。

工地的用电负荷，按不同的施工阶段分别计算。工地内的供电采用国家电网供电应先在工地附近设总变电所，将高压电降为中压电，在输送到用户附近时，通过小型变压器（变电站）将中压降为低压（380/220V）然后输送到各用户；另在工地应有备用发电设施，以备国家电网停电时备用，其供电半径以300～700m为宜。

施工现场供电网络中，变压器应设在所负担的用电集中、用电量大的地方，同时各变压器之间可作环形布置，供电线路一般呈树枝形布置，采用架空线等方式敷设，尽量避免供电线路的二次拆迁。

（7）工地供水系统。工地供水系统主要由取水工程、净水工程和输配水工程等组成，其任务在于经济合理地供给生产、生活和消防用水。在进行供水系统设计时，首先应考虑需水地点和需水量、水质要求，再选择水源，最后进行取水、净水建筑物和输水管网的设计等。

1）生产用水量。生产用水包括进行土石方工程、混凝土工程、灌浆工程施工所需的用水量，以及施工企业和动力设备等消耗的水量，计算方法：

$$Q_i = k_1 k_3 \frac{\sum(n_1 q_1)}{8\times 3600} \tag{4.3}$$

式中 Q_i——施工、机械及辅助企业生产水量，L/s；

k_1——生产用水不均衡系数，参考表4.4选用；

k_3——未计及的用水系数，取1.2；

n_1——某类机械同时工作生产能力；

q_1——单位用水定额，参照表4.5选用。

表4.4　用水不均衡系数

项　目	类　别	不均衡系数	项　目	类　别	不均衡系数
施工、生产用水	工程施工用水	1.50	生活用水	现场生活用水	1.30～1.50
	施工生产企业生产用水	1.25			
	施工机械运输机具用水	2.00		居住生活用水	2.00～2.50
	动力设备用水	1.05～1.10			

表 4.5　　施工生产用水定额

用水户类别	单位	用水定额	备注
机械化土方施工	$L/100m^3$	350～400	不包括机械清洗压气站用水
机械化石方施工	$L/100m^3$	3500～4500	
填筑砾石土	L/m^3	50	包括填筑碾压洒水等
填筑土	L/m^3	20	包括填筑碾压洒水等
填筑砂砾石	L/m^3	380	包括填筑碾压洒水等
内燃发电机组	L/（Hp·m^3）	15～40	
混凝土构件预制构件厂浇水养护	L/m^3	300～400	
混凝土构件预制构件厂蒸汽养护	L/m^3	500～700	
机械加工件	L/t	1000～5000	
拌石灰浆	L/m^3	1000～1200	
拌石灰砂浆	L/m^3	600～1000	
拌水泥浆	L/m^3	200～300	
内燃挖掘机	L/（m^3·台班）	200～300	以斗容 m^3 计
砖砌体	L/100 块	200～300	
毛石砌体	L/m^3	50～80	
抹灰	L/m^3	30	
预制件养护	L/（s·处）	5～10	自制预制件

2）生活用水量。生活用水量主要是指生活区和现场生活用水。它的计算公式是：

$$Q_2=\frac{k_2k_4n_3q_3}{24\times3600}+\frac{k_2'k_4n_3'q_3'}{8\times3600} \tag{4.4}$$

式中 Q_2——生活用水量，L/s；

k_2——居住区生活用水不均衡系数，见表 4.4；

k_4——未计及的用水系数，取 1.1；

n_3——施工高峰工地居住最多人数（包括固定、流动性职工及家属）；

q_3——每人每天生活用水量定额，参照表 4.6 选取；

k_2'——现场生活不均衡系数，见表 4.4；

n_3'——在同一班内现场和施工企业内工作的最多人数；

q_3'——每人每班在现场生活用水量定额，见表 4.6。

3）消防用水量。消防用水包括施工现场消防用水和居住区的消防用水，施工现场的消防用水量与工地范围有关，而居住区的消防用水量由居住区人数来确定，具体消防用水量可查表 4.7 选取。

表 4.6　　生活用水定额

用水项目	单位	用水定额	用水项目	单位	用水定额
生活用水	L/（人·天）	100～200	现场生活	L/（人·班）	10～20
食堂	L/（人·天）	15～20	现场淋浴	L/（人·班）	25～30
浴室	L/（人·次）	50～60	现场道路洒水	L/（人·班）	10～15
道路绿化洒水	L/（人·天）	20～30			

表 4.7 消防用水定额

用水项目	按火灾同时发生次数计/次	耗水量/t	用水项目	按火灾同时发生次数计/次	耗水量/t
居住区消防用水			施工现场消防用水		
5000人以上	1	10	现场面积在 $25km^2$ 以内	2	10～15
10000人以上	2	10～15	每增加 $25km^2$ 递增		5
25000人以上	2	15～20			

4）工地的总需水量。工地现场的总需水量应满足不同时期高峰生产用水和生活用水的需要，并按消防用水量进行校核，其计算可按以下两式进行。

$$Q_0 = Q_1 + Q_2 \tag{4.5}$$

$$Q_0 = \frac{(Q_1 + Q_2)}{2} + Q_3 \tag{4.6}$$

式中 Q_0——工地的总量需水量，L/s；

Q_3——消防用水量，L/s。

总需水量 Q_0 选取上两式计算结果的最大值，并考虑不可避免的管网漏水损失，应将总需水 Q_0 增加10%。

供水系统的水源一般根据实际情况确定，但生产、生活用水必须考虑水质的要求，尤其是饮用水源，应尽量取地下水。

布置用水系统时，应充分考虑工地范围的大小，可布置成一个或几个供水系统。供水系统一般由供水站、管道和水塔等组成。水塔的位置应设在用水中心处，高程按供水管网所需的取大水头计算。供水管道一般用树枝状布置，水管的材料根据管内压力大小分为铸铁和钢管两种。

工地供水系统所用水泵，一般每台流量为10～30L/s，扬程应比最高用水点和水源的高差高出10～15m。水泵应有一定的备用台数，同一泵站的水泵型号尽可能统一。

4.1.2.6 施工临时设施

（1）仓库。

1）仓库的分类。工地仓库的主要功能是储存和供应工程施工所需的各种物资、器材和设备。根据它的用途和管理形式分为中心仓库（储存全工地统一调配使用的物料）、转运站仓库（储存待运的物资）、专用仓库（储存一种或特殊的材料）、工区分库（只储存本工区用物资的材料）、辅助企业分库（只储存本企业用的材料）等。

按照结构形式分为露天式仓库、棚式仓库和封闭式仓库等。

2）仓库的布置。仓库布置的具体要求是：服务对象单一的仓库、堆场、应靠近所服务的企业或施工地点。

a. 中心仓库应布置在对外交通线路进入工区入口处附近。

b. 特殊材料库（如炸药库等）布置在不会危害企业、施工现场、生活福利区的安全的位置。

c. 仓库的平面布置应尽量满足防火间距的要求。

3）仓库储存量的计算。仓库储存量的确定需根据施工条件、供应条件、运输条件等具体情况确定。对仓库储存量的要求既不能储存过多，造成积压浪费，又要满足工程施工的需要，且具有一定的储存量。另外，受季节影响的材料，应分析施工和生产的中断因素。水运时需考虑洪水、枯水和严寒季节影响，材料的储存量可按下式计算：

$$q=\frac{Q}{ntk} \tag{4.7}$$

式中 q——需要材料储存量；

Q——一般高峰年材料总需要量，t 或 m^3；

n——年工作日数；

t——需要材料的储备天数，可参考表 4.8；

k——不均匀系数，可取 1.2～1.5。

表 4.8　各种材料储备天数参考表

材料名称	储备天数/天	备　注	材料名称	储备天数/天	备　注
钢筋、钢材	120～180		电石、油漆、化工	20～30	
设备配件	180～270	根据配件的多少，还要乘 0.5～1.0 修正系数	煤 电线、电缆	30～90 40～50	
水泥	7～15		钢丝绳	40～50	
炸药、雷管	60～90		地方房产建材材料	10～20	
油料	30～90		砂、石骨料成品	10～20	
木材	30～90	在储放的木材，可按一年用量储备	混凝土预制品	10～15	
五金、材料	20～30		劳保、生活用品	30～40	
沥青、玻璃、油毡	20～30		土产杂品	30～40	

4）仓库面积的计算。材料器材仓库的面积 W_1 计算公式：

$$W_1=\frac{q}{pk_1} \tag{4.8}$$

式中 W_1——仓库面积，m^2；

q——材料储存量，t 或 m^3；

p——每 m^2 有效面积的材料存放量，t 或 m^3，可参照表 4.9；

k_1——仓库面积利用系数，可参照表 4.9。

表 4.9　每 m^2 有效面积材料储存量及仓库面积利用系数

材料名称	单位	保存方法	堆高/m	每 m^2 面积堆置 p	储存方法	仓库面积利用系数 k_1	备注
水泥	t	堆垛	1.5～1.6	1.3～1.5	仓库、料棚	0.45～0.60	
水泥	t		2.0～3.0	2.5～4.0	封闭式料斗机械化	0.7	
圆钢	t	堆垛	1.2	3.1～4.2	料棚、露天	0.66	
方钢	t	堆垛	1.2	3.2～4.3	料棚、露天	0.68	

续表

材料名称	单位	保存方法	堆高/m	每 m^2 面积堆置 p	储存方法	仓库面积利用系数 k_1	备注
扁钢、角钢	t	堆垛	1.2	2.1～2.9	料棚、露天	0.45	
钢板	t	堆垛	1	4	料棚、露天	0.57	
工字钢、卧槽	t	堆垛	0.5	1.3～2.6	料棚、露天	0.32～0.54	
钢管	t	堆垛	1.2	0.8	料棚、露天	0.11	
铸铁管	t	堆垛	1.2	0.9～1.3	露天	0.38	
铜线	t	料架	2.2	1.3	仓库	0.11	
铝线	t	料架	2.2	0.4	仓库	0.11	
电线	t	料架	2.2	0.9～1.3	仓库、料架	0.35～0.40	
电缆	t	堆垛	1.4	0.4	仓库、料架	0.35～0.40	
盘条	t	选放	1	1.3～1.5	鹏式	0.5	
螺钉、螺栓铆钉	t	堆垛	2	2.3～3.5	仓库	0.6	
炸药	t	堆垛	1.5	0.66	仓库、料架	0.45～0.60	
电石	t	堆垛	1.2	0.9	仓库	0.35～0.40	
油脂	t	堆垛	1.2～1.8	0.45～0.80	仓库	0.35～0.40	
玻璃	箱	堆垛	0.8～1.5	6.0～10.0	仓库	0.45～0.60	
油毡		堆垛	1.0～1.5	15.0～22.0	仓库	0.35～0.45	
石油沥青	t	堆垛	2	2.2	仓库	0.5～0.6	
胶合板	张	堆垛	1.5	200～300	仓库	0.5	
石灰	t	堆垛	1.5	0.85	料棚	0.55	
五金	t	堆放、堆垛	2.2	1.5～2.0	仓库、料架	0.35～0.50	
水暖零件	t	堆垛	1.4	1.3	仓库、露天	0.15	
原木	m^3	叠放	2～3	1.3～2.0	露天式	0.40～0.50	
锯材	m^3	叠放	2～3	1.2～1.8	露天式	0.40～0.50	
混凝土管	m	叠放	1.5	0.3～0.4	露天式	0.30～0.40	
卵石、砂石、碎石	m^3	堆垛	5～6	3～4	露天式	0.60～0.70	
卵石、砂石、碎石	m^3	堆垛	1.5～2.5	1.5～2.0	露天式	0.60～0.70	
毛石	m^3	堆垛	1.2	1	露天式	0.60～0.71	
砖	块	堆垛	1.5	700	露天式		
煤炭	t	堆垛	2.25	2	露天式	0.60～0.70	
劳保	套	叠放		1	料架	0.30～0.35	

施工设备仓库面积 W_2 的计算公式为：

$$W_2=\frac{na}{k_2} \tag{4.9}$$

式中 W_2——仓库面积，m^2；

n——设备的台数，台；

a——每台设备占地面积，m^2/台，可参考表4.10选取；

k_2——面积利用系数，库内有行车时取0.3，库内无行车时取0.7。

5）仓库占地面积的估算。

$$A=\sum uk_3 \tag{4.10}$$

式中 A——仓库占地面积，m^2；

u——仓库建筑面积或堆存场面积，m^2；

k_3——占地面积系数，可按表4.11选取。

表4.10　施工机械停放场所所需面积参考指标

施工机械名称	停放场地面积/(m^2·台$^{-1}$)	存放方式
1. 起重、土石方机械		
塔式起重机	200～300	露天
履带式起重机	100～125	露天
履带式正、反铲，拖式铲运机，轮胎式起重机	70～100	露天
推土机、拖拉机、压路机	25～35	露天
汽车式起重机	20～30	露天或室内
门式起重机（10t，60t）	300～400	解体露天或室内
缆式起重机（10t，20t）	400～500	解体露天或室内
2. 运输机械类		
汽车（室内）	20～30	
汽车（室外）	46～60	一般情况下室内不小于10%
平板拖车	100～150	
3. 其他机类		
搅拌机、卷扬机、电焊机、电动机、水泵、空压机、油泵等	4～6	一般情况下室内占30%、室外占70%

表4.11　仓库占地面积系数（k_3）参考指标

仓库种类	k_3	仓库种类	k_3
物资总库、施工设备库	4	炸药库	6
油库	6	钢筋、钢材库、圆木堆场	3～4
机电仓库	8		

（2）工地临时房屋。一般工地上的临时房屋主要有行政管理用房（如办公室等）、文化娱乐用房（如俱乐部等）、居住用房（如职工宿舍等）、生活福利用房（如医院、浴室等）等。

修建这些临时房屋时，必须注意既要满足实际需要，又要节约修建费用。具体应考虑以下问题：

1）尽可能利用施工区附近城镇的居民和文化福利设施。

2）尽可能利用拟建的永久性房屋。

3）结合施工地区新建城镇的规划统一考虑。

4）临时房屋宜采用装配式结构。

具体工地各类临时房屋需要量，取决于工程规模、工期长短、投资情况和工程所在地区的条件等因素。

4.1.3 施工总布置的优化及设计成果

施工临时设施的平面布置和竖向布置完成后，对施工总布置进行协调修正，检查施工临时设施和主体工程施工之间、各临时建筑物之间是否协调，有无干扰矛盾，生产和施工工艺之间的配合如何，能否满足保安、防火和卫生的要求，对不协调的布置进行调整。最后编制总布置有关技术经济指标图表，完成施工总布置设计。

4.1.3.1 施工总布置方案比较指标

（1）交通道路的主要技术指标包括工程质量、造价指标、运输费及运输设备需用量。

（2）各方案土石方平衡计算成果及弃渣场规划。

（3）风、水、电系统各方案管线布置的主要工程量、材料和设备等。

（4）生产、生活福利设施的建筑物面积和占地面积。

（5）有关施工征地移民的各种指标。

（6）施工工厂设施的土建、安装工程量。

（7）站场、码头和仓库装卸设备需要量。

（8）其他临建工程量。

4.1.3.2 施工总布置方案比较定性分析内容

（1）布置方案能否充分发挥施工工厂的生产能力。

（2）满足施工总进度和施工强度的要求。

（3）施工设施、站场、临时建筑物的协调和干扰情况。

（4）施工分区的合理性。

（5）研究当地现有企业为工程施工服务的可能性和合理性。

4.1.3.3 施工总布置的主要内容

（1）坐标系统、风玫瑰（指北针），必要的地形、地物、标高、图例等。

（2）主体建筑物及主要导流建筑物轮廓布置。

（3）主要施工机械设备布置、运输系统（如门式、塔式、缆式起重机、混凝土运输线、栈桥等）轮廓布置。

（4）主要施工分区划分范围，主要施工辅助企业、大型临时设施布置以及堆、弃渣场地范围。

（5）风、水、电及其他动力、能源、场（厂）站位置及主、干管线。

（6）当地主要建筑材料场地位置及范围。

（7）场地排水布置。

（8）准备工程量一览表。

（9）临建施工项目一览表。

（10）生产、生活福利设施及其他建筑物一览表。

（11）场内外交通运输技术指标及转运、存储建筑物数量一览表。

任务4.2 小溶江水利枢纽施工总布置

4.2.1 布置原则

根据小溶江水利枢纽工程施工技术条件、施工环境及工程的特点，工程施工布置按以下原则进行：

（1）依据现场情况及有关规范的要求进行布置。

（2）临建设施的规模和技术指标及容量结合本工程施工总进度安排和施工强度的需要进行设计。施工设施的布置在满足施工要求的前提下，尽量做到简单、实用。布置力求紧凑、合理、管理集中、调度灵活、运行方便、节约用地和安全可靠。

（3）各施工场地及营地均布置在防洪度汛标准高程以上。

（4）各施工场地及营地均按有关要求配置足够的环保设施及消防设施。

（5）所有生产、生活设施的布置均体现安全生产、文明施工。

（6）避免施工对公众利益的损害。

4.2.2 布置规划说明

（1）生活营地分别布置在坝址下游约400m的右岸上坝公路旁的缓坡地上和左岸前期已有的弃渣场（EL200m）上，总体占地面积13000m^2，主要作为施工单位生活区，并且规划部分面积作为施工机械设备的停放场地。

（2）生产场地布置结合前期已有的右岸弃渣场（EL200m）在坝址下游右岸上坝公路与河道之间，总面积约15000m^2。主要布置有钢筋加工厂、木材加工厂、施工设备停放场、机械修配厂、预制件厂、金属结构拼装场和仓储系统、工地实验室等。

（3）混凝土拌和系统布置在坝下游右岸进场公路和上坝公路相交处，总占地面积10000m^2，分别布置卸料平台、成品料仓、制冷系统、粉料仓库和混凝土拌和楼以及混凝土拌和站等生产设施。

（4）砂石骨料加工系统布置在距坝址下游18km的灵川县三街镇西峰山灰岩料场，总占地面积23000m^2，主要由石料开采场和砂石骨料加工系统两部分组成。

（5）坝址区和西峰山石料场各布置一座炸药库，每座炸药库占地面积1000m^2。炸药库选址尽量远离居民区、重要交通线路400m以上，避免与输电线路平面交叉。

（6）在小溶江水利枢纽工程前方营地场地内建设一栋三层砖混结构、建筑面积为1200m^{2}的现场办公生活用房提供给业主单位。

4.2.3 小溶江水利枢纽工程施工平面布置图

小溶江水利枢纽工程施工平面布置图如图4.1所示。

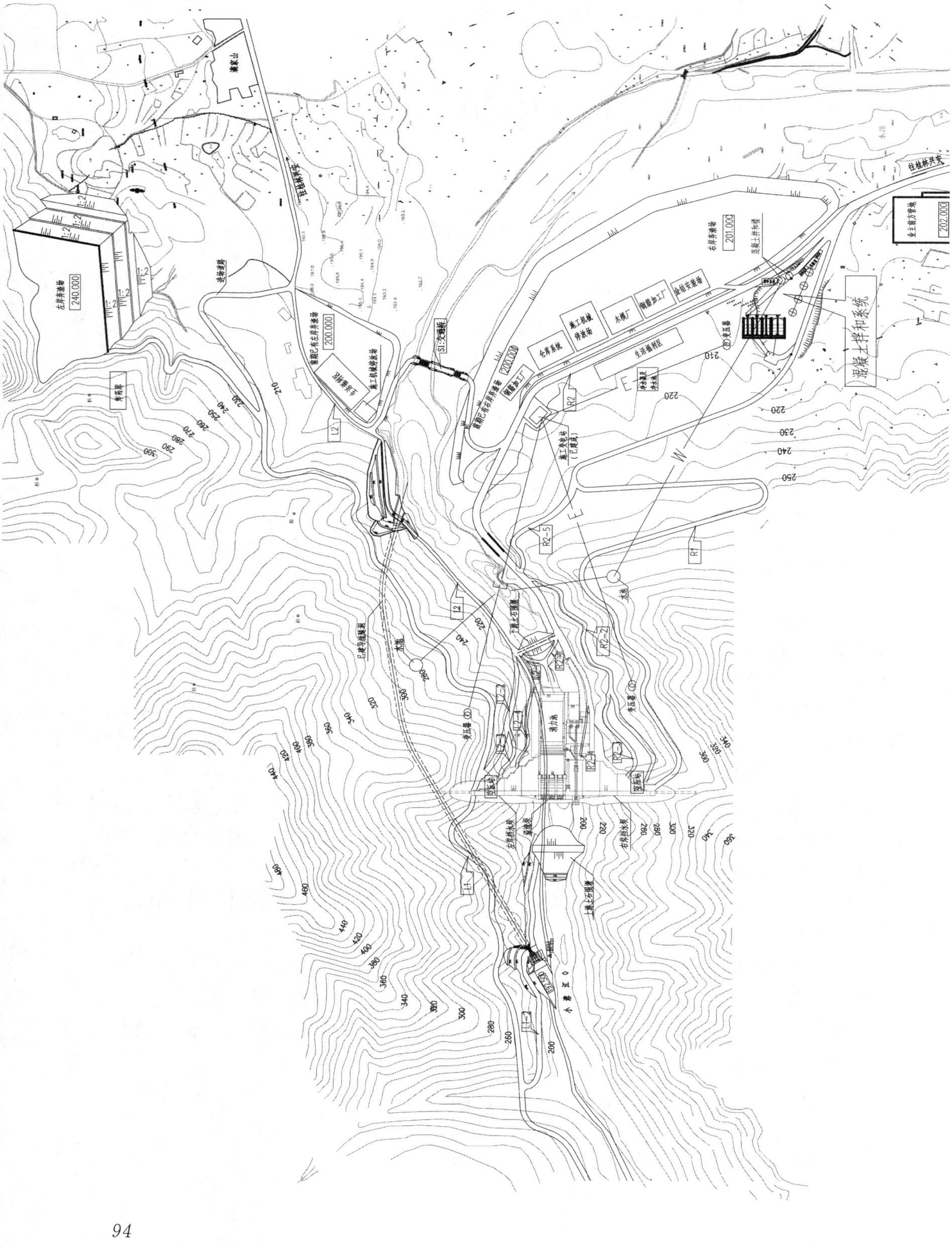

图4.1 小溶江水利枢纽工程施工平面布置图

思 考 题

（1）施工总布置的内容主要有哪些？

（2）施工辅助企业有哪些？在布置上有什么要求？

（3）施工区公路布置方案选择应考虑何种因素？

项目5　资 源 供 应 计 划

知识目标： 通过本项目学习，学生应基本掌握对生产要素（人、材、机）需求量的计划编制方法。

能力目标： 通过本项目学习，学生能编制相应的生产要素需求量计划。

项目导航： 参见项目1。

资源是施工生产的物质基础，是工程实施必不可少的前提条件，它们的费用占工程总费用的70%以上，所以资源消耗的节约是工程成本节约的主要途径。如果资源不能保证，任何考虑得再周密的工期计划也不能实行。资源需要量是指项目施工过程中所必须消耗的各类资源的计划用量，它包括劳动力、建筑材料、机械设备以及施工用水、电、动力、运输、仓储设施等的需要量。资源管理的任务就是按照施工项目的实施计划编制资源的使用和供应计划，将项目实施所需的资源按正确的时间、正确的数量供应到正确的地点，并降低资源成本消耗（如采购费用、仓库保管费等）。

任务5.1　劳动力计划

5.1.1　劳动力需要量

劳动力需要量指的是在工程施工期间，直接参加生产和辅助生产的人员数量以及整个工程所需总劳动量。水利水电工程施工劳动力包括建筑安装人员，企业工厂、交通的运行和维护人员，管理、服务人员等。劳动力需要量是施工总进度的一项重要指标，也是确定临时工程规模和计算工程总投资的重要依据之一。

劳动力计划的计算内容是施工期各年份月劳动力数量（人），施工期高峰劳动力数量（人），施工期平均劳动力数量（人）和整个工程施工的总劳动量（工日）。

5.1.2　劳动力计算方法

5.1.2.1　劳动定额法

（1）劳动力定额。劳动力定额是完成单位工程量所需要的劳动工日。在计算各施工时段所需要的基本劳动力数量时，是以施工总进度为基础，用各施工时段的施工强度乘以劳动力定额而得。总进度表上的施工项目，是基本施工工艺环节中各施工工序的综合项目，例如石方开挖，包括开挖和出渣等；混凝土浇筑，包括砂石料开采、加工和运输、模板、钢筋、混凝土拌和、运输、浇筑和养护等；土石方填筑，包括料物开采、运输、上坝和填筑等。所以，计算劳动力所需的劳动力定额，主要是依据本工程的建筑物特性、施工特性、选定的施工方法、设备规格、生产流程等经过综合分析后拟定。

（2）劳动力需要量计算步骤。

1）拟定劳动力定额。

2）以施工总进度表为依据，编制单项工程的施工进度线，并说明各时段的施工强度。

3）计算基本劳动力曲线。

4）计算企业工厂运行劳动力曲线。

5）计算对外交通、企业管理人员、场内道路维护等劳动力曲线。

6）计算管理人员、服务人员劳动力曲线。

7）计算缺勤劳动力曲线。

8）计算不可预见劳动力曲线。

9）计算和绘制整个工程劳动力曲线。

（3）基本劳动力计算。以施工总进度表为依据，用各单项工程分年、分月的日强度乘以相应劳动力定额，即得单项工程相应时段劳动力需要量。同年同月各单项工程劳动力需要量相加，即为该年该月的日需要劳动力。

$$P=\frac{Q}{S}\text{或}P=QH \tag{5.1}$$

式中 P——完成某施工过程所需的劳动量（工时）或机械台班数（台时）；

Q——完成某施工过程所需的工程量，m^3、m^2、t、…；

S——某施工过程所采取的产量定额，m^3、m^2、t、…/工时或台时；

H——某施工过程所采取的时间定额，工时或台时/m^3、m^2、t、…。

【例5.1】 已知某渡槽排架的基础土方为3240m^3，采用人工挖土，工时产量为0.8m^3，则完成挖基础所需总劳动量为：$P=3240/0.8=4050$（工时）。

（4）施工企业工厂运行劳动力。以施工进度表为依据，列出各企业工厂在各年各月的运行人员数量，同年同月逐项相加而得。各企业各时段的生产人员，一般由企业工厂设计人员提供。

（5）对外交通、企管人员及道路维护劳动力。用基本劳动力与企业工厂运行人员之和乘以系数0.1～0.5（混凝土坝工程和对外交通距离较远者取大值）。

（6）管理人员。管理人员（包括有关单位派驻人员）取上述（3）～（5）项的生产人员总数的7%～10%。

（7）缺勤人员。缺勤人员取上述生产人员与管理人员总数之和的5%～8%。

（8）不可预见人员。上述（3）～（7）项人员之和的5%～10%。可行性研究阶段取10%，初步设计阶段取5%。

5.1.2.2 类比法

根据同类型、同规模（水工、施工）的实际定员类比，通过认真分析加以适当调整。此方法比较简单，也有一定的准确度。

任务5.2 材料、构件及半成品需用量计划

水利水电工程所使用的材料包括消耗性材料、周转性材料和装置性材料。由于材料品

种繁多，且不同设计阶段对材料需要量估算精度的要求不同，一般在初步设计阶段，仅对工程施工影响大，用量多的钢材、木材、水泥、炸药、燃料等材料进行估算。

5.2.1 材料需要量估算依据

（1）主体工程各单项工程的分项工程量。

（2）各种临时建筑工程的分项工程量。

（3）其他工程的分项工程量。

（4）材料消耗指标一般以部颁定额为准，当有试验依据时，以试验指标为准。

（5）各类燃油、燃煤机械设备的使用台班数。

（6）施工方法，原材料本身的物理、化学、几何性质。

工程量的计算应根据设计图纸，按工程性质考虑工程分期和施工顺序等因素，分别按土方、石方、开挖、回填、混凝土等进行计算，根据计算的工程量，可以计算相应的材料需要量。

5.2.2 主要材料汇总

主要材料用量，应按单项工程汇总并小计用量，最后累计全部工程主要材料用量。汇总工作可按表5.1形式进行。

表5.1　　主要材料汇总表

序号	单项工程名称	工程部位	主要材料用量					
			钢材	木材	水泥	炸药	燃料	
							汽油	柴油
小计								

5.2.3 编制分期供应计划

（1）根据施工总进度计划的要求，在主要材料计算和汇总的基础上编制分期供应计划。

（2）分期材料需要量应分材料种类、施工项目、计算分期工程量占总工程量的比例，并累计整个工程在各时段中的材料需用量。计算表的形式见表5.2。

表5.2　　材料分期需要量计算表

材料种类	单项工程或部位名称	该工程或部位材料耗用总量	计算项目	分期用量		
				第　年	第　年	第　年
			分期工程量占总工程量比例			
			材料分期用量			
			分期工程量占总工程量比例			
			材料分期用量			

续表

材料种类	单项工程或部位名称	该工程或部位材料耗用总量	计算项目	分期用量		
				第 年	第 年	第 年
			分期工程量占总工程量比例			
			材料分期用量			
	小计					

(3) 材料供应至工地时间应早于需要时间，并留有验收、材料质量鉴定、出入库等时间。

(4) 如考虑某些材料供应的实际困难，可在适当时候多供应一定数量，暂时储存以备后用。但储存时间不能超过有关材料管理和技术规程所规定的时间，同时应考虑资金周转等问题。

(5) 供应计划应按各种材料品种或规格、产地或来源分列供应数量和小计供应量。

主要材料分期供应量表的形式见表5.3。

表5.3　主要材料分期供应量表

材料名称	品种或规格	产品或来源	分期供应量											
			第 年				第 年				第 年			
			1	2	3	4	1	2	3	4	1	2	3	4
水泥														
	小计													
	合计													

任务5.3　施工机械需用量计划

施工机械是施工生产要素的重要组成部分。现代施工项目都要依靠使用机械设备才能完成任务。随着科学技术不断发展，新机械、新设备层出不穷，大型的资金密集型和技术密集型的机械在现代机械化施工中起着越来越重要的作用。

5.3.1　施工机械设备的选择

正确拟定施工方案和选择施工机械是合理组织施工的关键。施工方案要做到技术上先进、经济上合理；满足保证施工质量，提高劳动力生产率，加快施工进度及充分利用机械的要求；而正确选择施工机械设备能使施工方法更为先进、合理，又经济。因此施工机械选择的好坏很大程度上决定了施工方案的优劣。所以，在选择施工机械时应遵照以下原则：

(1) 适应工地条件，符合设计和施工要求，保证工程质量，生产能力满足施工强度要求。选择的机械类型必须符合施工现场的地质、地形条件及工程量和施工进度的要求等。为了保证施工进度和提高经济效益，工程量大的采用大型机械，否则选用小型机械，但这并不是绝对的。例如某大型工程施工地区偏僻，道路狭窄，桥梁载重量受到限制，大型机械不能通过，为此要专门修建运输大型机械的道路、桥梁，显然是不经济的，所以选用中型机械较为合理。

(2) 设备性能机动、灵活、高效、能耗低、运行安全可靠。选择机械时要考虑到各种机械的合理组合，这是决定所选择的施工机械能否发挥效率的重要因素。合理组合主要包括主机与辅助机械在台数和生产能力的相互适应以及作业线上的各种机械相配套的组合。首先主机与辅助机械的组合，必须保证在主机充分发挥作用的前提下，考虑辅助机械的台数和生产能力。其次一种机械施工作业线是几种机械联合作业组合成一条龙的机械化施工，几种机械的联合才能形成生产能力。如果其中某一种机械的生产能力不适应作业线上的其他机械的生产能力或机械可靠性不好，都会使整条作业线的机械发挥不了作用。

(3) 通用性强，能满足在先后施工的施工项目中重复使用。

(4) 设备购置及运行费用较低，易获得零配件，便于维修、保养、管理和调度。

施工机械固定资产损耗费（折旧费用、大修理费等）与施工机械的投资成正比，运行费（机上人工费、动力、燃料费等）可以看作与完成的工程量成正比。这些费用是在机械运行中重点考虑的因素。大型机械需要的投资大，但如果把其分摊到较大的工程量中，对工程成本的影响就很小。所以，大型工程选择大型的施工机械是经济的。为了降低施工运行费，不能大机小用，一定要以满足施工需要为目的。

设备采购应通过市场调查，一般机械应为常用机型，有利于承包商自带，少量大型、特殊机械，可由业主单位采购，提供承包商使用。原则上，零配件供应由承包商自行解决。

5.3.2 机械台班数的确定

5.3.2.1 根据工期要求倒排进度

首先根据规定的总工期和施工经验，确定各分部分项工程的施工时间，然后按各分部分项工程需要的劳动量或机械台班数，确定每一分部分项工程每个工作班组所需要的工人数或台班数为：

$$R=\frac{P}{tmk} \tag{5.2}$$

式中 R——每班安排在某分部分项工程上的施工机械台时或劳动人数；

P——某分部分项工程所需的机械台时数量或劳动量；

t——完成某分部分项工程的施工天数；

m——每天工作班次；

k——每班工作时间。

【例 5.2】 某单位工程的土方工程采用机械施工，需要 696 台时完成，则当工期为 8 天时，一班制，每班工作 8h，所需挖土机的台数为：

$$R=696/(8\times1\times8)=11(台)$$

通常计算时均先按一班制考虑，如果每天所需机械台数或劳动人数，已超过施工单位现有人力、物力或工作面限制时，则应根据具体情况和条件，从技术和施工组织上采取积极的措施，如增加工作班次，最大限度地组织立体交叉平行流水施工等。

5.3.2.2 施工机械数量和专业工人人数的确定

根据施工项目经理部计划分配在该分部分项工程上的施工机械数量和专业工人人数确定：

$$t=\frac{P}{Rmk} \tag{5.3}$$

【例5.3】 某工程砌筑砖墙，需要总劳动量1280工时，一班制工作，每班工作8h，每天出勤人数为22人（其中瓦工10人，普工12人），则施工天数为：

$$t=1280/(22\times1\times8)=7(天)$$

在安排每班工人和机械台数时，应综合考虑各分项工程工人班组的每个工人都应有足够的工作面，以发挥高效率并保证施工安全；各分项工程在进行正常施工时所必需的最低限度的工人班组人数及其合理组合，以达到最高的劳动效率。

5.3.3 施工机械设备汇总平衡

在施工机械设备选型后，应进行主要施工机械设备的汇总工作。汇总时按各单项工程或辅助企业汇总机械设备的类型、型号、使用数量，分别了解其使用时段、部位、施工特点及机械使用特点等有关资料。

5.3.4 施工机械设备平衡

施工机械设备平衡的目的是在保证施工总进度计划的实施、满足施工工艺要求的前提下，尽量做到充分发挥机械设备的效能，配套齐全，数量合理，管理方便和技术经济效益显著，并最终反映到机械类型、型号的改变、配置数量的变化上。一般情况下，施工机械设备平衡的主要对象是主要的土石方机械、运输机械、混凝土机械、起重机械、工程船舶、基础处理机械和主要辅助设备七大类不固定设置的机械。

机械平衡的主要内容是同类型机械设备在使用时段上平衡，同时应注意不同施工部位、不同类型或型号的互换平衡。平衡内容和主要原则见表5.4。

表5.4　　机械设备平衡的内容与原则

平衡内容	平衡原则	
	施工单位不明确	施工单位明确
使用上的平衡	由大型、高效机械充当骨干	现有大型机械充当骨干，同时注意旧机械更新
	中小型机械起填平补齐作用	
型号上的平衡	型号尽力简化，以高效能、调动灵活机械为主；注意一机多能；大中小型机械保持适当比例	使现有机械配套

续表

<table>
<tr><td rowspan="2" colspan="2">平衡内容</td><td colspan="2">平 衡 原 则</td></tr>
<tr><td>施工单位不明确</td><td>施工单位明确</td></tr>
<tr><td colspan="2">数量上的平衡</td><td>数量合理</td><td>减少机械数量</td></tr>
<tr><td colspan="2">时间上的平衡</td><td colspan="2">利用同一机械在不同时间、作业场所发挥作用</td></tr>
<tr><td colspan="2">配套平衡</td><td colspan="2">机械设备配套应由施工流程决定。多功能、服务范围广的机械应与大多数作业的其他机械配套选择；施工机械应与相应的检修、装拆设施水平相适应</td></tr>
<tr><td rowspan="3">其他</td><td>机械拆迁</td><td colspan="2">减少重型机械的频繁拆迁、转移</td></tr>
<tr><td>维修保养</td><td colspan="2">配件来源可靠、有与之相适应的维修保养能力</td></tr>
<tr><td>机械调配</td><td colspan="2">有灵活可靠的调配措施</td></tr>
</table>

5.3.5 施工机械设备总需要量计算

机械设备总需要量：

$$N=\frac{N_0}{1-\eta} \tag{5.4}$$

式中 N——某类型或型号机械设备总需要量；

N_0——某类型或型号机械设备平衡后的历年最高使用数量；

η——备用系数，可参考表5.5选用。

表5.5 备用系数 η 参考值

机 械 类 型	η	机 械 类 型	η
土石方机械	0.10～0.25	运输机械	0.15～0.25
混凝土机械	0.10～0.15	起重机械	0.10～0.20
船舶	0.10～0.15	生产维修设备	0.04～0.08

计算机械设备总需要量时，应注意以下问题：

(1) 总需要量应在机械设备平衡后汇总数量的基础上进行计算。

(2) 同一作业可由不同类型或型号机械互代（即容量互补），且条件允许时，备用系数可适当降低。

(3) 对生产均衡性差、时间利用率低、使用时间不长的机械，备用系数可以适当降低。

(4) 风、水、电机械设备的备用量应专门研究。

(5) 确定备用系数时间，应考虑设备的新旧程度、维修能力、管理水平等因素，力争做到切合实际情况。

5.3.6 施工机械设备总量及分年供应计划

5.3.6.1 机械设备数量汇总表

表5.6为机械设备数量汇总表，本表汇总数字为机械设备平衡后，并考虑了备用数的总需要量。表中应包括主要的、配套的全部机械设备。

表 5.6 机械设备数量汇总表

编号	施工机械设备名称及型号	功率	制造厂家	总需要量	现有数量	尚缺数		
						新购	调拨	总数
设备总量								

5.3.6.2 分年度供应计划制定

表 5.7 为施工机械设备分年度供应计划表，制表时应注意以下几点：

表 5.7 机械设备分年供应计划表

统一编号	机械类型	机械名称型号	机械来源	供应时间数量												不同来源机械供应总数	说明
				年				年				年					
				1	2	3	4	1	2	3	4	1	2	3	4		
	小计																

（1）分年供应计划在机械设备平衡表、平衡后的机械设备数量汇总表的基础上编制，反映机械进场的时间要求。

（2）分年度供应计划应分类型列表，分类型小计。

（3）供应时间应早于使用时间，从机械设备全部运抵工地仓库时起至能实际运用止，应包括清点、组装、试运转等时间。对于技术先进的机械设备，还应包括技术工人培训时间。

（4）考虑设备进场以及其他实际问题，备用数量可分阶段实现，但供应数不得低于实际使用数量。

（5）制定分年供应计划，应对设备来源进行调查。如供应型号不能满足要求时，应与专业设计人员协商调整型号。

（6）机械设备来源包括自备、购国产、购进口、租赁等。

任务 5.4 小溶江某分部分项工程施工主要资源配置计划

5.4.1 概述

根据技术核定单《CIV 标烧结页岩砖调整为水泥实心砖（第一副厂房空心砖除外）JPIC4/2011 -综 002》、《第一副厂房烧结页岩空心砖调整为水泥空心砖 JPIC4/2011 -发 011》及各部位相关设计蓝图可知：CIV 标各部位的配电机房、电梯机房、启闭机室等相关房建的砖砌体砌筑工程采用的砖形式主要为 MU5 水泥实心砖、MU10 水泥实心砖、MU5 水泥空心砖，砂浆主要为 M5 混合砂浆、M7.5 混合砂浆、M5 水泥砂浆、M10 水泥砂浆。水泥实心砖容重应小于等于 19kN/m^3，水泥空心砖容重应小于等于 11kN/m^3，且强度满足原设计要求。砖砌体厚度主要有 370mm、240mm、120mm，初装修包含项目均参照各部位设计蓝图中室内装修做法说明及对应的相关图集执行，包含项目见招投标文件，某分部分项工程主要工程量见表5.8。

表5.8　　主要工程量表

序号	项　目	单位	工程量	序号	项　目	单位	工程量
1	水泥砂浆找平	m^2	30500	5	防水涂料	m^2	350
2	水泥砂浆墙面抹灰	m^2	70650	6	MU10水泥实心砖	m^3	12700
3	水泥砂浆天棚抹灰	m^2	9555	7	MU5水泥实心砖	m^3	750
4	APP防水卷材	m^2	3960	8	MU5水泥空心砖	m^3	350

注　表中工程量为估算值，工程量以实际发生量为准。

5.4.2 施工主要资源配置

本次施工人员及设备配置以第一副厂房砖砌体砌筑及初装修施工为例，其他部位根据工程量及实际进度需要等参照配置，详见表5.9～表5.11。

表5.9　　施工人员配置表（两班配置）

序号	工　种		施工投入	备　注
1	管理人员	安全员	4	
		技术员	6	
		质检员	6	
		其他管理人员	6	
2	钢筋工		6	
3	混凝土工		4	
4	模板工		4	
5	焊工		4	
6	司机		8	
7	测量工		8	
8	电工		6	
9	钻工		4	
10	砌筑工		30	
11	空压机工		2	
12	修理工		2	
13	脚手架工		10	
14	普工		40	
15	泥工		30	
16	卷扬机工		4	
合计			184	

表 5.10 施工设备配置表

序号	设备名称	型号及规格	单位	施工投入
1	木抹子		把	15
2	铁铲		把	20
3	线、线锤、卷尺			若干
4	钢筋切断机		台	2
5	砖刀		把	15
6	手推车		辆	6
7	电焊机		台	2
8	钢筋弯曲机		台	1
9	插入式振捣器	$\phi30/\phi50$	台	4
10	手风钻		台	4
11	长把刷		个	16
12	卷扬机	2t	台	2
13	空压机	20m^3	台	1
14	皮桶		个	20
15	圆盘锯		台	2
16	电刨		台	2
17	3m 靠尺		把	6
18	筛网		个	2
19	搅拌机	0.2m^3	台	1

注 该设备配置为主要设备配置，其余均以现场实际发生的计。

表 5.11 施工材料配置表

材料名称	型号及规格	单位	施工投入	备注
模板	木模板	m^2	500	1.6cm 厚
钢管	$\phi48$	t	50	
扣件		个	16000	
钢筋	$\phi12$	t	2	拉筋
木板	5cm 厚	m^2	750	
安全绿网		m^2	350	
方木	5cm×8cm	m^2	40	
竹条板		m^2	30	
电缆	VLV－3×35＋1×25	m	80	
钢管	2in	m	80	风、水管
橡胶软管	2in	m	60	风、水管
钢筋	$\phi20$	t	2	爬梯使用

注 该材料配置为主要设备配置，其余均以现场实际发生的计。

思　考　题

(1) 资源需要量主要指哪些？

(2) 劳动力计算有哪些方法？

(3) 施工机械设备的选择应遵循什么原则？

第2部分 施工项目管理

项目6 施工安全管理

知识目标：通过本项目学习，学生了解安全控制的基本原则及对不安全因素的确定；基本了解施工安全管理系统的制定原则及结构；基本了解安全生产技术措施内容。

能力目标：通过本项目学习，学生应有安全生产意识；能编制安全生产计划。

项目导航：某高土石坝坝体施工项目，业主与施二总承包单位签订了施工总承包合同，并委托了工程监理单位实施监理。施工总承包完成桩基工程后，将深基坑支护工程的设计委托给了专业设计单位，并自行决定将基坑的支护和土方开挖工程分包给了一家专业分包单位施工，专业设计单位根据业主提供的勘察报告完成了基坑支护设计后，即将设计文件直接给了专业分包单位，专业分包单位在收到设计文件后编制了基坑支护工程和降水工程专项施工组织方案，施工组织方案经施工总承包单位项目经理签字后即由专业分包单位组织施工。专业分包单位在施工过程中，由负责质量管理工作的施工人员兼任现场安全生产监督工作。土方开挖到接近基坑设计标高时，总监理工程师发现基坑四周地表出现裂缝，即向施工总承包单位发出书面通知，要求停止施工，并要求立即撤离现场施工人员，查明原因后再恢复施工，但总承包单位认为地表裂缝属正常现象没有予以理睬。不久基坑发生严重坍塌，并造成4名施工人员被掩埋，其中3人死亡，1人重伤。事故发生后，专业分包单位立即向有关安全生产监督管理部门上报了事故情况。经事故调查组调查，造成坍塌事故的主要原因是由于地质勘察资料中未标明地下存在古河道，基坑支护设计中未能考虑这一因素。事故中直接经济损失300万元，于是专业分包单位要求设计单位赔偿事故损失300万元。

问题：(1) 请指出上述整个事件中有哪些做法不妥，并写出正确的做法。

(2) 根据《水利工程建设安全生产管理规定》，施工单位应对哪些达到一定规模的危险性较大的工程编制专项施工方案？

(3) 根据《水利工程建设重大质量与安全事故应急预案》，本事故应定为哪种等级的事故？并说明理由。

(4) 这起事故的主要责任人是谁？请说明理由。

任务6.1 施工安全管理基础知识

世界经济的快速增长和科学技术的发展给人类带来了一系列问题。市场竞争日益加剧，在这样的情况下，人们往往专注于追求低成本、高利润，而忽视了劳动者的劳动条件和环境的改善，甚至以牺牲劳动者的生命安全为代价；生产事故有增无减，特别在发展中国家尤为严重。因此，在建设工程生产过程中，除了对施工项目的施工成本、施工进度和施工质量进行严格管理外，还必须对施工安全进行管理。

安全生产长期以来一直是我国的一项基本国策，是保护劳动者安全健康和发展生产力的重要工作，必须贯彻执行；同时也是维护社会安定团结，促进国民经济稳定、持续、健康发展的基本条件，是社会文明程度的重要标志。企业是安全生产工作的主体，必须贯彻落实安全生产的法律法规，加强安全生产管理，实现安全生产目标。施工项目作为建筑业安全生产工作的载体，必须履行安全生产职责，确保安全生产。

安全是指预知人类在生产和生活各个领域存在的固有的或潜在的危险，并且为消除这些危险所采取的各种方法、手段和行动的总称。工程建设是一项劳动密集型的生产活动，施工场地狭小，施工人员众多，各工种交叉作业，机械施工与手工操作并进，高处作业多，而且施工现场又是在露天和野外，环境复杂，劳动条件差，不安全的因素多，更容易产生安全事故，因此在工程施工过程中，加强施工项目的安全管理就显得尤为重要。

6.1.1 安全管理的概念及目的

施工项目安全管理是指施工项目在施工过程中，组织安全生产的全部管理活动。通过对生产要素过程控制，使生产要素的不安全行为和不安全状态得以减少或消除，达到减少一般事故，杜绝伤亡事故的目的，从而保证安全管理目标的实现。

施工项目安全管理的目的是保护产品生产者和使用者的安全，控制影响工作场所内员工、临时工作人员、合同方人员、访问者和其他有关部门人员安全的条件和因素，考虑和避免因使用不当对使用者造成的健康和安全的危害。

6.1.2 安全管理的任务

（1）贯彻落实国家安全生产法规，落实“安全第一，预防为主”的安全生产、劳动保护方针。

（2）制定安全生产的各种规程、规定和制度，并认真贯彻执行。

（3）制定并落实各级安全生产责任制。

（4）积极采取各项安全生产技术措施，保障职工有一个安全可靠的作业条件，减少和杜绝各类事故。

（5）定期对企业各级领导、特种作业人员和所有职工进行安全教育，强化安全意识。

（6）及时完成各类事故的调查、处理和上报。

（7）推动安全生产目标管理，推广和应用现代化安全管理技术与方法，深化企业安全管理。

6.1.3 安全管理的特点

建筑产品不同于普通的工业产品，其特殊性决定了施工安全管理的特点，其特点主要体现在以下几方面：

(1) 复杂性。建筑产品的固定性决定了施工的流动性，而且施工生产中露天作业和高空作业多，受到气候条件、工程地质和水文地质、地理条件和地域资源等不可控制因素影响较大，从而导致施工现场的安全管理比较复杂。

(2) 多样性。建筑产品的单件性使施工作业形式多样化，从而决定了安全管理的多样性。

(3) 多变性。建设项目规模大，使得项目建设现场材料、设备和工具的流动性大；加之因技术进步，项目不断引入新材料、新设备和新工艺，决定了安全管理的方法和手段也要与时俱进。

(4) 竞争性。建设工程市场在供大于求的情况下，业主经常会压低标价，造成施工单位对安全管理投入费用减少，不符合有关规定的现象时有发生。

(5) 协调性。项目施工涉及的内部专业多、外界单位广、综合性强，这就要求施工方做到各专业之间、单位之间相互配合，共同注意施工过程中接口部分安全管理的协调性。

(6) 持续性。施工项目一般具有建设周期长的特点，从设计、实施直至投产阶段，诸多工序环环相扣。前一道工序的隐患可能会在后续的工序中暴露，而酿成安全事故。

(7) 主观性。施工作业人员文化素质低，并处在动态调整的不稳定状态中，给施工现场的安全管理带来很多不利因素。

6.1.4 安全管理的基本原则

6.1.4.1 安全生产管理体制

现阶段，我国安全生产管理体制为“企业负责、行业管理、国家监察、群众监督、劳动者遵章守纪”。这一体制体现了企业在安全生产工作中的主体地位，符合国家在社会主义市场经济条件下加强企业安全生产工作的要求。

6.1.4.2 正确处理安全生产的“五种”关系

(1) 安全与危险并存。安全与危险在同一事物的运动中是相互对立的，也是相互联系的。有危险才要进行安全管理。保持生产的安全状态，必须采取多种措施，以预防为主，危险因素就可以得到控制。

(2) 安全与生产统一。安全是生产的客观要求。生产有了安全保障，才能持续稳定地进行。

(3) 安全与质量同步。质量和安全工作交互作用，互为因果。安全第一，质量第一，两个第一并不矛盾。安全第一是从保护生产经营因素的角度提出的，而质量第一则是从关心产品成果的角度而强调的，安全为质量服务，质量需要安全保证。生产过程哪一头都不能丢掉，否则，将陷于失控状态。

(4) 安全与速度互促。安全与速度成正比关系。一味强调速度，置安全于不顾的做法是极其有害的。当速度与安全发生矛盾时，暂时减缓速度，保证安全才是正确的选择。

(5) 安全与效益同在。安全技术措施的实施，会不断改善劳动条件，调动职工的积极性，提高工作效率，带来经济效益，从这个意义上说，安全与效益完全是一致的，安全促进了效益的增长。

6.1.4.3 安全生产的“六个坚持”原则

(1) 坚持管生产同时管安全。安全管理是生产管理的重要组成部分。一切与生产有关的机构、人员，都必须参与安全管理并承担安全责任。

（2）坚持目标管理。安全管理的目的是对生产中的人、物、环境因素状态的管理。只有有针对性地控制人的不安全行为和物的不安全状态，消除或避免事故，才能达到保护劳动者安全与健康的目的。

（3）坚持预防为主。安全生产的方针是“安全第一、预防为主”。安全管理是在生产活动中，针对生产的特点，对生产因素采取鼓励措施，有效地控制不安全因素的发展与扩大，把可能发生的事故消灭在萌芽状态。

（4）坚持“四全”动态管理。在生产过程中，坚持全员、全过程、全方位、全天候的动态安全管理。

（5）坚持安全管理重在控制。生产中人的不安全行为和物的不安全状态进行控制，是动态安全管理的重点。

（6）坚持不断提高安全管理水平。

6.1.4.4 “三同时”与“五同时”

“三同时”指凡是我国境内新建、改建、扩建的基本建设工程项目、技术改造项目和引进的建设项目，其劳动安全卫生设施必须符合国家规定的标准，必须与主体工程同时设计、同时施工、同时投入生产和使用。

“五同时”是指企业的领导和主管部门在策划、布置、检查、总结、评价生产经营的时候，应同时策划、同时布置、同时检查、同时总结、同时评价安全工作。

6.1.4.5 “四不放过”

“四不放过”是指在调查处理工伤事故时，必须坚持事故原因分析不清不放过，员工及事故责任人受不到教育不放过，事故隐患不整改不放过，事故责任人不处理不放过的原则。

6.1.4.6 “三个同步”

“三个同步”是指安全生产与经济建设、企业深化改革、技术改造同步策划、同步发展、同步实施的原则。

6.1.5 安全管理的程序

（1）确定项目的安全目标。按“目标管理”方法，将安全目标在以项目经理为首的项目管理系统内进行分解，明确每个岗位的安全目标，实现全员安全控制。

（2）编制项目安全技术措施计划。对生产过程中的不安全因素可用技术手段加以消除和控制，并能用文件化的方式表示，这是落实“预防为主”方针的具体体现，是进行施工项目安全控制的指导性文件。

（3）项目安全技术措施计划实施。这包括建立健全安全生产责任制度、设置安全生产设施、进行安全教育和培训、沟通和交流信息，安全控制可使生产作业的安全状况处于受控状态。

（4）安全技术措施计划的验证。这包括安全检查，纠正不符合情况，并做好检查记录工作。根据实际情况补充和修改安全技术措施。

（5）持续改进。持续改进项目安全技术措施，直至建设施工项目的所有工作完成为止。

6.1.6 不安全因素分析

6.1.6.1 危险源概念

危险源是安全管理的主要对象，是可能导致人身伤害或疾病、财产损失、工作环境破坏或这些情况组合的危险因素和有害因素。危险因素是强调突发性和瞬间作用的因素，有害因素强调的是在一定时期内有慢性损害和累积作用的因素。

6.1.6.2 危险源分类

根据危险源在事故发生发展中的作用，危险源可分为两大类：第一类危险源和第二类危险源。

（1）第一类危险源。能量和危险物质的存在是危害产生的最根本原因，通常把可能发生意外释放的能量（能源或能量载体）或危险物质称为第一类危险源。

第一类危险源是事故发生的物理本质，危险性主要表现为导致事故而造成后果的严重程度方面。第一类危险源危险性的大小主要取决于以下几个方面：

1）能量或危险物质的量。

2）能量或危险物质意外释放的强度。

3）意外释放的能量或危险物质的影响范围。

（2）第二类危险源。造成约束、限制能量和危险物质措施失控的各种不安全因素称为第二类危险源。第二类危险源主要体现在设备故障或缺陷（物的不安全状态）、人为失误（人的不安全行为）和管理缺陷等方面。这是导致事故的必要条件，决定事故发生的可能性。

6.1.6.3 危险源与事故

事故的发生是两类危险源共同作用的结果，第一类危险源是事故发生的前提，第二类危险源的出现是第一类危险源导致事故的必要条件。在事故的发生和发展过程中，两类危险源相互依存，相辅相成。第一类危险源是事故的主体，决定事故的严重程度，第二类危险源出现的难易，决定事故发生的可能性。

危险源辨识是安全管理的基础工作，主要目的是找出与每项工作活动有关的所有危险源，并考虑这些危险源可能会对什么人造成什么样的伤害，或导致哪些设备、设施损坏等。

6.1.6.4 危险源的辨识

我国在2009年发布了GB/T 13861—2009《生产过程危险和有害因素分类与代码》，该标准适用于各个行业在规划、设计和组织生产时对危险源的预测和预防、伤亡事故的统计分析和应用计算机进行管理。进行危险源辨识时可参照该标准的分类和编码，便于管理。

施工不安定因素包括人的不安全行为和物的不安全状态。

（1）人的不安全行为。人的不安全行为是人表现出来的与人的个性心理特征相违背的非正常行为，主要表现在身体缺陷、错误行为和违纪违章三个方面。

1）身体缺陷指疾病、职业病、精神失常、智商过低、紧张、烦躁、疲劳、易冲动、易兴奋、运动迟钝、对自然条件和其他环境过敏、不适应复杂和快速工作、应变能力差。

2）错误行为指嗜酒、吸毒、吸烟、赌博、玩耍、嬉闹、追逐、误视、误听、误嗅、误动作、误判断、意外碰撞和受阻、误入险区等。

3）违纪违章指粗心大意、漫不经心、注意力不集中、不履行安全措施、安全检查不认真、不按工艺规程或标准操作、不按规定使用防护用品、玩忽职守、有意违章等。

（2）物的不安全状态。在生产过程中发挥作用的机械、物料、生产对象以及其他生产要素统称为物。物都具有不同形式、性质的能量，有出现意外释放能量、引发事故的可能性，这就是物的不安全状态。物的不安全状态表现为三方面：设备和装置的缺陷、作业场所的缺陷、环境的危险源。

1）设备和装置的缺陷指机械设备和装置的技术性能降低，强度不够、结构不良、老化、失灵、腐蚀、物理和化学性能达不到要求等。

2）作业场所的缺陷指施工场地狭窄、立体交叉作业组织不当、多工种交叉作业道路狭窄、机械拥挤、多单位同时施工等。

3）环境的危险源有化学方面的、机械方面的、电气方面的、环境方面的等。

6.1.6.5　危险源的辨识方法

危险源辨别的方法有询问交谈、现场观察、查阅有关记录、获取外部信息、工作任务分析、安全检查表、危险与操作性研究、事故树分析、故障树分析等方法。这些方法各有特点和局限性，往往采用两种或两种以上的方法辨识危险源。以下简单介绍常用的两种方法。

（1）专家调查法。专家调查法是通过有经验的专家咨询、调查、识别、分析和评价危险源的一类方法，其优点是简便、易行，其缺点是受专家的知识、经验和占有资料的限制，可能出现遗漏。常用的有头脑风暴法和德尔菲法。

1）头脑风暴法是通过专家创造性的思考，产生大量的观点、问题和议题的方法。其特点是多人讨论、集思广益，可以弥补个人判断的不足，常采取专家会议的方式来相互启发、交换意见，使危险、危害因素的辨识更加细致、具体。

2）德尔菲法是采用背对背的方式进行调查的方法。其特点是避免了集体讨论中的从众性倾向，更能代表专家的真实意见。要求对调查的各种意见进行汇总统计处理，再反馈给专家，反复征求意见。

（2）安全检查表法。安全检查表实际上就是实施安全检查和诊断项目的明细表。运用已编制好的安全检查表进行系统的安全检查，辨识施工项目存在的危险源的方法称为安全检查表法。检查表的内容一般包括分类项目、检查内容及要求、检查以后处理意见等。可以用“是”、“否”作回答，或用“√”、“×”符号作标记，同时注明检查日期，并由检查人员和被检单位同时签字。安全检查表法的优点是简单易懂、容易掌握，可以事先组织专家编制检查项目，使安全检查做到系统化、完整化。安全检查表法的缺点是一般只能作出定性评价。

6.1.6.6　危险源的评估

根据对危险源的识别，评估危险源造成风险的可能性大小，对风险进行分级。按不同级别的风险应针对性地采取风险控制措施。这种方法将安全风险的大小（R）用事故发生的可能性（P）与发生事故后果的严重程度（f）的乘积，即 $R=Pf$ 来衡量风险的大小。

根据 GB/T 28002—2011《职业健康安全管理体系 实施指南》推荐的简单的风险等级评估，结果分为Ⅰ、Ⅱ、Ⅲ、Ⅳ、Ⅴ五个风险等级，其中Ⅰ级为可忽略风险，Ⅱ级为可容许风险，Ⅲ级为中度风险，Ⅳ级为重大风险，Ⅴ级为不容许风险。

6.1.6.7 危险源的控制

（1）第一类危险源控制方法。第一类危险源可以采取消除危险源、限制能量和隔离危险物质、个体防护、应急救援等方法进行控制。建设工程可能遇到不可预测的各种自然灾害而引发的风险，这只能采取预测、预防、应急计划和应急救援等措施，以尽量消除或减少人员伤亡和财产损失。

（2）第二类危险源控制方法。第二类危险源可以采取提高各类设施的可靠性、增加安全系数、设置安全监控系统、改善作业环境等方法进行控制。最重要的是加强员工的安全意识培训和教育，克服不良的操作习惯，严格按章办事，并帮助其在生产过程中保持良好的生理和心理状态。

任务6.2 施工安全管理体系

建筑施工是一个极其复杂的过程，危险源众多，容易产生安全问题。安全施工是施工企业生产管理的头等大事，目前我国的安全生产形势仍然严峻，特别是建筑领域伤亡事故多发状况尚未扭转，安全生产基础比较薄弱，部分地方和施工企业安全意识薄弱，责任不落实，投入不够；安全生产监督管理机构、队伍建设以及监管工作急待加强。因此，建立一套完善的施工安全管理体系势在必行。

6.2.1 施工安全管理体系的概念

施工安全管理体系实质上是一种安全管理模式，目的是提高企业管理水平，促进经济发展。施工安全体系运行借助一系列的管理标准，标准依据是 2002 年 11 月 1 日正式实施的《中华人民共和国安全生产法》和 2004 年 2 月 1 日正式实施的《建设工程安全生产管理条例》。安全管理体系使企业的安全管理朝着科学化、规范化、法制化方向发展。

6.2.2 建立安全管理体系的作用

（1）职业安全卫生状况是经济发展和社会文明程度的反映。使所有劳动者获得安全与健康，是社会公正、安全、文明、健康发展的基本标志，也是保持社会安定团结和经济可持续发展的重要条件。

（2）安全管理体系不同于安全卫生标准，它对企业环境的安全卫生状态规定了具体的要求和限定，通过科学管理使工作环境符合安全卫生标准的要求。

（3）安全管理体系的运行主要依赖于逐步提高，持续改进，是一个动态的、自我调整和完善的管理系统，也是职业安全卫生管理体系的基本思想。

（4）安全管理体系是项目管理体系中的一个子系统，其循环也是整个管理系统循环的一个子系统。

6.2.3 建立安全管理体系的目标

（1）尽力使员工面临的风险降到最低限度，并最终实现预防和控制工伤事故、职业病及其他损失的目标。

（2）通过实施《职业安全卫生管理体系》直接或间接获得经济效益。

（3）实现以人为本的安全管理。

（4）提升企业的品牌和形象，项目职业安全卫生是反映企业品牌的重要指标。

（5）促进项目管理现代化。

（6）增强对国家经济发展的能力。

6.2.4 建立安全管理体系的内容

建立健全施工安全管理体系包括：加快立法进程，建立健全法律、法规体系；将企业中行之有效的安全管理措施和办法制定成统一标准，纳入规章制度，建立健全建筑安全标准体系；在企业中设立专职安全管理机构，配备专职安全管理人员，建立健全建筑安全管理组织体系；明确企业各部门、各级人员在安全管理工作中所承担的职责和权限，落实安全生产责任制，建立健全建筑安全管理责任制体系；严格执行未经岗前安全培训不得上岗的制度，对全体职工进行经常性的安全教育和技术培训；建立健全建筑安全管理培训体系；企业内部成立检查小组，经常进行现场检查，并自觉接受行业专门检查机构检查，建立健全建筑安全管理稽查体系。

6.2.5 施工安全管理体系的建立

6.2.5.1 施工安全管理体系的基本制度

根据国家的有关安全生产的法律、法规、规范、标准，企业应建立以下几项安全管理基本制度。

（1）建立健全安全生产责任制。安全生产责任制是安全管理的核心，是保障安全生产的重要手段，它能有效地预防事故的发生。

安全生产责任制是根据"管生产必须管安全"、"安全生产人人有责"的原则。明确各级领导和各职能部门及各类人员在生产活动中应负的安全职责的制度。有了安全生产责任制，就能把安全与生产从组织形式上统一起来，把"管生产必须管安全"的原则从制度上固定下来，从而增强各级管理人员的安全责任心，使安全管理纵向到底、横向到边、专管成线、群管成网、责任明确、协调配合、共同努力，真正把安全生产工作落到实处。

安全生产责任制的内容要分级制定和细化，如企业、项目、班组都应建立各级安全生产责任制，按其职责分工，确定各自的安全责任，并组织实施和考评，保证安全生产责任制的落实。

（2）制定安全教育制度。安全教育制度是企业对职工进行安全法律、法规、标准、安全知识和操作规程培训教育的制度，是提高职工安全意识的重要手段，是企业安全管理的一项重要内容。

安全教育制度内容应规定：定期和不定期安全教育的时间、应受教育的人员、教育的内容和形式，如新工人、外施队人员等进场前必须接受三级（公司、项目、班组）安全教育。从事危险性较大的特殊工种的人员必须经过专门的培训机构培训合格后持证上岗，每年还必须进行一次安全操作规程的训练和再教育。对采用新工艺、新设备、新技术和变换工种的人员应进行安全操作规程和安全知识的培训和教育。

（3）制定安全检查制度。安全检查是发现隐患、消除隐患、防止事故、改善劳动条件和环境的重要措施，是企业预防安全生产事故的一项重要手段。

安全检查制度内容应规定：安全检查负责人、检查时间、检查内容和检查方式。它包括经常性的检查、专业性的检查、季节性的检查、专项性的检查以及群众性的检查等。对于检查出的隐患应进行登记，并采取定人、定时间、定措施的“三定”办法给予解决，同时对整改情况进行复查验收，彻底消除隐患。

（4）制定各工种安全操作规程。工种安全操作规程是消除和控制劳动过程中的不安全行为，预防伤亡事故，确保作业人员的安全和健康的重要措施，也是企业安全管理的重要制度之一。

安全操作规程的内容应根据国家和行业安全生产法律、法规、标准、规范，结合施工现场的实际情况制定出各工种的安全操作规程。同时根据现场使用的新工艺、新设备、新技术，制定出相应的安全操作规程，并监督其实施。

（5）制定安全生产奖罚办法。企业制定安全生产奖罚办法的目的是不断提高劳动者进行安全生产的自觉性，调动劳动者的积极性和创造性，防止和纠正违反法律、法规和劳动纪律的行为，也是企业安全管理重要制度之一。

安全生产奖罚办法规定了奖罚的目的、条件、种类、数额、实施程序等。企业只有建立安全生产奖罚办法，做到有奖有罚、奖罚分明，才能鼓励先进、督促落后。

（6）制定施工现场安全管理规定。施工现场安全管理规定是施工现场安全管理制度的基础，目的是规范施工现场安全防护设施的标准化、定型化。

施工现场安全管理规定的内容包括：施工现场一般安全规定、安全技术管理、脚手架工程安全管理（包括特殊脚手架、工具式脚手架等）、电梯井操作平台。安全管理、马路搭设安全管理、大模板拆装存放安全管理、水平安全网支搭拆除安全管理、井字架龙门架安全管理、孔洞临边防护安全管理、拆除工程安全管理、防护棚支搭安全管理等。

（7）制定机械设备安全管理制度。机械设备是指目前建筑施工普遍使用的垂直运输和加工机具，由于机械设备本身存在一定的危险性，管理不当就可能造成机毁人亡，所以它是目前施工安全管理的重点对象。

机械设备安全管理制度应规定，大型设备应向上级有关部门备案，符合国家和行业有关规定，还应设专人负责定期进行安全检查、保养，保证机械设备处于良好的状态，以及各种机械设备的安全管理制度。

（8）制定施工现场临时用电安全管理制度。施工现场临时用电是目前建筑施工现场离不开的一项操作，由于其使用广泛、危险性比较大，因此它涉及每个劳动者的安全，也是施工现场一项重要的安全管理制度。

施工现场临时用电管理制度的内容应包括：外电的防护、地下电缆的保护、设备的接地与接零保护、配电箱的设置及安全管理规定（总箱、分箱、开关箱）、现场照明、配电线路、电器装置、变配电装置、用电档案的管理等。

（9）制定生产安全事故报告和调查处理办法。制定生产安全事故报告和调查处理办法，目的是规范生产安全事故的报告和调查处理，主要为查明事故原因，吸取教训，采取改进措施，防止事故重复发生。生产安全事故报告和调查处理办法也是企业安全管理的一项重要内容。

生产安全事故报告和调查处理制度的内容应包括：企业内部生产安全事故的报告程序、内容和要求；根据生产安全事故的情况成立事故调查组；生产安全事故的调查程序、调查组人员的组成、调查组人员的分工和职责事故调查报告的时间、内容、要求；对事故责任人的处理和采取防止同类事故发生的措施等。

（10）制定劳动防护用品管理制度。使用劳动防护用品是为了减轻或避免劳动过程中，劳动者受到的伤害和职业危害，保护劳动者安全健康的一项预防性辅助措施，是安全生产防止职业性伤害的需要，对于减少职业危害起着相当重要的作用。

劳动防护用品制度的内容应包括：安全网、安全帽、安全带、绝缘用品、防职业病用品等的采购、验收、发放、使用、维护等的管理要求。

（11）建立应急救援预案。《中华人民共和国安全生产法》规定，生产经营单位必须建立应急救援组织，建立应急救援的目的是：一旦发生生产安全事故，能迅速启动预案，采取有效措施，组织抢救，防止事故扩大，减少人员伤亡和财产损失。

应急救援预案的主要内容应包括：应急救援组织机构、应急救援程序、应急救援要求、应急救援器材、设备的配备、应急救援人员的培训、应急救援的演练等。

（12）其他制度。除以上安全管理制度外，企业还应建立有关的安全管理制度，如安全值班制度、班前安全活动制度、特种作业安全管理制度、安全资料管理制度、总分包安全管理制度等，使企业安全管理更加完善和有效，达到以制度管理安全的目的。

6.2.5.2 建立安全管理体系的原则

（1）为贯彻“安全第一，预防为主”的方针，建立健全安全生产责任制和群防群治制度，确保施工项目施工过程的人身和财产安全，减少一般事故的发生，结合工程的特点，建立施工项目安全管理体系。

（2）要适用于建设工程施工项目全过程的安全管理和控制。

（3）依据《中华人民共和国建筑法》（以下简称《建筑法》）、《职业安全卫生管理体系标准》，国际劳工组织公约及国家有关安全生产的法律、行政法规和规程进行编制。

（4）建立安全管理体系必须包含的基本要求和内容。项目经理部应结合各自实际加以充实，建立安全生产管理体系，确保项目的施工安全。

（5）建筑业施工企业应加强对施工项目的安全管理，指导、帮助项目经理部建立、实施并保持安全管理体系。施工项目安全管理体系必须由总承包单位负责策划建立，分包单位应结合分包工程的特点，制定相适宜的安全保证计划，并纳入接受总承包单位安全管理体系的管理。

6.2.5.3 建立健全安全组织机构

施工企业一般都有安全组织机构，但必须建立健全项目安全组织机构，确定安全生产目标，明确参与各方对安全管理的具体分工，安全岗位责任与经济利益挂钩，根据项目的性质规模不同，采用不同的安全管理模式。对于大型项目，必须安排专门的安全总负责人，并配以合理的班子，共同进行安全管理，建立安全生产管理的资料档案。实行单位领导对全施工现场负责，专职安全员对部位负责，班组长和施工技术员对各自的施工区域负责，操作者对自己的工作范围负责的“四负责”制度。

6.2.5.4 建立安全组织机构步骤

(1) 领导决策。最高管理者亲自决策，以便获得各方面的支持和在体系建立过程中所需的资源保证。

(2) 成立工作组。最高管理者或授权管理者代表成立的工作小组负责建立安全管理体系。工作小组的成员要覆盖组织的主要职能部门，组长最好由管理者代表担任，以保证小组对人力、资金、信息的获取。

(3) 人员培训。培训的目的是使有关人员了解建立安全管理体系的重要性，了解标准的主要思想和内容。

(4) 初始状态评审。初始状态评审要对组织过去和现在的安全信息、状态进行收集、调查分析、识别和获取现有的、适用的法律、法规和其他要求，进行危险源辨识和风险评价，评审的结果将作为制定安全方针、管理方案、编制体系文件的基础。

(5) 制定方针、目标、指标的管理方案。方针是组织对其安全行为的原则和意图的声明，也是组织自觉承担其责任和义务的承诺。方针不仅为组织确定了总的指导方向和行动准则，而且是评价一切后续活动的依据，并为更加具体的目标和指标提供一个框架。

安全目标、指标的制定是组织为了实现其在安全方针中所体现出的管理理念及其对整体绩效的期许与原则，与企业的总目标相一致。

管理方案是实现目标、指标的行动方针。为保证安全管理体系的实现，需结合年度管理目标和企业客观实际情况，策划制定安全管理方案。该方案应明确旨在实现目标、指标的相关部门的职责、方法、时间表以及资源的要求。

(6) 管理体系的策划与设计。管理体系策划与设计是依据制定的方针、目标和指标、管理方案确定组织机构职责和筹划各种运行程序。文件策划的主要内容有：①确定文件结构；②确定文件编写格式；③确定各层文件名称及编号；④制定文件编写计划；⑤安排文件的审查、审批和发布工作。

(7) 体系文件编写。体系文件包括管理手册、程序文件和作业文件三个层次。

1) 体系文件编写的原则。安全管理体系是系统化、结构化、程序化的管理体系，是遵循 PDCA 管理模式并以文件支持的管理制度和管理办法。

体系文件编写应遵循以下原则：标准要求的要写到；文件写到的要做到；做到的要有效记录。

2) 管理手册的编写。管理手册是对组织整个管理体系的整体性描述，它为体系的进一步展开以及后续程序文件的制定提供了框架要求和原则规定，是管理体系的纲领性文件。管理手册可使组织的各级管理者明确体系概况，了解各部门的职责权限和相互关系，以便统一分工和协调管理。

管理手册除了反映组织管理体系需要解决的问题外，还反映了组织的管理思路和理念，同时也向组织内、外部人员提供了查询所需文件和记录的途径。

管理手册的主要内容包括：

a. 方针、目标、指标、管理方案。

b. 管理、运行、审核和评审工作人员的主要职责、权限和相互关系。

c. 关于程序文件的说明和查询途径。

d. 关于管理手册的管理、评审和修订工作的规定。

3）程序文件的编写。程序文件的编写应符合以下要求：

a. 程序文件包括需要编制程序文件体系的管理要素。

b. 程序文件的内容可按“4W1H”的顺序和内容来编写，即明确程序中管理要素由谁做（who），什么时间做（when），在什么地点做（where），做什么（what），怎么做（how）。

c. 程序文件一般格式可按目的和适用范围、引用的标准及文件、术语和定义、职责、工作程序、报告和记录的格式以及相关文件等的顺序来设计。

4）作业文件的编写。作业文件是指管理手册、程序文件之外的文件，一般包括作业指导书（操作规程）、管理规定、监测活动准则及程序文件引用的表格。其编写的内容和格式与程序文件的要求基本相同。在编写之前应对原有的作业文件进行清理，摘其有用的，删除无关的。

文件的审查、审批和发布文件编写完成后应进行审查，经审查、修改、汇总后进行审批，然后发布。

6.2.5.5 安全组织机构的运行

管理体系运行是指按照已建立体系的要求实施，其实施的重点是围绕培训意识和能力，信息交流，文件管理，执行控制程序，监测，不符合、纠正和预防措施，记录等活动进行的。

（1）培训意识和能力。主管培训的部门根据体系、体系文件（培训意识和能力程序文件）的要求，制定详细的培训计划，明确培训的组织部门、时间、内容、方法和考核要求。

（2）信息交流。信息交流时确保各要素构成一个完整的、动态的、持续改进的体系和基础，应关注信息交流的内容和方式。

（3）文件管理。

1）对现有有效文件进行整理编号，方便查询索引。

2）对适用的规范、规程等行业标准应及时补充，对适用的表格要及时发放。

3）对在内容上有抵触的文件和过期的文件要及时作废并妥善处理。

（4）执行控制程序文件的规定。体系的运行离不开程序文件的指导，程序文件及其相关的作业文件在组织内部都具有法定效力，必须严格执行，才能保证体系正确运行。

（5）监测。为保证体系正确、有效地运行，必须严格监测体系的运行情况。监测中应明确监测的对象和监测的方法。

（6）不符合、纠正和预防措施。体系在运行过程中，不符合规定行为的出现是不可避免的，包括事故也难免发生，关键是相应的纠正与预防措施是否及时有效。

（7）记录。体系运行中应及时按文件要求进行记录，如实反映体系运行情况。

6.2.5.6 安全组织机构的维持

(1) 内部审核。内部审核是组织对其自身的管理体系进行的审核，是对体系是否正常进行以及是否达到了规定的目标所做的独立的检查和评价，是管理体系自我保证和自我监督的一种机制。

内部审核要明确提出审核的方式、方法和步骤，形成审核日程计划，并发至相关企业，保证安全管理制度的贯彻落实。企业领导要定期地组织检查安全管理制度的落实情况，对各项安全管理制度执行得好的单位要及时给予表扬、奖励，对安全管理制度落实不到位的单位要及时提出批评，对多次指出不改的单位要给予处罚，并及时追踪制度的执行效果，适时地加以修改、补充。

(2) 发挥全体劳动者的作用。要充分发挥劳动者的积极性，调动劳动者在工作中相互监督、严格遵守各项安全管理制度，才能保证安全管理制度的落实。

(3) 充分发挥施工现场安全管理中安全监理的监督管理作用。当前，建设工程施工安全的形势依然严峻，各种性质、程度的事故屡屡发生，恶性事故也时见报端，直接影响建筑业的健康稳定发展。《建设工程安全生产管理条例》把安全职责纳入监理的范围，将监理单位在安全生产中所要承担的安全职责法制化，同时也为监理单位开展安全监理工作提供了法律依据。2006年10月建设部《关于落实建设工程安全生产监理责任的若干意见》进一步明确了安全监理的内容、程序和责任。工程监理单位和常驻现场的监理工程师按照有关法律、法规和工程建设强制性标准实施监理，对建设工程中的安全生产履行监理职责。

监理单位审查、核验施工单位提交的有关技术文件及资料，并由项目总监在有关技术文件报审表上签署意见；审查未通过的，安全技术措施及专项施工方案不得实施。

1) 项目监理机构对施工现场安全管理体系审查。监理工程师在审查施工现场安全管理体系时，应审查以下主要内容：

a. 审查施工单位安全组织机构和施工现场的安全管理机构。安全监理人员要严格把施工企业的安全生产许可证和“三类人员”（企业负责人、项目负责人、专职安全管理人员）的管理纳入建设工程管理的全过程，审查是否与投标文件相一致，实行动态管理、全过程监控。

b. 审查施工单位应有的安全生产管理制度和安全文明施工管理制度。

c. 审查本项目工程施工中应用的安全措施与管理手段，如班组相互安全监督检查，专检与自检相结合的安全检查方法，定期与不定期的安全检查，现场轮流安全值日，签订安全责任书，以及现场悬挂各种安全宣传标语和警示标牌，安全教育与培训等的方法和手段。

d. 审查施工单位安全资质和特种作业人员操作证。施工单位安全资质是当地行政主管部门审查与颁发的《企业安全资质合格证书》。特种作业人员包括维修电工、安装电工、电焊工、架子工、塔吊和施工电梯的司机、指挥大型机构搭拆人员、井字架操作工、登高作业工等。审查操作证的时效性和人证相符性。

e. 审核施工单位应急救援预案和安全防护措施费用使用计划。

2) 项目监理机构对组织设计中的安全技术措施审查。施工组织设计中的安全技术措施主要包括：

a. 进入施工现场的安全规定。

b. 地面及深坑作业的防护。

c. 高处及立体交叉作业的防护。

d. 施工用电安全。

e. 机械设备的安全使用。

f. 对采用的新工艺、新材料、新技术和新结构，制定有针对性、行之有效的专门安全技术措施。

g. 预防自然灾害措施。

h. 防火防爆措施。

3）检查安全技术措施的落实工作。在施工阶段，安全监理人员的主要工作内容就是通过有效手段，监督施工单位按照施工组织设计中的安全技术措施和专项施工方案组织施工，及时制止违规施工作业。其主要内容如下：

a. 督促承包单位的安全管理职能部门切实履行好各自的安全管理职责，对施工单位自查情况进行抽查。

b. 依照经审查批准的方案定期或不定期对施工现场的起重机械、整体提升脚手架、模板等自升式架设设施和安全设施进行专项检查，核查验收手续。

c. 现场巡查，检查实际上岗人员是否有相应的上岗资格。根据人员流动性大的实际情况，监理人员有必要实行过程动态控制。

d. 检查施工现场各种安全标志和安全防护措施是否符合强制性标准要求，并检查安全生产费用的使用情况。

e. 检查安全生产基本措施的落实。安全生产基本措施主要表现有：安全帽措施、安全带措施、安全网措施、安全棚措施，以及机械设备的规范化管理和施工现场的文明施工。

f. 定期巡视检查施工过程中的危险性较大工程作业情况，对重要工序关键部位（如塔吊的安装、拆除、顶升等）进行旁站监理。

4）及时督促整改或向有关部门汇报。在施工阶段，监理单位应对施工现场安全生产情况进行巡视检查，对发现的各类安全事故隐患，应书面通知施工单位，并督促其立即整改；情况严重的，监理单位应及时下达工程暂停令，要求施工单位停工整改，并同时报告建设单位。安全事故隐患消除后，监理单位应检查整改结果，签署复查或复工意见。施工单位拒不整改或不停工整改的，监理单位应当及时向工程所在地建设主管部门或施工项目的行业主管部门报告。检查、整改、复查、报告等情况应记载在监理日志、监理月报中。

任务6.3　工程施工安全控制

施工安全控制措施是施工安全管理体系得以正常、有效运行的有力保障，是保证企业的生产安全、顺利进行必不可少的环节。

6.3.1 安全控制的概念

安全控制是生产过程中涉及的计划、组织、监控、调节和改进等一系列致力于满足生产安全所进行的管理活动。

6.3.2 安全控制的目标

安全控制的目标是减少和消除生产过程中的事故，保证人员健康安全和财产免受损失。安全控制的具体目标应包括：

（1）减少或消除人的不安全行为。

（2）减少或消除设备、材料的不安全状态。

（3）改善生产环境和自然环境。

6.3.3 安全控制的特点

（1）控制面广。由于建设工程规模大，生产工艺复杂、工序多，在建造过程中流动作业多、高处作业多，作业位置多变，因此遇到的不确定因素多，安全控制工作涉及范围大，控制面广。

（2）控制的动态性。

1）施工项目的单件性使得每项工作所处的条件不同，所面临的危险因素和防范措施也会有所改变。员工在转移工地后，熟悉一个新的工作环境需要一定的时间，有些工作制度和安全技术措施也会有所调整，员工同样有个熟悉的过程。

2）因为现场施工是分散于施工现场的各个部位进行的，尽管有各种规章制度和安全技术交底的环节，但面对具体的生产环境时仍然需要自己的判断和处理，有经验的人员还必须适应不断变化的情况。

（3）控制的交叉性。施工项目是开放系统，受自然环境和社会环境影响较大，同时也会对社会和环境造成影响，安全控制需要把工程系统、环境系统及社会系统结合起来。

（4）控制的严谨性。由于建设工程施工的危害因素复杂、风险程度高、伤亡事故多，所以预防控制措施必须严谨，如有疏漏就可能发展到失控，而酿成事故，造成损失和伤害。

6.3.4 施工安全控制程序

（1）确定每项具体建设项目的安全目标。按“目标管理”方法，将安全目标在以项目经理为首的项目管理系统内进行分解，确定每个岗位的安全目标，实现全员安全控制。

（2）编制施工项目安全技术措施计划。工程施工安全技术措施计划是对生产过程中的不安全因素，用技术手段加以消除和控制的文件，是落实“预防为主”方针的具体体现，是进行施工项目安全控制的指导性文件。

安全技术措施的一般要求如下：

1）必须在开工前制定，与施工组织一同设计编制。

2）要全面、具体、可靠，应包含施工过程中的每一道工序。

3）要有针对性，应根据每项工作的特点量身制定。

4）必须包含应急预案。

5）有可行性和可操作性。

（3）安全技术措施计划的落实和实施。安全技术措施计划的落实和实施包括建立健全安全生产责任制，设置安全生产设施，采用安全技术和应急措施，进行安全教育和培训、安全检查、事故处理、沟通和交流信息，采取一系列安全措施使生产作业的安全状况处于受控状态。

（4）安全技术措施计划的验证。安全技术措施计划的验证是对施工过程中施工安全措施计划实施情况的安全检查，它可纠正不符合安全技术措施计划的情况，保证安全技术措施的贯彻和实施。

（5）持续改进。持续改进是根据安全技术措施计划的验证结果，不断对不适宜的安全技术措施计划进行修改、补充和完善的过程。

6.3.5 施工安全控制措施

6.3.5.1 建立健全各种规章制度

（1）安全生产责任制度。安全生产责任制是最基本的安全管理制度，也是最有效的安全控制措施。它将安全生产责任分解到相关单位的主要负责人、项目负责人、班组长以及每个岗位的作业人员身上。

（2）安全生产许可制度。《安全生产许可证条例》规定国家对建筑施工企业实施安全生产许可制度。其目的是严格规范安全生产条件，进一步加强安全生产监督管理，防止和减少生产安全事故。

（3）政府安全生产监督检查制度。政府安全生产监督检查制度是指国家法律、法规授权的行政部门，代表政府对企业的安全生产过程实施监督管理的制度。

（4）安全生产教育培训制度。企业安全生产教育培训一般包括对管理人员、特种作业人员和企业员工的安全教育。对施工项目中的各个层次人群进行安全教育培训，使其在各自岗位职责范围内加强安全管理，提高其安全防范意识，保证项目安全有序进行。

（5）安全措施计划制度。安全措施计划制度是指企业进行生产活动时，必须编制安全措施计划的制度。它是企业有计划地改善劳动条件和安全卫生设施，防止工伤事故和职业病的重要措施之一。它对企业加强劳动保护，改善劳动条件，保障职工的安全和健康，促进企业生产经营的发展都将起着积极作用。

（6）特种作业人员持证上岗制度。《建设工程安全生产管理条例》第二十五条规定：垂直运输机械作业人员、安装拆卸工、爆破作业人员、起重信号工、登高架设作业人员等特种作业人员，必须按照国家有关规定经过专门的安全作业培训，并取得特种作业操作资格证后，方可上岗作业。

（7）专项施工方案专家论证制度。对达到一定规模的危险性较大的分部分项工程应编制专项施工方案，并要经专家论证，通过后方可实施。

（8）危及施工安全的工艺、设备、材料淘汰制度。严重危及施工安全的工艺、设备、材料是指不符合生产安全要求，极有可能导致生产安全事故发生，致使人民生命和财产遭受重大损失的工艺、设备和材料。我国实行此制度，有利于保障生产安全，同时也体现了优胜劣汰的市场经济规律，有利于提高生产经营单位的工艺水平，促进设备更新。

(9) 施工起重机械使用登记制度。这是对施工起重机械的使用进行监督和管理的一项重要制度，能够有效防止不合格机械和设备投入使用，保证施工安全。

(10) 安全检查制度。

1) 目的。安全检查制度是消除隐患、防止事故、改善劳动条件的重要手段，是企业安全生产管理工作的一项重要内容。通过安全检查可以发现企业及生产过程中的危险因素，以便有计划地采取措施，保证安全生产。

2) 方式。检查方式有企业组织的定期安全检查、各级管理人员的日常巡回检查、专业性检查、季节性检查、节假日前后的安全检查、班组自检、交接检查，不定期检查等。

3) 检查内容。安全检查的内容主要包括：查思想、查管理、查隐患、查整改、查伤亡事故处理等。安全检查的重点是检查“三违”和安全责任制的落实情况。

4) 安全隐患的处理。

(11) 生产安全事故报告和调查处理制度。一旦发生安全事故，及时报告有关部门是及时组织抢救的基础，也是认真进行调查分清责任的基础。事故处理后，对事故发生原因进行调查和处理，吸取教训，保证后续工作的安全进行。

(12)“三同时”制度。生产性基本建设项目中的劳动安全卫生设施必须符合国家规定的标准，必须与主体工程同时设计、同时施工、同时投入生产和使用，以确保建设项目竣工投产后，符合国家规定的劳动安全卫生标准，保障劳动者在生产过程中的安全与健康。

(13) 安全预评价制度。安全预评价是在施工项目前期，应用安全评价的原理和方法对施工项目的危险性、危害性进行预测性评价。开展安全预评价工作，是贯彻落实“安全第一，预防为主”方针的重要手段，是企业实施科学化、规范化安全管理的工作基础。科学、系统地开展安全评价工作，不仅直接起到了消除危险有害因素、减少事故发生的作用，有利于全面提高企业的安全管理水平，而且有利于系统地、有针对性地加强对不安全状况的治理、改造，最大限度地降低安全生产风险。

(14) 意外伤害保险制度。根据《建筑法》第四十八条规定，建筑职工意外伤害保险是法定的强制性保险。建筑施工企业应当为施工现场从事施工作业和管理的人员，在施工活动过程中发生的人身意外伤亡事故提供保障，办理建筑意外伤害保险、支付保险费，范围应当覆盖整个项目。

6.3.5.2 安全技术交底

(1) 安全技术交底的内容。安全技术交底是一项技术性很强的工作，对于贯彻设计意图、严格实施技术方案、按图施工、循规操作、保证施工质量和施工安全至关重要。

安全技术交底的主要内容如下：

1) 本施工项目的施工作业特点和危险点。

2) 针对危险点的具体预防措施。

3) 应注意的安全事项。

4) 相应的安全操作规程和标准。

5) 发生事故后应及时采取的避难和急救措施。

（2）安全技术交底的要求。

1）项目经理部必须实行逐级安全技术交底制度，纵向延伸到班组全体作业人员。

2）技术交底必须具体、明确，针对性强。

3）技术交底的内容应针对分部分项工程施工中给作业人员带来的潜在危险因素和存在问题。

4）应优先采用新的安全技术措施。

5）对于涉及“四新”项目或技术含量高、技术难度大的单项技术设计，必须经过两阶段技术交底，即初步设计技术交底和实施性施工图技术设计交底。

6）应将工程概况、施工方法、施工程序、安全技术措施等向工长、班组长进行详细交底。

7）定期向有两个以上作业队和多工种进行交叉施工的作业队伍进行书面交底。

8）保持书面安全技术交底签字记录。

（3）安全技术交底的作用。

1）让一线作业人员了解和掌握该作业项目的安全技术操作规程和注意事项，减少因违章操作而导致事故的可能。

2）安全技术交底是安全管理人员在项目安全管理工作中的重要环节。

3）安全技术交底是安全管理体系内容的要求，是安全管理人员自我保护的手段。

6.3.5.3 施工单位定期安全检查

施工项目安全检查的目的是消除隐患、防止事故、改善劳动条件及提高员工安全生产意识，是安全控制工作的一项重要内容。通过安全检查可以发现工程中的危险因素，进而有计划地采取措施，保证安全生产。施工项目的安全检查由项目经理组织，定期进行。

（1）安全检查的类型：①全面安全检查；②经常性安全检查；③专业或专职安全管理人员的专业安全检查；④季节性安全检查；⑤节假日检查；⑥要害部门重点安全检查。

（2）安全检查的内容：①查思想；②查制度；③查管理；④查隐患；⑤查整改；⑥查事故处理。

任务 6.4 水利水电工程施工现场安全要求

6.4.1 防汛

汛期是指江河中由于流域内季节性降水、融冰、化雪，引起定时性水位上涨的时期。我国汛期主要是由于夏季暴雨和秋季连绵阴雨造成的，时间大致在每年 5～9 月，一般在 6 月进入汛期。水利水电工程度汛是指从工程开工到竣工期间由围堰及未完成的大坝坝体拦洪或围堰过水及未完成的坝体过水，使永久建筑不受洪水威胁。施工度汛是保护跨年度施工的水利水电工程在施工期间安全度过汛期，而不遭受洪水损害的措施。此项工作由建设单位负责计划、组织、安排和统一领导。

（1）建设单位应组织成立有施工、设计、监理等单位参加的工程防汛机构，负责工程安全度汛工作。应组织制定度汛方案及超标准洪水的度汛预案。

建设单位应做好汛期水情预报工作，准确提供水文气象信息，预测洪峰流量及到来时间和过程，及时通告各单位。

（2）设计单位应于汛前提出工程度汛标准、工程形象面貌及度汛要求。

（3）施工单位应按设计要求和现场施工情况制定度汛措施，报建设（监理）单位审批后成立防汛抢险队伍，配置足够的防汛抢险物质，随时做好防汛抢险的准备工作。

6.4.2 施工道路及交通

（1）施工生产区内机动车辆临时道路应符合以下要求：道路纵坡不宜大于8%，进入基坑等特殊部位的个别短距离地段最大纵坡不得超过15%；道路最小转弯半径不得小于15m；路面宽度不得小于施工车辆宽度的1.5倍，且双车道路面宽度不宜窄于7.0m，单车道不宜窄于4.0m；单车道应在可视范围内设有会车位置等。

（2）施工现场临时性桥梁，应根据桥梁的用途、承重载荷和相应技术规范进行设计修建，并符合以下要求：宽度应不小于施工车辆最大宽度的1.5倍；人行道宽度应不小于1.0m，并应设置防护栏杆等。

（3）施工现场架设临时性跨越沟槽的便桥和边坡栈桥，应符合以下要求：

1）基础稳固、平坦畅通。

2）人行便桥、栈桥宽度不得小于1.2m。

3）手推车便桥、栈桥宽度不得小于1.5m。

4）机动翻斗车便桥、栈桥，应根据荷载进行设计施工，其最小宽度不得小于2.5m。

5）设有防护栏杆。

（4）施工现场工作面、固定生产设备及设施处所等应设置人行通道，并符合宽度不小于0.6m等要求。

6.4.3 消防

（1）根据施工生产防火安全的需要，合理布置消防通道和各种防火标志，消防通道应保持通畅，宽度不得小于3.5m。

（2）闪点在45℃以下的桶装、罐装易燃液体不得露天存放，存放处应有防护栅栏，通风良好。

（3）施工生产作业区与建筑物之间的防火安全距离，应遵守下列规定：

1）用火作业区距所建的建筑物和其他区域不得小于25m。

2）仓库区、易燃、可燃材料堆集场距所建的建筑物和其他区域不小于20m。

3）易燃品集中站距所建的建筑物和其他区域不小于30m。

6.4.4 加油站、油库

加油站、油库应遵守下列规定：

（1）独立建筑，与其他设施、建筑之间的防火安全距离应不小于50m。

（2）周围应设有高度不低于2.0m的围墙、栅栏。

(3) 库区内道路应为环形车道，路宽应不小于3.5m，并设有专门消防通道，保持畅通。

(4) 罐体应装有呼吸阀、阻火器等防火安全装置。

(5) 应安装覆盖库（站）区的避雷装置，且应定期检测，其接地电阻不大于10Ω。

(6) 罐体、管道应设防静电接地装置，接地网、线用40mm×4mm扁钢或ϕ10圆钢埋设，且应定期检测，其接地电阻不大于30Ω。

(7) 主要位置应设置醒目的禁火警示标志及安全防火规定标识。

(8) 应配备相应数量的泡沫、干粉灭火器和砂土等灭火器材。

(9) 应使用防爆型动力和照明电气设备。

(10) 库区内严禁一切火源、吸烟及使用手机。

(11) 工作人员应熟悉使用灭火器材和消防常识。

(12) 运输使用的油罐车应密封，并有防静电设施。

6.4.5 木材加工厂（场、车间）

木材加工厂（场、车间）应遵守下列规定：

(1) 独立建筑，与周围其他设施、建筑之间的安全防火距离不小于20m。

(2) 安全消防通道保持畅通。

(3) 原材料、半成品、成品堆放整齐有序，并留有足够的通道，保持畅通。

(4) 木屑、刨花、边角料等弃物及时清除，严禁置留在场内，保持场内整洁。

(5) 设有$10m^3$以上的消防水池、消火栓及相应数量的灭火器材。

(6) 作业场所内禁止使用明火和吸烟。

(7) 明显位置设置醒目的禁火警示标志及安全防火规定标识。

6.4.6 季节施工

昼夜平均气温低于5℃或最低气温低于－3℃时，应编制冬期施工作业计划，并应制定防寒、防毒、防滑、防冻、防火、防爆等安全措施。

6.4.7 施工排水

(1) 土方开挖应注重边坡和坑槽开挖的施工排水。坡面开挖时，应根据土质情况，间隔一定高度设置戗台，台面横向应为反向排水坡，并在坡脚设置护脚和排水沟。

(2) 石方开挖工区施工排水应合理布置，选择适当的排水方法，并应符合以下要求：

1) 一般建筑物基坑（槽）的排水，采用明沟或明沟与集水井排水时，应在基坑周围，或在基坑中心位置设排水沟，每隔30～40m设一个集水井，集水井应低于排水沟至少1m左右，井壁应做临时加固措施。

2) 厂坝基坑（槽）深度较大，地下水位较高时，应在基坑边坡上设置2～3层明沟，进行分层抽排水。

3) 大面积施工场区排水时，应在场区适当位置布置纵向深沟作为干沟，干沟沟底应大于基坑 1～2m，使四周边沟、支沟与干沟连通将水排出。

4）岸坡或基坑开挖应设置截水沟，截水沟距离坡顶安全距离不小于5m；明沟距道路边坡距离应不小于1m。

5）工作面积水、渗水的排水，应设置临时集水坑，集水坑面积宜为 2～3m^2，深 1～2m，并安装移动式水泵排水。

（3）边坡工程排水设施，应遵守下列规定：

1）周边截水沟，一般应在开挖前完成，截水沟深度及底宽不宜小于0.5m，沟底纵坡不宜小于 0.5%；长度超过 500m 时，宜设置纵排水沟、跌水或急流槽。

2）急流槽与跌水，急流槽的纵坡不宜超过 1∶1.5；急流槽过长时宜分段，每段不宜超过 10m；土质急流槽纵度较大时，应设多级跌水。

3）边坡排水孔宜在边坡喷护之后施工，坡面上的排水孔宜上倾 10%左右，孔深 3～10m，排水管宜采用塑料花管。

4）挡土墙宜设有排水设施，防止墙后积水形成静水压力，导致墙体坍塌。

5）采用渗沟排除地下水时，渗沟顶部宜设封闭层，寒冷地区沟顶回填土层小于冻层厚度时，宜设保温层；渗沟施工应边开挖、边支撑、边回填，开挖深度超过 6m 时，应采用框架支撑；渗沟每隔 30～50m 或平面转折和坡度由陡变缓处宜设检查井。

（4）土质料场的排水宜采取截、排结合，以截为主的排水措施。对地表水宜在采料高程以上修截水沟加以拦截，对开采范围的地表水应挖纵横排水沟排出。

（5）基坑排水。

1）采用深井（管井）排水方法时，应符合以下要求：

a. 管井水泵的选用应根据降水设计对管井的降深要求和排水量来选择，所选择水泵出水量与扬程均应大于设计值的 20%～30%。

b. 管井宜沿基坑或沟槽一侧或两侧布置，井位距基坑边缘的距离应不小于 1.5m，管井的间距应为 15～20m。

2）采用井点排水方法时，应满足以下要求：

a. 井点布置应选择合适方式及地点。

b. 井点管距坑壁不得小于 1.0～1.5m，间距应为 1.0～2.5m。

c. 滤管应埋在含水层内并较所挖基坑底低 0.9～1.2m。

d. 集水总管标高宜接近地下水位线，且沿抽水水流方向有 2‰～5‰的坡度。

6.4.8 施工用电要求

（1）施工单位应编制施工用电方案及安全技术措施。

（2）从事电气作业的人员，应持证上岗；非电工及无证人员禁止从事电气作业。

（3）从事电气安装、维修作业的人员应掌握安全用电基本知识和所用设备的性能，按规定穿戴和配备好相应的劳动防护用品，定期进行体检。

（4）在建工程（含脚手架）的外侧边缘与外电架空线路的边线之间应保持安全操作距离。最小安全操作距离应小于表 6.1 的规定。

表6.1 在建工程（含脚手架）的外侧边缘与外电架空线路的边线之间最小安全操作距离

外电线路电压/kV	<1	1～10	35～110	154～220	330～500
最小安全操作距离/m	4	6	8	10	15

注 上、下脚手架的斜道严禁设在有外电线路的一侧。

（5）施工现场的机动车道与外电架空线路交叉时，架空线路的最低点与路面的垂直距离应不小于表6.2的规定。

表6.2 施工现场的机动车道与外电架空线路交叉时的最小垂直距离

外电线路电压/kV	<1	1～10	35
最小垂直距离/m	6	7	7

（6）机械如在高压线下进行工作或通过时，其最高点与高压线之间的最小垂直距离不得小于表6.3的规定。

表6.3 机械最高点与高压线之间的最小垂直距离

线路电压/kV	<1	1～20	35～110	154	220	330
最小垂直距离/m	1.5	2	4	5	6	7

（7）旋转臂架式起重机的任何部位或被吊物边缘与10kV以下的架空线路边线最小水平距离不得小于2m。

（8）施工现场开挖非热管道沟槽的边缘与埋地外电缆沟槽边缘之间的距离不得小于0.5m。

（9）对达不到规定的最小距离的部位，应采取停电作业或增设屏障、遮栏、围栏、保护网等安全防护措施，并悬挂醒目的警示标志牌。

（10）用电场所电气灭火应选择适用于电气的灭火器材，不得使用泡沫灭火器。

6.4.9 现场临时变压器安装

施工用的10kV及以下变压器装于地面时，应有0.5m的高台，高台的周围应装设栅栏，其高度不低于1.7m，栅栏与变压器外廓的距离不得小于1m，杆上变压器安装的高度应不低于2.5m，并挂“止步，高压危险”的警示标志。变压器的引线应采用绝缘导线。

6.4.10 施工照明

（1）现场照明宜采用高光效、长寿命的照明光源。对需要大面积照明的场所，宜采用高压汞灯、高压钠灯或混光用的卤钨灯。照明器具选择应遵守下列规定：

1）正常湿度时，选用开启式照明器。

2）潮湿或特别潮湿的场所，应选用密闭型防水防尘照明器或配有防水灯头的开启式照明器。

3）含有大量尘埃但无爆炸和火灾危险的场所，应采用防尘型照明器。

4）对有爆炸和火灾危险的场所，应按危险场所等级选择相应的防爆型照明器。

5）在振动较大的场所，应选用防振型照明器。

6）对有酸碱等强腐蚀的场所，应采用耐酸碱型照明器。

7）照明器具和器材的质量均应符合有关标准、规范的规定，不得使用绝缘老化或破损的器具和器材。

（2）一般场所宜选用额定电压为220V的照明器，对下列特殊场所应使用安全电压照明器：

1）地下工程，有高温、导电灰尘，且灯具离地面高度低于2.5m等场所的照明，电源电压应不大于36V。

2）在潮湿和易触及带电体场所的照明电源电压不得大于24V。

3）在特别潮湿的场所、导电良好的地面、锅炉或金属容器内工作的照明电源电压不得大于12V。

（3）使用行灯应遵守下列规定：

1）电源电压不超过36V。

2）灯体与手柄连接坚固、绝缘良好并耐热耐潮湿。

3）灯头与灯体结合牢固，灯头无开关。

4）灯泡外部有金属保护网。

5）金属网、反光罩、悬吊挂钩固定在灯具的绝缘部位。

（4）照明变压器应使用双绕组型，严禁使用自耦变压器。

（5）地下工程作业、夜间施工或自然采光差等场所，应设一般照明、局部照明或混合照明，并应装设自备电源的应急照明。

6.4.11 高处作业

6.4.11.1 高处作业的标准

（1）凡在坠落高度基准面2m和2m以上有可能坠落的高处进行作业，均称为高处作业。高处作业的级别：高度在2～5m时，称为一级高处作业；高度在5～15m时，称为二级高处作业；高度在15～30m时，称为三级高处作业；高度在30m以上时，称为特级高处作业。

（2）高处作业的种类分为一般高处作业和特殊高处作业两种。其中特殊高处作业又分为以下几个类别：强风高处作业、异温高处作业、雪天高处作业、雨天高处作业、夜间高处作业、带电高处作业、悬空高处作业、抢救高处作业。一般高处作业系指特殊高处作业以外的高处作业。

6.4.11.2 安全防护措施

（1）高处作业下方或附近有煤气、烟尘及其他有害气体，应采取排除或隔离等措施，否则不得施工。

（2）高处作业前，应检查排架、脚手板、通道、马道、梯子和防护设施，符合安全要求方可作业。高处作业使用的脚手架平台，应铺设固定脚手板，临空边缘应设高度不低于1.2m的防护栏杆。

(3) 在坝顶、陡坡、屋顶、悬崖、杆塔、吊桥、脚手架以及其他危险边沿进行悬空高处作业时，临空面应搭设安全网或防护栏杆。

(4) 安全网应随着建筑物升高而提高，安全网距离工作面的最大高度不超过3m。安全网搭设外侧比内侧高0.5m，长面拉直拴牢在固定的架子或固定环上。

(5) 在带电体附近进行高处作业时，距带电体的最小安全距离，应满足表6.4的规定，如遇特殊情况，应采取可靠的安全措施。

表6.4　　高处安全时与带电体的安全距离

电压等级/kV	10以下	20～35	44	60～110	154	220	330
工器具、安装构件、接地线与带电体的距离/m	2.0	3.5	3.5	4.0	5.0	5.0	6.0
工作人员的活动范围与带电体的距离/m	1.7	2.0	2.2	2.5	3.0	4.0	5.0
整体组立杆塔与带电体的距离/m	应大于倒杆距离（自杆塔边缘到带电体的最近侧为塔高）						

(6) 在2m以下高度进行工作时，可使用牢固的梯子、高凳或设置临时小平台，禁止站在不牢固的物件（如箱子、铁桶、砖堆等物）上进行工作。

(7) 从事高处作业时，作业人员应系安全带。高处作业的下方，应设置警戒线或隔离防护棚等安全措施。

(8) 上下脚手架、攀登高层构筑物，应走斜马道或梯子，不得沿绳、立杆或栏杆攀爬。

(9) 高处作业时，不得坐在平台、孔洞、井口边缘，不得骑坐在脚手架栏杆、躺在脚手板上或安全网内休息，不得站在栏杆外的探头板上工作和凭借栏杆起吊物件。

(10) 特殊高处作业，应有专人监护，并有与地面联系信号或可靠的通信装置。

(11) 在石棉瓦、木板条等轻型或简易结构上施工及进行修补、拆装作业时，应采取可靠的防止滑倒、踩空或因材料折断而坠落的防护措施。

(12) 高处作业周围的沟道、孔洞井口等，应用固定盖板盖牢或设围栏。

(13) 遇有六级及以上的大风，禁止从事高处作业。

(14) 进行三级、特级、悬空高处作业时，应事先制定专项安全技术措施。施工前，应向所有施工人员进行技术交底。

6.4.12　常用安全工具

(1) 安全帽、安全带、安全网等施工生产使用的安全防护用具，应符合国家规定的质量标准，具有厂家安全生产许可证、产品合格证和安全鉴定合格证书，否则不得采购、发放和使用。

常用安全防护用具应经常检查和定期试验，其检查试验的要求和周期见表6.5。

表6.5　　常用安全用具的检验标准与试验周期

名称	检查与试验质量标准要求	检查试验周期
塑料安全帽	1. 外表完整、光洁； 2. 帽内缓冲带、帽带齐全无损； 3. 耐40～120℃高温不变形； 4. 耐水、油、化学腐蚀性良好； 5. 可抗3kg的钢球从5m高处垂直坠落的冲击力	一年一次

续表

名称	检查与试验质量标准要求	检查试验周期
安全带	检查： 1. 绳索无脆裂、断落现象； 2. 皮带各部接口完整、牢固，无腐朽和虫蛀现象； 3. 销口性能良好。 试验： 1. 静荷：使用255kg重物悬吊5min无损伤； 2. 动荷：将重量为120kg的重物从2～2.8m高架上冲击安全带，各部件无损伤	1. 每次使用前均应检查； 2. 新带使用一年后抽样试验； 3. 旧带每隔6个月抽查试验一次
安全网	1. 绳芯结构和网筋边绳结构符合要求； 2. 两件各120kg的重物同时由4.5m高处坠落冲击完好无损	每年一次，每次使用前进行外表检查

(2) 高处临空作业应按规定架设安全网，作业人员使用的安全带，应挂在牢固的物体或可靠的安全绳上，安全带严禁低挂高用。拴安全带用的安全绳，不宜超过3m。

(3) 在有毒有害气体可能泄漏的作业场所，应配置必要的防毒护具，以备急用，并及时检查维修更换，保证其处在良好待用状态。

(4) 电气操作人员应根据工作条件选用适当的安全电工用具和防护用品，电工用具应符合安全技术标准并定期检查，凡不符合技术标准要求的绝缘安全用具、登高作业安全工具、携带式电压和电流指示器，以及检修中的临时接地线等，均不得使用。

任务6.5 安全事故处理

6.5.1 安全事故的分类

根据《生产安全事故报告和调查处理条例》，生产安全事故（以下简称事故）造成的人员伤亡或者直接经济损失，事故一般分为以下等级。

(1) 特别重大事故，是指造成30人以上死亡，或者100人以上重伤（包括急性工业中毒，下同），或者1亿元以上直接经济损失的事故。

(2) 重大事故，是指造成10人以上30人以下死亡，或者50人以上100人以下重伤，或者5000万元以上1亿元以下直接经济损失的事故。

(3) 较大事故，是指造成3人以上10人以下死亡，或者10人以上50人以下重伤，或者1000万元以上5000万元以下直接经济损失的事故。

(4) 一般事故，是指造成3人以下死亡，或者10人以下重伤，或者1000万元以下直接经济损失的事故。

6.5.2 安全事故处理程序

安全事故处理应遵循下列程序：报告安全事故—事故调查—事故处理。

6.5.2.1 报告安全事故

事故发生后，事故现场有关人员应当立即向本单位负责人报告；单位负责人接到报告后，应当于1h内向事故发生地县级以上人民政府安全生产监督管理部门和负有安全生产监督管理职责的有关部门报告。

情况紧急时，事故现场有关人员可以直接向事故发生地县级以上人民政府安全生产监督管理部门和负有安全生产监督管理职责的有关部门报告。

安全生产监督管理部门和负有安全生产监督管理职责的有关部门逐级上报事故情况，每级上报的时间不得超过2h。

报告事故应当包括下列内容。

（1）事故发生单位概况。

（2）事故发生的时间、地点以及事故现场情况。

（3）事故的简要经过。

（4）事故已经造成或者可能造成的伤亡人数（包括下落不明的人数）和初步估计的直接经济损失。

（5）已经采取的措施。

（6）其他应当报告的情况。

6.5.2.2 事故调查

根据《生产安全事故报告和调查处理条例》相关规定，组成事故调查组，事故调查组的组成应当遵循精简、效能的原则。事故调查组由有关人民政府、安全生产监督管理部门、负有安全生产监督管理职责的有关部门、监察机关、公安机关以及工会派人组成，并应当邀请人民检察院派人参加。事故调查组可以聘请有关专家参与调查。

事故调查组履行下列职责。

（1）查明事故发生的经过、原因、人员伤亡情况及直接经济损失。

（2）认定事故的性质和事故责任。

（3）提出对事故责任者的处理建议。

（4）总结事故教训，提出防范和整改措施。

（5）提交事故调查报告。

6.5.2.3 事故处理

重大事故、较大事故、一般事故，负责事故调查的人民政府应当自收到事故调查报告之日起15日内做出批复；特别重大事故，30日内做出批复，特殊情况下，批复时间可以适当延长，但延长的时间最长不超过30日。

有关机关应当按照人民政府的批复，依照法律、行政法规规定的权限和程序，对事故发生单位和有关人员进行行政处罚，对负有事故责任的国家工作人员进行处分。

事故发生单位应当按照负责事故调查的人民政府的批复，对本单位负有事故责任的人员进行处理。负有事故责任的人员涉嫌犯罪的，依法追究刑事责任。

事故发生单位应当认真吸取事故教训，落实防范和整改措施，防止事故再次发生。防范和整改措施的落实情况应当接受工会和职工的监督。

安全生产监督管理部门和负有安全生产监督管理职责的有关部门应当对事故发生单位落实防范和整改措施的情况进行监督检查。

任务6.6　某工程安全事故分析

在项目导航中，提到了某一施工单位在施工过程中发生的种种事故，下面就各个事故的逐一进行分析：

（1）请指出整个事故中有哪些做法不妥，并写出正确的做法。

1）施工总承包单位自行决定将基坑支护和土方开挖工程分包给了一家专业分包单位施工是不妥的，工程分包应报监理单位经建设单位同意后方可进行。

2）专业设计单位完成基坑支护设计后，直接将设计文件给了专业分包单位的做法是不妥的，设计文件的交接应经发包人交付给施工总承包单位。

3）专业分包单位编制的基坑工程和降水工程专项施工组织方案，经施工总承包单位项目经理签字后即组织施工的做法是不妥的，专业分包单位编制了基坑支护工程和降水工程专项施工组织方案后，应由施工单位技术负责人签字并经总监理工程师审批后方可实施，基坑支护与降水工程、土方和石方开挖工程必须由专职安全生产管理人员进行现场监督。

4）专业分包单位由负责质量管理工作的施工人员兼任现场安全生产监督工作的做法是不妥的。从事安全生产监督工作的人员应经专门的安全培训并持证上岗。

5）总承包单位对总监理工程师因发现基坑四周地表出现裂缝而发出要求停止施工的书面通知不予以理睬的做法是不妥的。总承包单位应按监理通知的要求停止施工。

6）事故发生后专业分包单位直接向有关安全生产监督管理部门上报事故的做法是不妥的，应经过总承包单位。

7）专业分包单位要求设计单位赔偿事故损失是不妥的，专业分包单位和设计单位之间不存在合同关系，不能直接向设计单位索赔，专业分包单位可通过施工总承包单位向建设单位索赔，建设单位再向勘察设计单位索赔。

（2）根据《水利工程建设安全生产管理规定》，施工单位应对哪些达到一定规模的危险性较大的工程编制专项施工方案？

施工单位应对下列达到一定规模的危险性较大的工程编制专项施工方案，并附具安全验算结果，经施工单位技术负责人签字以及总监理工程师核签后实施，由专职安全生产管理人员进行现场监督：

1）基坑支护与降水工程。

2）土方和石方开挖工程。

3）模板工程。

4）起重吊装工程。

5）脚手架工程。

6）拆除、爆破工程。

7）围堰工程。

8）其他危险性较大的工程。

（3）根据《水利工程建设重大质量与安全事故应急预案》，此事故应定为哪种等级的事故？并说明理由。

根据《水利工程建设重大质量与安全事故应急预案》，本事故直接经济损失虽未超过1000万元，但已造成3人死亡，故应定为三级事故（或重大质量与安全事故）。

（4）这起事故的主要责任人是谁？请说明理由。

本起事故的主要责任应由施工总承包单位承担。在总监理工程师发出书面通知要求停止施工的情况下，施工总承包单位继续施工，直接导致事故的发生，所以本起事故的主要责任应由施工总承包单位承担。

思 考 题

（1）简述安全管理的基本原则。

（2）如何建立安全管理体系？

（3）简述安全事故的分类及处理程序。

（4）在某水利工程施工工地，施工单位根据施工需要兴建的临时办公用房是一座四层砖混建筑物。第一层楼的一端是车间，另一端为原材料库房，库房内存放了木材、海绵和油漆等物品。车间与原材料库房用铁栅栏和木板隔离。搭在铁栅栏上的电线没有采用绝缘管穿管绝缘，原材料库房电闸的熔丝用两根铁丝替代。第二层楼是包装、检验车间及办公室。第三层楼为成品库。第四层楼为职工宿舍。由于原材料库房电线短路产生火花引燃库房内的易燃物，发生了火灾爆炸事故，导致17人死亡，20人受伤，直接经济损失80多万元。问题如下：

1）指出该临时办公用房在使用中的不妥之处。

2）依据安全生产有关规定，施工单位负责人在接到事故报告后，应当做什么、不得做什么？

3）事故调查组应由哪些部门组成？调查组的主要职责是什么？

4）事故调查的基本程序是什么？

（5）某大型水电站工地，施工单位A在重力坝浇筑过程中，管理人员只在作业现场的危险区悬挂了警示牌，夜间施工时，却发生了高空坠落死亡3人的事故。工程建设期间，还时常发生当地群众到建设管理单位及施工工地大量聚集事件。当工程某隐蔽部位的一道工序施工结束，在未通知监理人员到场检验的情况下，为赶施工进度，项目经理就紧接着指挥完成下道工序的浇筑。问题如下：

1）根据《水利系统文明建设工地考核标准》的规定，工程建设管理水平考核包括哪些方面的主要内容？

2）A单位施工安全考核能否通过？为什么？

3）A单位在完成隐蔽工程后，在未通知监理人员到场检查的情况下，能否将隐蔽部位进行覆盖并进行下一道工序的施工？为什么？

4）该工程能否被评为文明建设工地？为什么？

5）施工单位遇到大量群众到施工现场阻挠施工事件时，应如何处理？

项目7 施工成本管理

知识目标：通过本项目学习，学生应了解成本控制的基本概念；基本了解成本控制的方法及降低成本的途径。

能力目标：通过本项目学习，学生能够编制工程成本控制计划，能根据成本发生的实际情况，提出降低成本的措施。

项目导航：20世纪末世界经济的发展变化呈现出两大趋势，一是全球化，二是市场化。市场化的改革使全球性竞争更加激烈，给企业的发展带来了全方位的挑战。

随着国际市场竞争的日益激烈和管理水平的不断提高，2001年末我国加入了WTO，中国经济真正开始了在全球化和经济一体化的国际竞争中发展。一方面要在宏观上把握经济的运行规律，搞好宏观调控；另一方面，也是更为重要的方面，是要在企业层面进行管理创新。

改革开放以来，国有企业初步建立了现代企业制度。中国的入世，具有差别性的优惠政策将逐步被取消，改革的先发效应已变得不再明显。企业之间以及企业与国际跨国公司都处在了同一平台上，要在竞争中取胜，必须进行以管理创新为主导的"创业"，转变在计划经济体制下形成的行政型、经验型、粗放型的管理模式，使之向市场化、知识化、集约化的方向发展，实现经营管理现代化。

建筑业作为我国四大支柱产业之一，随着管理体制改革的不断深化，越来越多的施工企业采用国际上惯用的项目管理模式。施工项目管理是以经济效益为中心的综合管理。施工项目成本管理主要包括成本预测、决策、计划、控制、核算、分析和考核等互为条件、相互促进的各环节的管理，其中目标成本制定和目标成本控制是施工项目目标成本管理的关键。

在目标成本制定时，只要遵循市场化的原则、效益性的原则和责权利相一致的原则，严格按照目标成本制定程序，充分挖潜，认真决策，就能使目标成本计划真正成为一项具有切实可操作性的实施性文件。在目标成本控制中，既要充分发挥企业全体职工的积极性，又要加强全过程的动态控制，严格计划，增加计划修改调整的审批难度，使目标成本计划真正起到指导人们开展项目管理的作用，在推行施工项目目标成本管理中，还要注重抓好制度建设、健全合理的价格体系、加强各层次操作者的培训，要注意处理好思想与工具、主动与被动、综合与单项、基础与应用的关系。通过几轮循环，施工企业才能面临日益激烈的市场竞争，从容应对入世冲击等形势。

任务7.1 施工项目成本管理基础知识

7.1.1 施工成本的概念

成本是一个价值范畴，它同价值有着密切联系。其实质是生产产品所消耗物化劳动的转移价值和相当于工资那一部分活劳动所创造价值的货币表现。所以施工项目成本是指建筑企业以施工项目成本核算对象的施工过程中所耗费的生产资料转移价值和劳动者的必要劳动所创造的价值的货币形式，也就是某施工项目在施工中所发生的全部生产费用的总和，包括所消耗的主、辅材料，构配件，周转材料的摊销或租赁费，施工机械的台班费或租赁费，支付给生产工人的工资、奖金以及项目经理部为组织和管理工程施工所发生的全部费用支出。施工项目成本不包括劳动者为社会所创造的价值（如税金和企业利润），也不应包括不构成施工项目价值的一切非生产性支出。

施工项目成本是施工企业的产品成本，亦称工程成本，一般以项目的单位工程作为成本核算对象，通过各单位工程成本核算的综合来反映施工项目成本。

7.1.2 施工成本的构成

建筑企业在施工项目施工过程中所发生的各项费用支出，按照国家规定计入成本费用。

按成本的经济性质和国家的规定，施工项目成本由直接成本和间接成本组成。

7.1.2.1 直接成本

直接成本是指施工过程中耗费的构成工程实体或有助于工程实体形成的各项费用支出，包括人工费、材料费、机械使用费和其他直接费等。

（1）人工费。是指直接从事建筑安装工程施工的生产工人开支的各项费用，包括工资、奖金、工资性质的津贴、生产工人辅助工资、职工福利费、生产工人劳动保护费等。

（2）材料费。包括施工过程中耗用的构成工程实体的原材料、辅助材料、构配件、零件、半成品的费用和周转材料的摊销及租赁费用。

（3）机械使用费。包括施工过程中使用自有施工机械所发生的机械使用费和租用外单位施工机械的租赁费，以及施工机械安装、拆卸和进出场费。

（4）其他直接费。是指以上直接费以外的、在施工过程中发生的、具有直接费用性质的其他费用。它包括施工过程中发生的材料二次搬运费、临时设施摊销费、生产工具使用费、检验试验费、工程定位复测费、工程点交费、场地清理费，也包括冬雨期施工增加费、仪器仪表使用费、特殊工程培训费、特殊地区施工增加费等。

7.1.2.2 间接成本

间接成本是指企业内的各项目经理部为施工准备、组织和管理施工生产的全部施工费用的支出。施工项目间接成本应包括现场管理人员的人工费（基本工资、工资性补贴、职工福利费等）、固定资产使用费、工具用具使用费、保险费、检验试验费、工程保修费、工程排污费以及其他费用等。

（1）工作人员薪金。是指现场项目管理人员的工资、奖金、工资性质的津贴等。

（2）劳动保护费。是指现场项目管理人员的按规定标准发放的劳动保护用品的购置费、修理费和防暑降温费，在有碍身体健康环境中施工的保健费用等。

（3）职工福利费。是指按现场项目管理人员工资总额的一定比例提取的福利费。

（4）办公费。是指现场管理办公用的文具、纸张、账表、印刷、邮电、书报、会议、水、电、烧水和集体取暖用煤等费用。

（5）差旅交通费。是指职工因公出差期间的旅费、住勤补助费、市内交通费和误餐补助费、劳动力招募费、职工探亲路费、职工离退休及职工退职一次性路费、工伤人员就医路费、工地转移费，以及现场管理使用的交通工具的油料、燃料、养路费及牌照费等。

（6）固定资产使用费。是指现场管理及试验部门使用的属于固定资产的设备、仪器等折旧、大修理、维修费或租赁费等。

（7）工具用具使用费。是指现场管理使用的不属于固定资产的工具、器具、家具、交通工具以及检验、试验、测绘、消防用具等的购置、维修和摊销费等。

（8）保险费。是指施工管理用财产、车辆的保险，以及高空、井下、海上作业等特殊工种的安全保险等费用。

（9）工程保修费。是指工程施工交付使用后在规定的保修期内的修理费用。

（10）工程排污费。是指施工现场按规定交纳的排污费用。

（11）其他费用。按项目管理要求，凡发生于项目的可控费用，均应下沉到项目核算，不受层次限制，以便落实施工项目管理的经济责任，所以施工项目成本还应包括其他费用，如技术开发、转让费等。

（12）工会经费。指按现场管理人员工资总额的一定比例提取的工会经费。

7.1.3 施工成本的分类

根据建筑产品的特点和成本管理的要求，施工项目成本可按不同标准的应用范围进行划分。

（1）按成本计价的定额标准分，施工项目成本可分为预算成本、计划成本和实际成本。

1）预算成本是按建筑安装工程实物量和国家或地区或企业制定的预算定额及取费标准计算的社会平均成本或企业平均成本，是以施工图预算为基础进行分析、预测、归集和计算确定的，包括直接成本和间接成本，是控制成本支出、衡量和考核项目实际成本节约或超支的重要尺度。

2）计划成本是在预算成本的基础上，根据企业自身的要求，结合施工项目的技术特点、自然地理特征、劳动力素质、设备情况等确定的标准成本，亦称目标成本。计划成本是控制项目成本支出的标准，也是成本管理的目标。

3）实际成本是施工项目在施工过程中实际发生的可以列入成本支出的各项费用的总和，是工程项目施工活动中劳动耗费的综合反映。

（2）按计算项目成本对象分，施工项目成本可分为建设工程成本、单项工程成本、单位工程成本、分部工程成本和分项工程成本。

（3）按工程完成程度的不同分，施工项目成本可分为本期施工成本、已完施工成本、未完工程成本和竣工施工工程成本。

（4）按生产费用与工程量关系来划分，施工项目成本可分为固定成本和变动成本。

1）固定成本是指在一定的期间和一定的工程量范围内，其发生的成本额不受工程量增减变动的影响而相对固定的成本，如折旧费、大修理费、管理人员工资、办公费等。所谓固定，指其总额而言，关于分配到每个项目单位工程量上的固定费用则是变动的。

2）变动成本是指发生总额随着工程量的增减变动而成正比例变动的费用，如直接用于工程的材料费、实行计划工资制的人工费等。所谓变动，也是就其总额而言的，对于单位分项工程上的变动费用往往是不变的。

将施工过程中发生的全部费用划分为固定成本和变动成本，对于成本管理和成本决策具有重要作用。它是成本控制的前提条件。由于固定成本是维持生产能力所必需的费用，要降低单位工程量的固定费用，只有通过提高劳动生产率，增加企业总工程量数额并降低固定成本的绝对值入手，降低成本只能是从降低单位分项工程的消耗定额入手。

7.1.4　施工成本管理的内容

施工项目成本管理是指在保证满足工程质量、工程施工工期的前提下，对项目实施过程中所发生的费用，通过计划、组织、控制和协调等活动实现预定的成本目标，并尽可能地降低施工项目成本费用的一种科学管理活动。主要通过施工技术、施工工艺、施工组织管理、合同管理和经济手段等活动来最终达到施工项目成本控制的预定目标，获得最大限度的经济利益。要达到这一目标，必须认真做好以下几项工作：

（1）搞好成本预测，确定成本控制目标。要结合中标价，根据项目施工条件、机械设备、人员素质等情况对项目的成本目标进行科学预测，通过预测确定工、料、机及间接费的控制标准，制定出费用限额控制方案，依据投入和产出费用额，做到量效挂钩。

（2）围绕成本目标，确立成本控制原则。施工项目成本控制是在实施过程中对资源的投入、施工过程及成果进行监督、检查和衡量，并采取措施保证项目成本实现。搞好成本控制就必须把握好五项原则：项目全面控制原则，成本最低化原则，项目责、权、利相结合原则，项目动态控制原则，项目目标控制原则。

（3）查找有效途径，实现成本控制目标。为了有效降低项目成本，必须采取以下办法和措施进行控制：采取组织措施控制工程成本；采取新技术、新材料、新工艺措施控制工程成本；采取经济措施控制工程成本；加大质量管理力度；控制返工率控制工程成本；加强合同管理力度，控制工程成本。

（4）在项目成本管理工作中，应及时制定落实相配套的各项行之有效的管理制度，将成本目标层层分解，签订项目成本目标管理责任书，并与经济利益挂钩，奖罚分明，强化全员项目成本控制意识，落实完善各项定额，定期召开经济活动分析会，及时总结、不断完善、最大限度确保项目经营管理工作的良性运作。

任务7.2　施工项目成本控制

7.2.1　施工项目成本控制的意义和目的

施工项目成本控制通常是指在项目成本的形成过程中，对生产经营所消耗的人力资源、物资资源和费用开支，进行指导、监督、调节和限制，及时纠正将要发生和已经发生的偏差，把各项生产费用控制在计划成本的范围之内，以保证成本目标的实现。

从上述观点来看，施工项目成本控制的目的，在于降低施工项目成本，提高经济效益。然而项目成本的降低，除了控制成本以外，还必须增加工程预算收入。因为，只有在增加收入的同时节约支出，才能提高施工项目成本的降低水平。

7.2.2 施工项目成本控制的原则

施工项目成本控制要坚持以下几项原则：

(1) 全面控制原则。全面控制原则主要体现在对项目成本的全员控制和项目成本的全过程控制。施工项目的成本是一项综合性指标，它涉及项目组织的各部门、各班组的工作业绩，也与每个职工的切身利益有关。因此，项目成本的高低需要大家关心，施工项目成本控制也需要项目参与者群策群力。同时，成本控制工作要随着项目施工进展的各个阶段连续进行，既不能疏漏，也不能时紧时松，使施工项目成本自始至终置于有效的控制之下。

(2) 开源与节流相结合原则。降低项目成本，需要一面增加收入，一面节约支出。因此，在成本控制中，也应坚持开源与节流相结合的原则。要求做到：每发生一笔较大的费用，都要查一查有无相对应的预算收入，是否支大于收；在经常性的分部分项工程成本核算和月度成本核算中，也要进行实际成本与预算收入的对比分析，以便从中探索成本节超的原因，纠正项目成本的不利偏差，提高项目成本的降低水平。

(3) 目标管理原则。目标管理是贯彻执行计划的一种方法，它把计划的方针、任务、目的和措施等一一进行分解，提出进一步的具体要求，并分别落实到执行计划的部门、单位甚至个人。目标管理的内容包括：目标的设定和分解，目标的责任到位和执行结果，评价目标和修正目标，形成目标管理的P（计划）、D（实施）、C（检查）、A（处理）循环。

(4) 中间控制原则。又称动态控制原则，是把成本的重点放在施工项目各主要施工段上，及时发现偏差并纠正偏差，在生产过程中进行动态控制。

(5) 责、权、利相结合原则。要使成本控制真正发挥及时有效的作用，必须严格按照经济责任制的要求，贯彻责、权、利相结合的原则。在项目施工过程中，项目经理部的全体管理人员以及全体作业班组都负有一定的成本控制责任，从而形成整个项目的成本控制网络。另外，各部门、各单位、各班组在肩负成本控制责任的同时，还应享有成本控制的权力，即在规定的权力范围内可以决定某项费用能否开支、如何开支和开支多少，以行使对项目成本的实质性控制。最后，项目经理还要对各部门、各单位、各班组在成本控制中的业绩进行定期的检查和考核，并与工资分配紧密挂钩，实行有奖有罚。实践证明，只有责、权、利相结合的成本控制，才能收到预期的效果，达到名副其实的成本控制。

7.2.3 施工项目成本控制的过程

进行项目成本控制时，项目经理部应建立以项目经理为中心的成本控制体系，按内部各岗位和作业层进行成本目标分解，明确各管理人员和作业层的成本责任、权限及相互关系。企业应建立和完善项目管理层作为成本控制中心，并为项目成本控制创造优化配置生产要素和实施动态管理的环境与条件。项目经理部应对施工过程中发生的、在项目经理部管理职责权限内能控制的各种消耗和费用进行成本控制。成本控制目标一旦确定，项目经理部的主要职责就是通过组织施工生产、加强过程控制，千方百计地确保成本目标的实现。

项目成本控制应按以下程序进行：①企业进行项目成本预测；②项目经理部编制成本计划并编制月度及项目的成本报告；③项目经理部实施成本计划；④项目经理部进行成本核算；⑤项目经理部进行成本分析；⑥编制成本资料并按规定存档。

（1）施工项目成本预测。施工项目成本预测是通过成本信息和施工项目的具体情况，并运用一定的专门方法，对未来的成本水平及其可能的发展趋势作出科学的估计，这是施工企业在项目施工以前对成本进行的核算。成本预测可以使项目经理部在满足业主和企业要求的前提下，选择成本低、效益好的最佳成本方案，并能够在施工项目成本形成过程中，针对薄弱环节，加强成本控制，克服盲目性，提高预见性。因此，施工企业对项目成本预测是施工项目成本决策与计划的依据。

（2）施工项目成本计划。施工项目成本计划是项目经理部对项目成本进行计划管理的工具。它是以货币形式编制施工项目在计划期内的生产费用、成本水平、成本降低率以及为降低成本所采取的主要措施和规划的书面方案，是建立施工项目成本管理责任制、开展成本控制和核算的基础。一般来说，一个施工项目成本计划应包括从开工到竣工所必需的施工成本，它是该施工项目降低成本的指导文件，是设立目标成本的依据。可以说，成本计划是目标成本的一种形式。

（3）实际施工成本的形成控制。施工成本的形成控制主要是指项目经理部对施工项目成本的实施控制，包括制度控制、定额或指数控制、合同控制等。

1）制度控制是指在成本支出过程中，必须执行国家、公司的有关制度，如财经制度、工资总量包干制度等。

2）定额或指数控制是指为了控制项目成本，要求成本支出必须按定额执行；没有定额的，要根据同类工程耗用情况，结合本工程的具体情况和节约要求，制定各项指标，据以执行。如材料用量的控制应以消耗定额为依据，实行限额领料；没有消耗定额的材料要制定领用材料指标。

3）合同控制是项目部为了达到降低成本的目的，根据已确定各成本子项的计划成本与各专业管理人员、施工队长等签订成本承包合同，即按照费用归口管理的要求，确立各部门、各有关人员的成本管理责任制。

施工项目成本计划的实施，贯穿于施工项目从招投标阶段开始直到项目竣工验收的全过程，是企业实施全面成本管理的重要环节。

（4）施工项目成本核算。施工项目成本核算是指将项目施工过程中所发生的各种费用和形成施工项目成本与计划目标成本，在保持统计口径一致的前提下进行互相对比，找出差异的工作。它包括两个基本环节：一是按照规定的成本开支范围对施工费用进行归集，计算出施工费用的实际发生额；二是根据成本核算对象，采用适当的方法计算出该施工项目的总成本和单位成本。施工项目成本核算所提供的各种成本信息，是成本预测、成本计划、成本控制、成本分析和成本考核等各个环节的依据。因此，加强施工项目成本核算工作，对降低施工项目成本、提高企业的经济效益有积极的作用。

（5）施工项目成本分析。施工项目成本分析是在施工成本跟踪核算的基础上，动态分析各成本项目的节约、超支原因的工作。它贯穿于施工项目成本管理的全过程。也就是说，施工项目成本分析主要利用施工项目的成本核算资料（成本信息），与目标成本（计划成本）、预算成本以及类似的施工项目的实际成本等进行比较，了解成本的变动情况；同时也要分析主要技术经济指标对成本的影响。系统地研究成本变动的因素，检查成本计划的合理性，并通过成本分析，深入揭示成本变动的规律，寻找降低施工项目成本的途径，以便有效地进行成本控制，减少施工中的浪费，促使企业和项目经理部遵守成本开支范围和财务纪律，更好地调动广大职工的积极性，加强施工项目的全员成本管理。

（6）施工项目成本考核。所谓成本考核，就是施工项目完成后，对施工项目成本形成中的各责任者，按施工项目成本目标责任制的有关规定，将成本的实际指标与计划、定额、预算进行对比和考核，评定施工项目成本计划的完成情况和各责任者的业绩，并以此给以相应的奖励和处罚的过程。通过成本考核，做到有奖有惩，赏罚分明，有效调动企业的每一名职工在各自的施工岗位上努力完成目标成本的积极性，为降低施工项目成本和增加企业的积累作出自己的贡献。

综上所述，施工项目成本控制系统中每一个环节都是相互联系和相互作用的。成本预测是成本决策的前提，成本计划是成本决策确定目标的具体化。成本计划实施则是对成本计划的实施进行控制和监督，保证决策中成本目标实现，而成本核算是对成本计划是否实现的最后检验。核算所提供的成本信息为下一个施工项目的成本预测和决策提供基础资料。成本考核是实现成本目标责任制的保证和实现决策目标的重要手段。

7.2.4 施工项目成本控制的任务

施工项目的成本控制应伴随项目建设进程渐次展开，同时要注意各个时期的特点和要求。各个阶段的工作内容不同，成本控制的主要任务也不同。

7.2.4.1 施工前期的成本控制

（1）工程投标阶段。在工程投标阶段，成本控制的主要任务是编制适合本企业施工管理水平和施工能力的报价。

1）根据工程概况和招标文件，以及建筑市场和竞争对手的情况，进行成本预测，提出投标决策意见。

2）中标以后，应根据项目的建设规模，组建与之相适应的项目经理部，同时以标书为依据确定项目的成本目标，并下达给项目经理部。

（2）施工准备阶段。

1）根据设计图纸和有关技术资料，对施工方法、施工顺序、作业组织形式、机械设备选型、技术组织措施等进行认真的研究分析，并运用价值工程原理，制定出科学先进、经济合理的施工方案。

2）根据企业下达的成本目标，以分部分项工程的实物工程量为基础，联系劳动定额、材料消耗定额和技术组织措施的节约计划，在优化施工方案的指导下，编制明细、具体的成本计划，并按照部门、施工队和班组的分工进行分解，作为部门、施工队和班组的责任成本落实下去，为今后的成本控制做好准备。

3）间接费用预算的编制及落实。

根据项目建设时间的长短和参加建设人数的多少，编制间接费用预算，并对上述预算进行明细分解，以项目经理部有关部门（或业务人员）责任成本的形式落实下去，为今后控制和绩效考评提供依据。

7.2.4.2 施工阶段的成本控制

施工阶段成本控制的主要任务是确定项目经理部的成本控制目标，在项目经理部建立成本管理体系，将项目经理部各项费用指标进行分解以确定各个部门的成本控制指标；加强成本的过程控制。

（1）加强施工任务单和限额领料单的管理，特别要做好每一个分部分项工程完成后的验收（包括实际工程量的验收和工作内容、工程质量、文明施工的验收），以及对实耗工、实耗材料的数量核对，以保证施工任务单和限额领料单的结算资料绝对正确，为控制成本提供真实可靠的数据。

（2）将施工任务单和限额领料单的结算资料与施工预算进行核对，计算分部分项工程成本差异，分析差异产生的原因，并采取有效的纠偏措施。

（3）做好月度成本原始资料的收集和整理，正确计算月度成本，分析月度预算成本与实际成本的差异。一般的成本差异要在充分注意不利差异的基础上，认真分析差异产生的原因，以防对后续作业成本产生不利影响或因质量低劣而造成返工损失；对于盈亏比异常的现象要特别重视，并在查明原因的基础上采取果断措施，尽快加以纠正。

（4）在月度成本核算的基础上，实行责任成本核算。也就是利用原有会计核算的资料重新按责任部门或责任者归集成本费用，每月结算一次，并与责任成本进行对比，由责任部门或责任者自行分析成本差异和产生差异的原因，自行采取措施纠正差异，为全面实现责任成本制创造条件。

（5）经常检查对外经济合同的履约情况，为顺利施工提供物质保证。如遇拖期或质量不符合要求的情况，应根据合同规定向对方索赔；对缺乏履约能力的单位要采取果断措施，即中止合同，并另找可靠的合作单位，以免影响施工，造成经济损失。

（6）定期检查各责任部门和责任者的成本控制情况，检查成本控制责、权、利的落实情况（一般为每月一次）。如发现成本差异偏高或偏低的情况，应会同责任部门或责任者分析产生差异的原因，并督促他们采取相应的对策来纠正差异；如有因责、权、利不到位的情况，应针对责、权、利不到位的原因，调整有关各方的关系，根据责、权、利相结合的原则，使成本控制工作得以顺利进行。

7.2.4.3 竣工验收阶段的成本控制

（1）精心安排、干净利落地完成工程竣工扫尾工作。从现实情况看，很多工程一到竣工扫尾阶段，就把主要施工力量抽调到其他在建工程上，以致扫尾工作拖拖拉拉，战线拉得很长，机械、设备无法转移，成本费用照常发生，使在建阶段取得的经济效益逐步流失。因此，一定要精心安排，把竣工扫尾时间缩短到最少。

（2）重视竣工验收工作，顺利交付使用。在验收以前，要准备好验收所需要的各种书面资料（包括竣工图）送甲方备查；对验收中甲方提出的意见，应根据设计要求和合同内容认真处理，如果涉及费用，应请甲方签证，列入工程结算。

（3）及时办理工程结算。一般来说，工程结算造价等于原施工图预算加或减去增减账。但在施工过程中，有些按实际结算的经济业务，是由财务部门直接支付的，项目预算员并不掌握，往往在工程结算时遗漏。因此，在办理工程结算以前，项目预算员和成本员应进行一次认真、全面的核对。

(4) 在工程保修期间，项目经理指定保修工作的责任者，并责成保修责任者根据实际情况提出保修计划（包括费用计划），以此作为控制保修费用的依据。

7.2.5 施工项目成本控制的内容

7.2.5.1 材料费的控制

材料费的控制按照“量价分离”的原则，一是进行材料用量的控制；二是进行材料价格的控制。

(1) 材料用量的控制。在保证符合设计规格和质量标准的前提下，要合理使用材料和节约使用材料，要通过定额管理、计量管理以及施工质量控制，避免返工等，来有效控制材料物资的消耗。

1) 定额控制。对于有消耗定额的材料，项目以消耗定额为依据，实行限额发料制度。项目各工长只能在规定限额内分期分批领用材料，需要超过限额领用的材料，必须先查明原因，经过一定审批手续方可领料。

2) 指标控制。没有消耗定额的材料要实行计划管理和按指标控制的办法进行控制。根据长期实际耗用材料，结合当月具体情况和节约要求，制定领用材料指标，据此控制发料。超过指标领用材料必须经过一定的审批手续方可领用。

3) 计量控制。为准确核算项目实际材料成本，保证材料消耗准确，在各种材料进场时，项目材料员必须准确计量，查明是否发生损耗或短缺，如有发生，则要查明原因，明确责任。发料过程中，要严格计量，防止多发或少发。

4) 以钱代物，包干控制。在材料使用过程中，部分小型及零星材料（如铁钉、铁丝等）采用以钱代物、包干发放的办法进行控制。其具体做法是：根据工程量结算出所需材料，将其折算成现金，每月结算时发给施工班组，一次包死，班组需要用料时，再从项目材料员购买，超支部分由班组自负，节约部分归班组所得。

(2) 材料价格的控制。材料价格主要由材料采购部门在采购中加以控制。由于材料价格是由买价、运杂费、运输中的合理损耗等组成的，因此材料价格的控制主要通过市场信息、询价、应用竞争机制和经济合同手段等来实现。材料、设备、工程用品的采购价格包括买价、运费和耗损等。

1) 买价控制。买价的变动主要由市场因素引起，但在内部控制方面，应事先对供应商进行考察，建立合格供应商名册。采购材料时，必须在合格供应商名册中选定供应商，实行货比三家，在保质保量的前提下，争取最低买价。同时实现项目监督，项目部对材料部门采购的物资有权过问与询价，对买价过高的物质，可以根据双方签订的横向合同处理。此外，材料部门对各个项目所需的物质可以分类批量采购，以降低买价。

2) 运费控制。合理组织材料运输、就近购买材料、选用最经济的运输方法来降低成本。为此，材料采购部门要求供应商按规定的包装条件和指定的地点交货，如供应单位降低包装质量，则按质论价付款；因变更指定地点所增加的费用均由供应商自付。

3) 损耗控制。项目现场材料验收人员应及时、严格办理验收手续，准确计量，以防止将损耗或短缺计入材料成本。

7.2.5.2 人工费的控制

人工费的控制采取与材料费控制相同的原则，实行“量价分离”。人工用工数通过项目经理与施工劳务承包人的承包合同，按照内部施工图预算、钢筋翻样单或模板量计算出定额人工工日，并考虑将安全生产、文明施工及零星用工按定额工日的一定比例（一般为15%～25%）一起发包。

例如，施工合同中规定的某项人工费为32.9元/工日，项目经理部在与施工队签订劳务分包合同时，将人工费用单价控制在30元以下，辅助工还可以再低一些，其余部分用于定额以外的人工费用和关键工序的奖励费用。这样人工费用就不会超支，还留有余地。

7.2.5.3 机械费的控制

机械费用主要由台班数量和台班单价两方面决定，为有效控制台班费支出，主要从以下几个方面控制：

（1）合理安排施工生产，加强设备租赁计划管理，减少因安排不当而引起的设备闲置。

（2）加强机械设备的调度工作，尽量避免窝工，提高现场设备利用率。

（3）加强现场设备的维修保养，避免因不正当使用而造成机械设备的停置。

（4）做好上机人员与辅助生产人员的协调与配合，提高机械台班产量。

7.2.5.4 管理费的控制

现场施工管理费在项目成本中占有一定比例，其控制与核算都较难把握，在使用和开支时弹性较大，主要采取以下控制措施：

（1）根据现场施工管理费占施工项目计划总成本的比重，确定施工项目经理部施工管理费总额。

（2）在施工项目经理的领导下，编制项目经理部施工管理费总额预算和各管理部门、各施工作业面的施工管理费预算，作为现场施工管理费的控制依据。

（3）制定施工项目管理开支标准和范围，落实各部门人员岗位的控制责任。

（4）制定并严格执行施工项目经理部的施工管理费使用的审批、报销程序。

7.2.5.5 现场设施配置规模控制

为了控制现场临时设施规模，应该通过周密的施工组织设计，在满足计划工期施工速度要求的前提下，尽可能组织均衡施工，以缩小施工规模，控制各类施工设施的配置数量，通常应注意以下几点：

（1）施工临时道路的修筑，材料工器具放置场地的铺设等，在满足施工需要的前提下，尽可能数量最少，并尽可能先利用永久道路路基，再修筑施工临时道路。

（2）施工临时供水、供电管网的铺设长度及容量，应尽可能合理。

（3）施工材料堆放场、仓库类型、面积的确定与配置，尽可能在满足合理储备和施工需要的前提下，力求数量合理，利用率高，费用低。

（4）现场办公、生产及生活临时用房和设施的搭建数量、形式，在满足施工基本需要的前提下，尽可能做到简洁适用，充分利用已有房屋和待拆迁的房屋，节省临建设施费用。

7.2.6 施工项目成本控制的方法

7.2.6.1 施工图预算控制成本支出

在施工项目的成本控制中，可按施工图预算实行“以收定支”，具体的处理方法如下：

（1）人工费的控制。项目经理部与作业队签订劳务合同时，应该将人工费单价定低一些，其余部分可用于定额外人工费和关键工序的奖励费。这样，人工费就不会超支，而且还留有余地，以备关键工序之需。

（2）材料费的控制。按“量价分离”方法计算工程造价的条件下，水泥、钢材、木材“三材”的价格随行就市，实行高进高出；由于材料市场价格变动频繁，往往会发生预算价格与市场价格严重背离而使采购成本失去控制的情况。因此，项目材料管理人员必须经常关注材料市场价格的变动，并积累系统、翔实的市场信息。

（3）施工机械使用费的控制。施工图预算中的机械使用费等于工程量乘以定额台班单价。由于项目施工的特殊性，实际的机械利用率不可能达到预算定额的取定水平；再加上预算定额所设定的施工机械原值和折旧率又有较大的滞后性，因而使施工图预算的机械使用费往往小于实际发生的机械使用费，形成机械使用费超支。在这种情况下，就可以以施工图预算的机械使用费和增加的机械费补贴来控制机械费支出。

（4）周转设备使用费的控制。施工图预算中的周转设备使用费等于耗用数乘以市场价格，而实际发生的周转设备使用费等于使用数乘以企业内部的租赁单价或摊销率。由于两者的计量基础和计价方法各不相同，只能以周转设备预算收费的总量来控制实际发生的周转设备使用费的总量。

（5）构件加工费和分包工程费的控制。在市场经济体制下，钢门窗、木制成品、混凝土构件、金属构件和成型钢筋的加工，以及打桩、土方、吊装、安装、装饰和其他专项工程的分包，都要通过经济合同来明确双方的权利和义务。在签订这些经济合同时，要坚持“以施工图预算控制合同金额”的原则，绝不允许合同金额超过施工图预算。

7.2.6.2 施工预算控制资源消耗

资源消耗数量的货币表现就是成本费用。因此，资源消耗的减少，就等于成本费用的节约；控制了资源消耗，也等于控制了成本费用。施工预算控制资源消耗的实施步骤和方法如下：

（1）项目开工以前，编制整个施工项目的施工预算，作为指导和管理施工的依据。如果是边设计边施工的项目，则编制分阶段的施工预算。

（2）对生产班组的任务安排，必须签发施工任务单和限额领料单，并向生产班组进行技术交底。施工任务单和限额领料单的内容应与施工预算完全相符，不允许篡改施工预算，也不允许有定额不用而另行估工。

（3）在施工任务单和限额领料单的执行过程中，要求生产班组根据实际完成的工程量和实耗人工、实耗材料做好原始记录，作为施工任务单和限额领料单结算的依据。

（4）任务完成后，根据回收的施工任务单和限额领料单进行结算，并按照结算内容支付报酬（包括奖金）。

7.2.6.3 成本与进度同步跟踪，控制分部分项工程成本

（1）横道图计划进度与成本的同步控制。在横道图计划中，表示作业进度的横线有两条，一条为计划线，另一条为实际线；计划线上的“C”表示与计划进度相对应的计划成本；实际线下的“C”表示与实际进度相对应的实际成本，由此得到以下信息：

1）每个分项工程的进度与成本的同步关系，即施工到什么阶段，将发生多少成本。

2）每个分项工程的计划施工时间与实际施工时间（从开始到结束）之比（提前或拖期），以及对后道工序的影响。

3）每个分项工程的计划成本与实际成本之比（节约或超支），以及对完成某一时期责任成本的影响。

4）每个分项工程施工进度的提前或拖期对成本的影响程度。

5）整个施工阶段的进度和成本情况。

通过进度与成本同步跟踪的横道图，要求实现：以计划进度控制实际进度；以计划成本控制实际成本；随着每道工序进度的提前或拖期，对每个分项工程的成本实行动态控制，以保证项目成本目标的实现。

（2）网络图计划进度与成本的同步控制。与横道图计划基本相同，不同的是网络计划在施工进度的安排上更有逻辑性，而且可随时进行优化和调整，因而对每道工序的成本控制也更有效。

网络图的表示方法为：箭杆的上方用“C”后面的数字表示工作的计划成本，实际施工的时间和成本则在箭杆附近的方格中按实填写，这样就能从网络图中看到每项工作的计划进度与实际进度、计划成本与实际成本的对比情况，同时也可以清楚地看出今后控制进度、控制成本的方向。

7.2.6.4 建立月度财务收支计划，控制成本费用支出

（1）以月度施工作业计划为龙头，并以月度计划产值为当月财务收入计划，同时由项目各部门根据月度施工作业计划的具体内容编制本部门的用款计划。

（2）根据各部门的月度用款计划进行汇总，并按照用途的轻重缓急平衡调度，同时提出具体的实施意见，经项目经理审批后执行。

（3）在月度财务收支计划的执行过程中，项目财务成员应该根据各部门的实际情况做好记录，并于下月初反馈给相关部门，由各部门自行检查分析节超原因，吸取经验教训。对于节超幅度较大的部门，应以书面分析报告分送项目经理和财务部门，以便项目经理和财务部门采取针对性的措施。

7.2.6.5 加强质量管理，控制质量成本

质量成本是指项目为保证和提高产品质量而支出的一切费用，以及为达到质量指标而发生的一切损失费用。质量成本包括控制成本和故障成本。控制成本包括预防成本和鉴定成本，属于质量成本保证费用，与质量水平成正比关系；故障成本包括内部故障成本和外部故障成本，属于损失性费用，与质量水平成反比关系。

（1）质量成本核算。将施工过程中发生的质量成本费用，按照预防成本、鉴定成本、内部故障成本和外部故障成本的明细科目归集，然后计算各个时期各项质量成本的发生情况。

质量成本的明细科目，可根据实际支付的具体内容来确定。

1）预防成本。质量管理工作费、质量培训费、质量情报费、质量技术宣传费、质量管理活动费等。

2）内部故障成本。返工损失、停工损失、返修损失、质量过剩损失、技术超前支出和事故分析处理等。

3）外部故障成本。保修费、赔偿费、诉讼费和因违反环境保护法而发生的罚款等。

4）鉴定成本。材料检验试验费、工序监测和计量服务费、质量评审活动费等。

（2）质量成本分析。根据质量成本核算的资料进行归纳、比较和分析，共包括以下内容：

1）质量成本各要素之间的比例关系分析。

2）质量成本总额的构成比例分析。

3）质量成本总额的构成内容分析。

4）质量成本占预算成本的比例分析。

7.2.6.6 坚持现场管理标准化，减少浪费

施工现场临时设施费用是工程直接成本的一个组成部分。在项目管理中，降低施工成本有硬手段和软手段两个途径。所谓硬手段主要是指优化施工技术方案，应用价值工程方法，结合施工对设计提出改进意见，以及合理配置施工现场临时设施，控制施工规模，降低固定成本的开支；软手段主要指通过加强管理、克服浪费、提高效率等来降低单位建筑产品物化劳动和活劳动的消耗。

7.2.6.7 开展“三同步”检查，防止成本盈亏异常

项目经济核算的“三同步”，是指统计核算、业务核算和会计核算的同步。统计核算即产值统计，业务核算即人力资源和物质资源的消耗统计，会计核算即成本会计核算。根据项目经济活动的规律，这三者之间有着必然的同步关系。这种规律性的同步关系具体表现为：完成多少产值，消耗多少资源，发生多少成本，三者应该同步。否则，项目成本就会出现盈亏异常情况。

任务7.3 施工项目成本降低的途径

降低施工项目成本应该从加强施工管理、技术管理、劳动工资管理、机械设备管理、材料管理、费用管理以及正确划分成本中心，使用先进的成本管理方法和考核手段入手，制定既开源又节流方针，从两个方面来降低施工项目成本，如果只开源不节流，或者只节流不开源，都不太可能达到降低成本的目的，至少是不会有理想的降低成本效果。

7.3.1 认真会审图纸，积极提出修改意见

在项目建设过程中，施工单位必须按图施工。但是，图纸是由设计单位按照用户要求和项目所在地的自然地理条件（如水文地质情况等）设计的，施工单位应该在满足用户要求和保证工程质量的前提下，联系项目施工的主客观条件，对设计图纸进行认真的会审，并提出积极的修改意见，在取得用户和设计单位的同意后，修改设计图纸，同时办理增

减账。

在会审图纸的时候，对于结构复杂、施工难度高的项目，更要加倍认真，并且要从方便施工，有利于加快工程进度和保证工程质量，又能降低资源消耗、增加工程收入等方面综合考虑，提出有科学根据的合理化建议，争取业主、监理单位、设计单位的认同。

7.3.2 加强合同预算管理，增创工程预算收入

（1）深入研究招标文件、合同内容，正确编制施工图预算。在编制施工图预算的时候，要充分考虑可能发生的成本费用，将其全部列入施工图预算，然后通过工程款结算向甲方取得补偿。

（2）把合同规定的“开口”项目，作为增加预算收入的重要方面。一般来说，按照设计图纸和预算定额编制的施工图预算，必须受预算定额的制约，很少有灵活伸缩的余地；而“开口”项目的取费则有比较大的潜力，是项目增收的关键。

如合同规定，待图纸出齐后，由甲乙双方共同制定加快工程进度、保证工程质量的技术措施，费用按实结算。按照这一规定，项目经理和工程技术人员应该联系工程特点，充分利用自己的技术优势，采用先进的新技术、新工艺和新材料，经甲方签证后实施，这些措施应符合以下要求：既能为施工提供方便，有利于加快施工进度，又能提高工程质量，还能增加预算收入。还有，如合同规定，预算定额缺项的项目，可由乙方参照相近定额，经监理工程师复核后报甲方认可。这种情况，在编制施工图预算时是常见的，需要项目预算员参照相近定额进行换算。在定额换算的过程中，预算员就可根据设计要求，充分发挥自己的业务技能，提出合理的换算依据，以此来摆脱原有的定额偏低的约束。

（3）根据工程变更资料，及时办理增减账。由于设计、施工和业主使用要求等原因，工程变更是项目施工过程中经常发生的事情，是不以人们的意志为转移的。随着工程的变更，必然会带来工程内容的增减和施工工序的改变，从而必然会影响成本费用的变更。因此，项目承包方应就工程变更对既定施工方法、机械设备使用、材料供应、劳动力调配和工期目标等的影响程度，以及为实施变更内容所需要的各种资源进行合理估价。及时办理增减账手续，并通过工程款结算从甲方取得补偿。

7.3.3 制定先进的、经济合理的施工方案

施工方案主要包括四项内容：施工方法的确定、施工机具的选择、施工顺序的安排和流水施工的组织。施工方案不同，工期就会不同，所需机具也不同，因而发生的费用也会不同。因此，正确选择施工方案是降低成本的关键所在。

制定施工方案要以合同工期和项目要求为依据，联系项目的规模、性质、复杂程度、现场条件、装备情况、人员素质等因素综合考虑。可以同时制定几个施工方案，倾听现场施工人员的意见，以便从中优选最合理、最经济的一个。

必须强调，施工项目的施工方案，应该同时具有先进性和可行性。如果只先进不可行，不能在施工中发挥有效的指导作用，那就不是最佳施工方案。

7.3.4 落实技术组织措施

落实技术组织措施，走技术与经济相结合的道路，以技术优势来取得经济效益，是降低项目成本的又一个关键。一般情况下，项目应在开工以前根据工程情况制定技术组织措施计划，作为降低成本计划的内容之一列入施工组织设计。在编制月度施工作业计划的同时，也可按照作业计划的内容编制月度技术组织措施计划。

为了保证技术组织措施计划的落实，并取得预期的效果，应在项目经理的领导下明确分工：由工程技术人员定措施，材料人员供材料，现场管理人员和生产班组负责执行，财务成本员结算节约效果，最后由项目经理根据措施执行情况和节约效果对有关人员实行奖励，形成落实技术组织措施的一条龙。

必须强调，在结算技术组织措施执行效果时，除要按照定额数据等进行理论计算外，还要做好节约实物的验收，防止“理论上节约、实际上超用”的情况发生。

7.3.5 组织均衡施工，加快施工进度

凡是按时间计算的成本费用，如项目管理人员的工资和办公费，现场临时设施费和水电费，以及施工机械和周转设备的租赁费等，在加快施工进度、缩短施工周期的情况下，都会有明显的节约。除此之外，还可从业主那里得到一笔相当可观的提前竣工奖。因此，加快施工进度也是降低项目成本的有效途径之一。

为了加快施工进度，将会增加一定的成本支出。例如：在组织两班制施工的时候，需要增加夜间施工的照明费、夜点费和工效损失费；同时，还将增加模板的使用量和租赁费。

因此，在签订合同时，应根据用户和赶工要求，将赶工费列入施工图预算。如果事先并未明确，而由用户在施工中临时提出的赶工要求，则应请用户签证，费用按实结算。

思考题

(1) 什么是施工项目成本？怎么分类？

(2) 施工项目成本管理有哪些工作内容？

(3) 简述施工项目成本控制的原则。

(4) 降低施工项目成本的途径有哪些？

项目8 施 工 进 度 管 理

知识目标：通过本项目学习，学生应了解施工进度管理概念；了解施工进度控制的概念、原理、内容；掌握计划进度与实际进度的比较方法；了解施工进度拖延的应对措施。

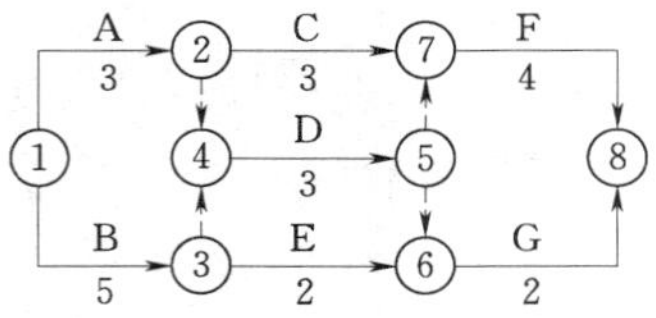

图 8.1 某工程项目网络计划

能力目标：通过本项目学习，学生具备对工程进度进行初步管理的能力；学生能对实际进度与计划进度进行比较，针对不同情况提出不同措施。

项目导航：某施工项目网络计划及网络计划中各项工作的历时、工程量见图 8.1 和表 8.1，在具体实施过程中，安排第六周末为检查周，C 工作完成 2/3，D 工作完成1/2，E 工作全部完成，分析各项工作进度对工期的影响。

表 8.1 各项任务工作量表

各项工作	A	B	C	D	E	F	G	劳动消耗总量
任务量	45	60	54	51	26	60	40	336
历时/周	3	5	3	3	2	4	2	

任务 8.1 施工进度管理基础知识

施工项目进度控制是施工项目管理中非常重要的一个环节，是保证施工项目按期完成、合理安排资源供应、节约工程成本的重要措施。

8.1.1 施工进度管理概念

施工进度管理是指在既定的工期内，编制出最优的施工项目进度计划；在执行计划的过程中，经常检查工程实际情况，比较计划的进度，若出现偏差，便分析产生的原因和对工期的影响程度，制定出必要的调整措施，修改原计划，不断地循环往复，直至工程竣工验收。包括工期计划与进度控制两部分，本书重点介绍后者。

施工进度控制应以实现施工项目合同约定的交工日期为最终目标。施工进度控制的总目标是确保施工项目的既定目标工期的实现，或者在保证工程质量和增加工程实际成本的条件下，适当缩短工期。施工进度控制的总目标应进行层层分解，形成实施进度控制、相互制约的目标体系。目标分解可按单项工程分解为交工分目标，按承包的专业或实施阶段分解为完工分目标，按年、季、月计划期分解为时间分目标。

8.1.2 施工进度控制原理

在编制施工进度计划时，需要考虑各种可能对计划产生影响的因素，进而提出不同的措施来保证进度计划按期实施，而在进度计划实施过程中，又会受到各种各样因素的影响，有些因素考虑了，有些没有，就会导致实际进度计划与计划进度计划出现偏差，这时就需要采取新的措施对进度计划进行纠偏，作相应调整，然后继续执行，若再次出现偏差，继续调整。这个执行计划、检查计划、调整计划不断重复的过程，反映出进度计划不是一成不变的，而是随着各种因素的变化不断调整的过程。

工程进度控制原理包含以下几个方面：

（1）动态控制原理。进度控制是一个不断进行的动态控制，也是一个循环进行的过程，从项目开始，计划就进入了执行的动态。实际进度与计划进度不一致时，采取相应措施调整偏差，使两者在新的起点重合，继续按其施工，然后在新的因素影响下又会产生新的偏差，施工进度计划控制就是采用这种动态循环的控制方法。

（2）施工进度控制包括计划系统、进度实施组织系统、检查控制系统。为了对施工项目进行进度计划控制，必须编制施工项目的各种进度计划，其中有施工总进度计划、单位工程进度计划、分部分项工程进度计划、季度和月（旬）作业计划，这些计划组成了施工项目进度计划系统。施工组织各级负责人，从项目经理、施工队长、班组长及所属成员都按照进度计划进行管理、落实各自的任务，组成了项目实施的完整的组织系统。为了保证进度实施，项目设有专门部门或人员负责检查汇报、统计整理进度实施资料，并与计划进度比较分析和进行调整，形成纵横相连的检查控制系统。

（3）信息反馈原理。信息反馈是进度控制的依据，施工的实际进度通过信息反馈给基层进度控制人员，在分工范围内，加工整理逐级向上反馈，直到主控制人员，主控制人员对反馈信息分析作出决策，调整进度计划，达到预定目标。施工项目控制的过程就是信息反馈的过程。

（4）封闭循环原理。项目进度计划控制的全过程是计划、实施、检查、分析、确定调整措施、再计划，形成一个封闭的循环系统。

8.1.3 影响施工进度因素

水利水电工程建设是一个庞大且复杂的过程，它工期长、影响因素多，在编制施工进度计划时，对可能存在的各种因素要有充分的认识，才会制定相应的措施来保证施工进度计划尽可能的按期完成。

8.1.3.1 影响施工进度计划的因素

（1）工期及相关计划的失误。

1）计划值（例如计划工作量、持续时间）不足，相关的实际工作量增加。

2）资源或能力不足，例如计划时未考虑到资源的限制或缺乏，没有考虑如何完成工作。

3）出现了计划中未能考虑到的风险或状况，未能使工程实施达到预定的效率。

4）在现代工程中，上级（业主、投资者、企业主管）常常在一开始就提出很紧迫的工期要求，致使承包商或其他设计人员、供应商的工期太紧。

（2）工程条件的变化。

1）工作量的变化。可能是由于设计的修改、设计的错误、业主新的要求、修改项目的目标及系统范围的扩展等造成的。

2）外界（如政府、上层系统）对项目新的要求或限制，设计标准的提高等可能造成项目资源的缺乏，使得工程无法及时完成。

3）环境条件的变化。工程地质条件和水文地质条件与勘测设计不符，如地质断层、地下障碍物、软弱地基、溶洞，以及恶劣的气候条件等，都对工程进度产生影响，造成临时停工或破坏。

4）发生不可抗力事件。实施中如果出现意外的事件，如战争、内乱、工人罢工等事件，地震、洪水等严重的自然灾害，重大工程事故、试验失败、标准变化等技术事件，通货膨胀、分包单位违约等经济事件，都会影响工程进度计划。

（3）管理过程中的失误。

1）计划部门与实施者之间、总分包商之间、业主与承包商之间缺少沟通。

2）工程实施者缺乏工期意识，例如管理者拖延了图纸的供应和批准，任务下达时缺少必要的工期说明和责任落实，拖延了工程活动。

3）项目参加单位对各个活动（各专业工程和供应）之间的逻辑关系（活动链）没有清楚的了解，下达任务时也没有作详细的解释，同时对活动的必要的前提条件准备不足，各单位之间缺少协调和信息沟通，许多工作脱节，资源供应出现问题。

4）由于其他方面未完成项目计划规定的任务造成拖延，例如设计单位拖延设计、运输不及时、上级机关拖延批准手续、质量检查拖延、业主不果断处理问题等。

5）承包商没有集中力量施工，材料供应拖延，资金缺乏，工期控制不紧。

6）业主没有集中资金的供应，拖欠工程款，或业主的材料、设备供应不及时。

8.1.3.2 影响施工项目进度的责任和处理

（1）工程延误。由于承包商自身的原因造成的工期延长，称为工程延误。由于工程延误所造成的一切损失由承包商自己承担，包括承包商在监理工程师的同意下采取加快工程进度的措施所增加的费用，同时，由于工程延误所造成的工期延长，承包商还要向业主支付误期损失补偿费。工程延误所延长的时间不属于合同工期的一部分。

（2）工程延期。由于承包商以外的原因造成施工期的延长，称为工程延期。经过监理工程师批准的延期，所延长的时间属于合同工期的一部分，即工程竣工的时间等于标书中规定的时间加上监理工程师批准的工程延期时间。

任务8.2 施工进度计划控制内容及措施

8.2.1 施工进度控制内容

建设项目管理系统及其外部环境是复杂多变的，而要想保证实际进度与计划进度保持一致，就必须采取一切可能的措施才能实现。在项目实施过程中，得到的中间结果可能与预期进度目标不相符，甚至相差甚远，因此必须及时调整人力、时间及其他资源，改变施工方法，以期达到预期的进度目标。根据进度控制的方式不同，可以分为预先进度控制、同步进度控制和反馈进度控制。

8.2.1.1 预先进度控制的内容

预先进度控制是指项目正式施工前所进行的进度控制，其行为主体是监理单位和施工单位的进度控制人员。

（1）编制施工阶段进度控制工作细则。施工阶段进度控制工作细则，是进度管理人员在施工阶段对项目实施进度控制的一个指导性文件。其内容应包括：

1）施工阶段进度目标系统分解图。

2）施工阶段进度控制的主要任务和管理组织部门机构划分与人员职责分工。

3）施工阶段与进度控制有关的各项相关工作的时间安排，项目总的工作流程。

4）施工阶段进度控制所采用的具体措施（包括进度检查日期、信息采集方式、进度报表形式、信息分配计划、统计分析方法等）。

5）进度目标实现的风险分析。

6）尚待解决的有关问题。

施工阶段进度控制工作细则，使项目在开工之前的一切准备工作（包括人员挑选与配置、材料物资准备、技术资金准备等）皆处于预先控制状态。

（2）编制或审核施工总进度计划。施工阶段进度管理人员的主要任务就是保证施工总进度计划的开工、竣工日期与项目合同工期的时间要求一致。当采用多标发包形式施工时，施工总进度计划的编制要保证不同标段之间的施工进度保持衔接关系。

（3）审核单位工程施工进度计划。承包商根据施工总进度计划编制单位工程施工进度计划，监理工程师对承包商提交的施工进度计划进行审核认定后方可执行。

（4）进行进度计划系统的综合。施工进度计划进行审核以后，往往要把若干个有相互关系的处于同一层次或不同层次的施工进度综合成一个多阶段施工总进度计划，以利于进行总体控制。

8.2.1.2 同步进度控制的内容

同步进度控制是指项目施工过程中进行的进度控制，这是施工进度计划能否付诸实现的关键过程。进度控制人员一旦发现实际进度与目标偏离，必须及时采取措施以纠正这种偏差。项目施工过程中进度控制的执行主体是施工单位，进度控制的主体是监理单位。施工单位按照进度要求及时组织人员、设备、材料进场，并及时上报分析进度资料确保进度的正常进行，监理单位同步进行进度控制。

对收集的进度数据进行整理和统计，并将计划进度与实际进度进行比较，从中发现是否出现进度偏差，分析进度偏差将会带来的影响并进行工程进度预测，从而提出可行的修改措施，组织定期和不定期的现场会议，及时分析、通报工程施工进度状况，并协调各承包商之间的生产活动。

8.2.1.3 反馈进度控制的内容

反馈进度控制是指完成整个施工任务后进行的进度控制工作，具体内容有：

（1）及时组织验收工作。

（2）处理施工索赔。

（3）整理工程进度资料。

（4）根据实际施工进度，及时修改和调整验收阶段进度计划及监理工作计划，以保证下一阶段工作的顺利开展。

8.2.2 施工进度控制措施

施工项目进度控制采取的主要措施有组织措施、技术措施、合同措施、经济措施和信息管理措施等。

（1）组织措施主要是指落实各层次的进度控制人员、具体任务和工作责任；建立进度控制的组织系统；按施工项目的结构、进展的阶段或合同结构等进行项目分解，确定其进度目标，建立控制目标体系；确定进度控制工作制度，如检查时间、方法、协调会议时间、参加人员等；对影响进度的因素分析和预测。

（2）技术措施主要是采取加快工程进度的技术方法。

（3）合同措施是指对分包单位签订工程合同的合同工期与有关进度计划目标相协调。

（4）经济措施是指实现进度计划的资金保证措施。

（5）信息管理措施是指不断地收集工程实际进度的有关资料进行整理统计与计划进度比较，定期地向建设单位提供比较报告。

任务8.3 施工进度计划实施及检查

8.3.1 施工进度计划实施

施工项目进度计划的实施就是施工活动的进展，也就是用施工项目进度计划指导施工活动，落实和完成计划。

8.3.1.1 施工进度计划的审核

项目经理应进行施工项目施工进度计划的审核，其主要内容包括：

（1）进度安排是否符合施工合同确定的建设项目总目标和分目标的要求，是否符合其开工、竣工日期的规定。

（2）施工进度计划中的内容是否有遗漏，分期施工是否满足分批交工的需要和配套交工的要求。

（3）施工顺序安排是否符合施工程序的要求。

（4）资源供应计划是否能保证施工进度计划的实现，供应是否均衡，分包人供应的资源是否满足进度要求。

（5）施工图设计的进度是否满足施工进度计划要求。

（6）总分包之间的进度计划是否相协调，专业分工与计划的衔接是否明确、合理。

（7）对实施进度计划的风险是否分析清楚，是否有相应的对策。

（8）各项保证进度计划实现的措施设计是否周到、可行、有效。

8.3.1.2 施工进度计划的贯彻

（1）检查各层次的计划，形成严密的计划保证系统。施工项目的所有施工进度计划：

施工总进度计划、单位工程施工进度计划、分部（项）工程进度计划，都是围绕一个总任务而编制的，它们之间的关系是高层次计划为低层次计划提供依据，低层次计划是高层次计划的具体化。在其贯彻执行时，应当首先检查是否协调一致，计划目标是否层层分解、互相衔接，组成一个计划实施的保证体系，以施工任务书的方式下达施工队，保证施工进度计划的实施。

（2）利用施工任务书层层明确责任。项目经理、作业队和作业班组之间分别签订责任状，按计划目标明确规定工期、承担的经济责任、权限和利益。用施工任务书将作业任务下达到施工班组，明确具体施工任务、技术措施、质量要求等内容，使施工班组必须保证按作业计划时间完成规定的任务。

（3）进行计划的交底，促进计划的全面、彻底实施。施工进度计划的实施是全体工作人员的共同行动，要使有关人员都明确各项计划的目标、任务、实施方案和措施，使管理层和作业层协调一致，将计划变成全体员工的自觉行动，在计划实施前可以根据计划的范围进行计划交底工作，以使计划得到全面、彻底的实施。

8.3.1.3 施工进度计划的实施

（1）编制月（旬）作业计划。为了实施施工进度计划，将规定的任务结合现场施工条件，如施工场地的情况、劳动力与机械等资源条件和施工的实际进度，在施工开始前和过程中不断地编制本月（旬）作业计划，这是使施工计划更具体、更实际和更可行的重要环节。在月（旬）计划中要明确本月（旬）应完成的任务、所需要的各种资源量、提高劳动效率和节约措施等。

（2）签发施工任务书。编制好月（旬）作业计划后，将每项具体任务通过签发施工任务书的方式下达到班组落实、实施。施工任务书是向班组下达任务、实行责任承包、全面管理的原始记录和综合性文件，是计划和实施的纽带。

施工任务书由施工员按班组编制并下达。在实施过程中要做好记录，任务完成后回收，作为原始记录和业务核算资料。

施工任务书包括施工任务单、限额领料单和考勤表，施工任务单包括分项工程施工任务、工程量、劳动量、开工日期、完工日期、工艺、质量和安全要求。限额领料单是根据施工任务单编制的控制班组领用材料的依据，应具体列明材料名称、规格、型号、单位和数量、领用记录、退料记录等。

（3）做好施工进度记录，填好施工进度统计表。在计划任务完成的过程中，各级施工进度计划的执行者都要跟踪做好施工记录，及时记载计划中的每项工作开始日期、每日完成数量和完成日期，记录施工现场发生的各种情况、干扰因素的排除情况；跟踪做好形象进度、工程量、总产值、耗用的人工、材料和机械台班等的数量统计与分析，为施工项目进度检查和控制分析提供反馈信息。因此，要求实事求是地记载，并填好上报统计报表。

（4）做好施工中的调度工作。施工中的调度是组织施工中各阶段、环节、专业和工种的互相配合、进度协调的指挥核心。调度工作是使施工进度计划顺利实施的重要手段，其主要任务是掌握计划实施情况，协调各方面关系，采取措施，排除各种矛盾，加强各薄弱环节，实现动态平衡，保证完成作业计划和实现进度目标。

调度工作内容主要有：监督作业计划的实施，调整、协调各方面的进度关系；监督检查施工准备工作；督促资源供应单位按计划供应劳动力、施工机具、运输车辆、材料构配件等，并对临时出现的问题采取调配措施；按施工平面图管理施工现场，结合实际情况进行必要的调整，保证文明施工；了解气候、水、电、气的情况，采取相应的防范和保证措施；及时发现和处理施工中各种事故和意外事件；调节各薄弱环节；定期、及时地召开现场调度会议，贯彻施工项目主管人员的决策，发布调度令。

8.3.2　施工进度计划检查

在项目的实施过程中，进度控制人员应经常地、定期地跟踪检查施工实际进度情况，主要是收集施工项目进度材料，进行统计整理和对比分析，确定实际进度与计划进度之间的关系，其主要工作包括：

（1）跟踪检查工程实际进度。跟踪检查工程实际进度是项目进度控制的关键措施，其目的是收集实际施工进度的有关数据。跟踪检查的时间和收集数据的质量，直接影响控制工作的质量和效果。一般检查的时间间隔，与施工项目的类型、规模、施工条件和对进度执行要求程度有关，通常可以每月、半月、旬或者周进行一次，若施工中遇到天气、资源供应等不利因素的严重影响，检查的时间间隔可临时缩短，次数应增加，甚至可以每日进行检查，或派人员驻现场督阵。检查和收集资料的方式一般采用进度报表方式或定期召开进度工作汇报会。根据不同需要，检查的内容包括：

1）检查期内实际完成和累计完成工程量。

2）实际参加施工的劳动力、机械数量和生产效率。

3）窝工人数、窝工机械台班数及其原因分析。

4）进度管理情况。

5）进度偏差情况。

6）影响进度的特殊原因及分析。

7）整理、统计跟踪检查的数据

（2）对实际数据进行整理。收集到的施工项目实际进度数据，要进行必要的整理，按计划控制的工作项目进行统计，形成与计划进度具有可比性的数据，形象进度。一般可以按实物工程量、工作量和劳动消耗量及累计百分比整理和统计实际检查的数据，以便与相应的计划完成量相对比。

（3）对比实际进度与计划进度。将收集的资料整理和统计成具有与计划进度可比性的数据后，用施工项目实际进度与计划进度的比较方法进行比较。通常用的比较方法有：横道图比较法、S形曲线比较法、香蕉曲线比较法、前锋线比较法和列表比较法等。通过比较得出实际进度与计划进度一致、超前、拖后三种情况。

（4）施工项目进度检查结果的处理。按照检查报告制度的规定，将施工项目进度检查的结果形成进度控制报告并向有关主管人员和部门汇报。

进度控制报告是把检查比较的结果、有关施工进度现状和发展趋势提供给项目经理及各级业务职能负责人的最简单的书面形式报告。进度控制报告是根据报告的对象不同，确定不同的编制范围和内容而分别编写的。一般分为项目概要级进度控制报告、项目管理级进度控制报告和业务级进度控制报告。

进度报告由计划负责人或进度管理人员与其他项目管理人员协作编写。报告时间一般与进度检查时间相协调，也可按月、旬、周等间隔时间进行编写上报。

通过检查，向企业提供月度进度报告的主要内容有：

1）项目实施概况、管理概况、进度概要的总说明。

2）项目施工进度、形象进度及简要说明。

3）施工图纸提供进度，材料、物资、构配件供应进度，劳务记录及预测；日历计划。

4）对建设单位、业主和施工者的工程变更指令、价格调整、索赔及工程款收支情况。

任务8.4　计划进度与实际进度比较方法

实际进度与计划进度的比较是进度管理中一个非常重要的环节，通过比较，管理者可以了解进度的实际情况，进而找到出现偏差的原因，及时对进度进行调整。目前，常用的比较方法有横道图比较法、S形曲线比较法、香蕉曲线比较沄、前锋线比较法和列表比较法。

8.4.1　横道图比较法

横道图比较法是指将项目实施过程中检查实际进度收集到的数据，经加工整理后直接用横道线平行绘于原计划的横道线处，进行直观比较的方法。

例如：某施工项目基础工程的计划进度和截至第8周末的实际进度如图8.2所示，其中双线条表示该工程计划进度，粗实线表示实际进度。从图中实际进度与计划进度的比较可以看出，到第8周末进行实际进度检查时，挖土方和做垫层两项工作已经完成；支模板按计划应完成75%，但实际已经全部完成，任务量超前25%；绑扎钢筋按计划应该完成40%，而实际只完成20%，任务量拖欠20%。

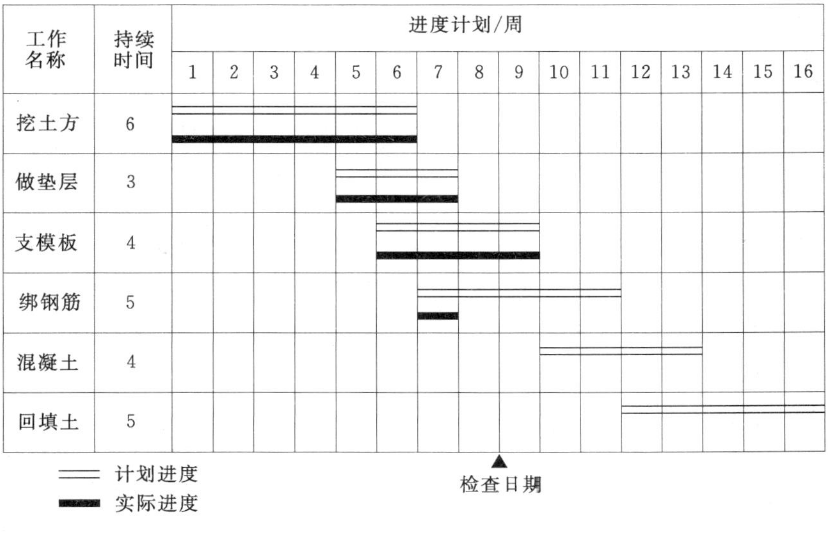

图8.2　基础工程实际进度与计划进度比较图

根据各项工作的进度偏差，进度控制者可以采取相应的纠偏措施对进度计划进行调整，以确保该工程按期完成。

从图 8.2 中可以看出，各项工作都是均匀施工，即每项工作在单位时间内完成的任务量都相等的。事实上，施工项目中各项工作的进展不一定是匀速的。根据施工项目中各项工作的进展是否匀速，可分别采用以下两种方法进行实际进度与计划进度的比较。

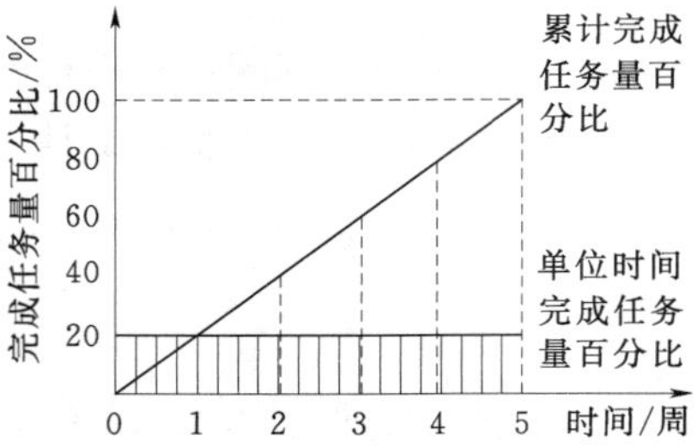

图 8.3　工作匀速进展时任务量与时间关系曲线

8.4.1.1　匀速进展横道图比较法

匀速进展是指在施工项目中，每项工作在单位时间内完成的任务量都是相等的，即工作的进展速度是均匀的。此时，每项工作累计完成的任务量与时间呈线性关系，如图 8.3 所示，完成的任务量可以用实物工程量、劳动消耗量或费用支出表示。为了便于比较常用上述物理量的百分比表示。

这种方法的前提条件是施工速度保持不变，如果速度是变化的，这种方法就不能用来比较计划进度和实际进度。

采用匀速进展横道图比较法时，其步骤如下：

(1) 编制横道图进度计划。

(2) 在进度计划上标出检查日期。

(3) 将检查收集到的实际进度数据经过加工整理后按比例用粗黑线标于计划进度的下方，如图 8.4 所示。

(4) 对比分析实际进度与计划进度：

1) 如果涂黑的粗线右端落在检查日期左侧（右侧），表明实际进度拖后（超前）。

2) 如果涂黑的粗线右端与检查日期重合，表明实际进度与计划进度一致。

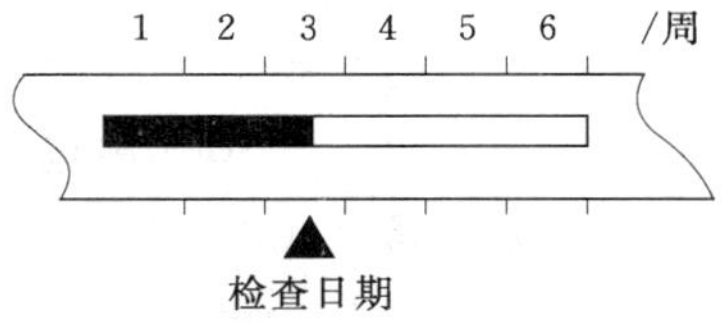

图 8.4　匀速进展横道图比较图

8.4.1.2　非匀速进展横道图比较法

当各项工作在不同单位时间里的进展速度不相等时，累计完成的任务量与时间的关系就不可能是线性关系。此时，应采用双比例单侧横道图比较法进行工作实际进度与计划进度的比较。

双比例单侧横道图比较法在用涂黑粗线表示工作实际进度的同时，还要标出其对应时刻完成任务量的累计百分比，并将该百分比与其同时刻计划完成任务量的累计百分比相比较，判断工作实际进度与计划进度之间的关系。步骤如下：

(1) 编制横道图进度计划。

(2) 在横道线上方标出各工作主要时间的计划完成任务累计百分比。

(3) 在计划横道线的下方标出工作的相应日期实际完成的任务累计百分比。

(4) 用涂黑粗线标出实际进度线，并从开工日标起，同时反映出施工过程中工作的连续与间断情况。

(5) 对照横道线上方计划完成累计量与同时间的下方实际完成累计量，比较得出实际进度与计划进度的偏差。当同一时刻上下两个累计百分比相等，表明实际进度与计划进度一致；当同一时刻上面的累计百分比大于下面的累计百分比，表明该时刻实际施工进度拖后，拖后的量为两者之差。当同一时刻上面的累计百分比小于下面的累计百分比，表明该时刻实际施工进度超前，超前的量为两者之差。

【例 8.1】 某施工项目中的基槽开挖工作按施工进度计划安排需要 7 周完成，每周计划完成的任务量百分比如图 8.5 所示。

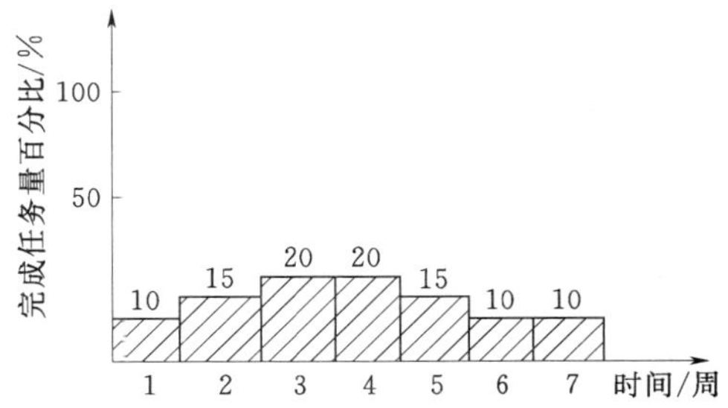

图 8.5 地基开挖时间与完成任务量关系图

解：（1）编制横道图进度计划，如图 8.6 所示。

（2）在横道线上方标出基槽开挖工作每周计划累计完成任务量的百分比，分别为 10%、25%、45%、65%、80%、90%和 100%。

（3）在横道线下方标出第 1 周至检查日期（第 4 周）每周实际累计完成任务量的百分比，分别为 8%、27%、42%、58%。

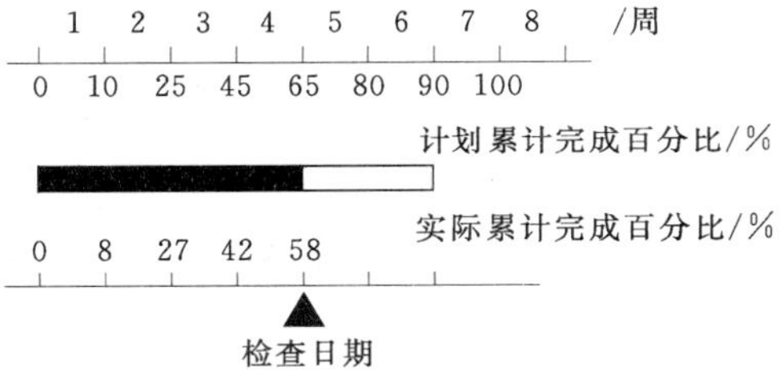

图 8.6 双比例单侧横道图

（4）从图中可知，工作按期开工。

（5）比较实际进度与计划进度。从图中可以看出，该工作在第一周实际进度比计划进度拖后 2%，第二周超前 2%，以后各周末累计拖后分别为 3%和 7%。

应该指出，由于工作的施工速度是变化的，因此横道图中进度横线，不管计划的还是实际的，都是表示工作的开始时间、持续天数和完成时间，并不表示计划完成量和实际完成量，这两个量分别通过标注在横道线上方及下方的累计百分比数量表示。实际进度的涂黑粗线是从实际工程的开始日期画起，若工作实际施工间断，亦可在图中将涂黑粗线作相应的空白。

8.4.2 S 形曲线比较法

S 形曲线比较法是以横坐标表示进度时间，纵坐标表示累计完成任务量，绘制出一条按计划时间累计完成任务量的曲线，然后将检查过程中收集到的实际资料也按同样的方式绘制到同一图形中，然后对两者进行比较的一种方法。

从整个施工项目的施工全过程而言，一般是开始和结尾阶段单位时间投入的资源量较少，中间阶段单位时间投入的资源量较多，与其相对应，单位时间完成的任务量也是呈同样变化的，随时间发展的累计完成的任务量，则应该呈 S 形变化，如图 8.7 所示。

8.4.2.1 S 形曲线绘制方法

【例 8.2】 某混凝土工程的浇筑总量为 2000m^3，按照施工方案，计划 9 个月完成，每月计划完成的混凝土浇筑量如图 8.8 所示，绘制该混凝土工程的计划 S 形曲线。

解：（1）参照图形中给定每月完成任务量，确定单位时间完成任务量，并填在表 8.2 中。

（2）计算不同时间累计完成任务量，也绘制在表 8.2 中。

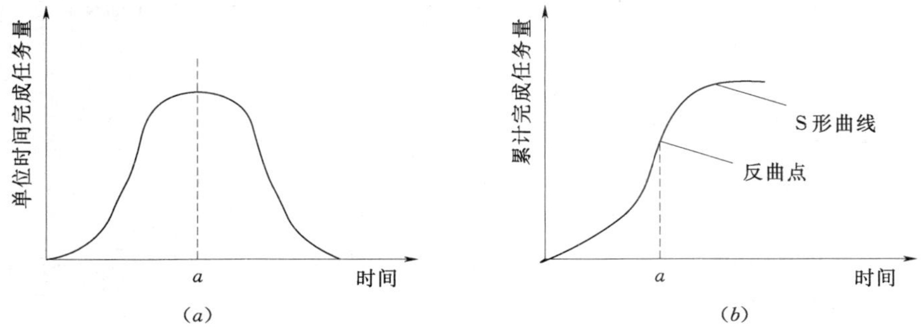

图 8.7 时间与完成任务量关系曲线

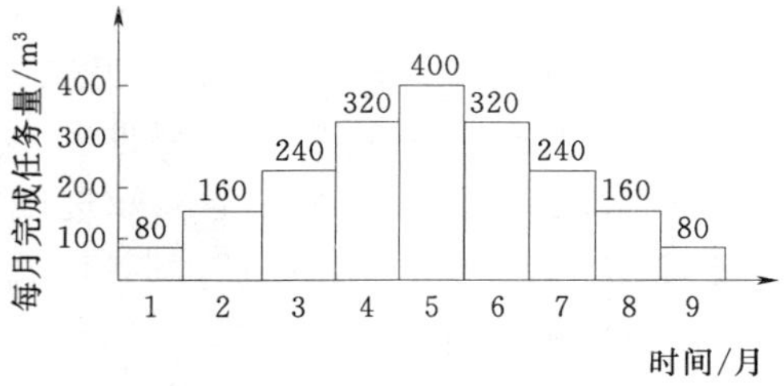

图 8.8 时间与每月完成任务量关系曲线

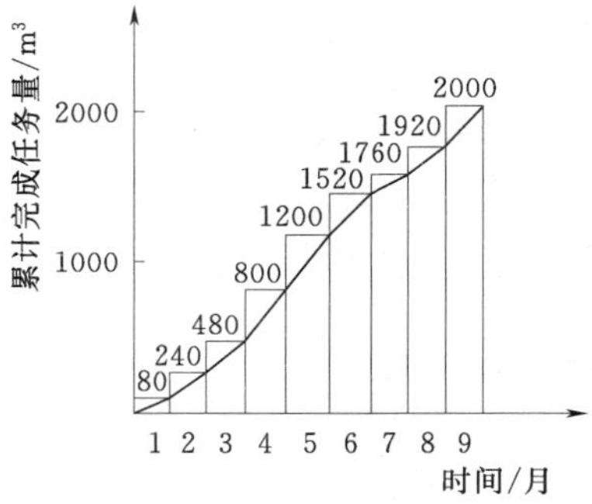

图 8.9 某工程S形曲线

表 8.2 **完成任务量汇总表**

时间/月	1	2	3	4	5	6	7	8	9
每月完成任务量/m³	80	160	240	320	400	320	240	160	80
累计完成任务量/m³	80	240	480	800	1200	1520	760	1920	2000

(3) 根据累计完成任务量绘制S形曲线，如图 8.9 所示。

8.4.2.2 实际进度与计划进度比较

S形曲线比较法与横道图一样，都是从图上直观地进行施工项目实际进度与计划进度比较。工作开始前，计划进度控制人员在计划实施前绘制S形曲线。工作施工过程中，按规定时间将检查的实际完成情况绘制在与计划S形曲线同一张图上，可得出实际进度S形曲线，比较两条S形曲线可以得到如下信息：

(1) 项目实际进度与计划进度比较。当实际工程进展点落在S形曲线左侧，则表示此时实际进度比计划进度超前；若落在其右侧，则表示拖后；若刚好落在其上，则表示两者一致。

(2) 项目实际进度比计划进度超前或拖后的时间。如图 8.10 所示，ΔT_a 表示 T_a 时刻实际进度超前的时间，ΔT_b 表示了 T_b 时刻实际进度拖后的时间。

(3) 项目实际进度比计划进度超前或拖后的任务量。如图 8.10 所示，ΔQ_a 表示在 T_a 时刻，超前完成的任务量；ΔQ_b 表示在 T_b 时刻，拖后的任务量。

(4) 预测工程进度。如图 8.10 所示，后期工程按原计划速度进行，则工期拖延预测值为 ΔT。

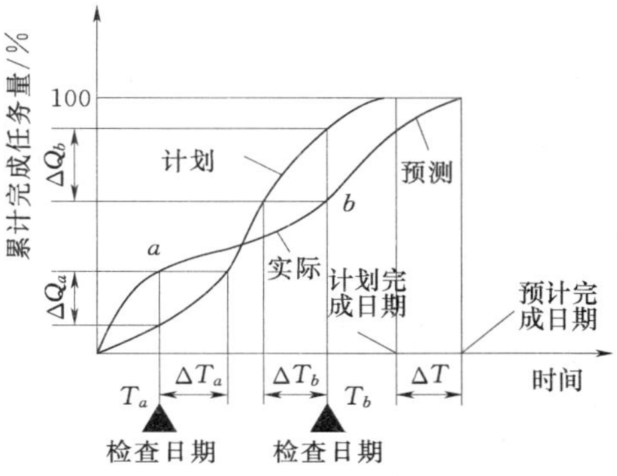

图 8.10 S形曲线比较图

8.4.3 香蕉曲线比较法

香蕉曲线是由两条 S 形曲线组合而成的闭合曲线。由 S 形曲线比较法可知，施工项目累计完成的任务量与计划时间的关系，可以用一条 S 形曲线表示。对于一个施工项目的网络计划来说，如果以其中各项工作的最早开始时间安排进度而绘制 S 形曲线，称为 ES 曲线；如果以其中各项工作的最迟开始时间安排进度而绘制 S 形曲线，称为 LS 曲线。两条 S 形曲线具有相同的起点和终点，因此，两条曲线是闭合的。在一般情况下，ES 曲线上的其余各点均落在 LS 曲线的相应点的左侧。由于该闭合曲线形似“香蕉”，故称为香蕉曲线，如图 8.11 所示。

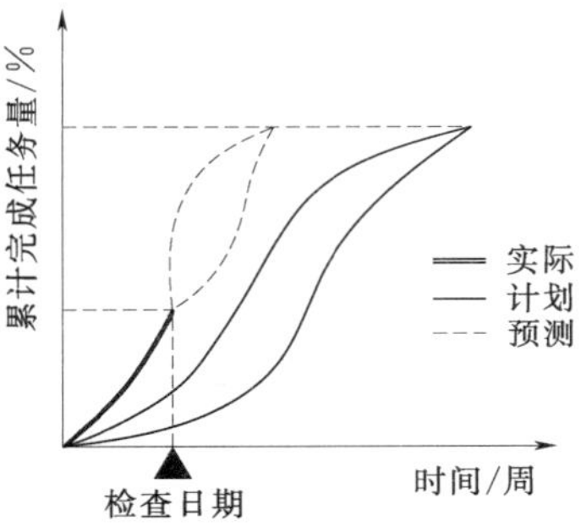

图 8.11 香蕉曲线图

在项目实施中，进度控制的理想状况是任一时刻实际进度描绘的点应落香蕉曲线的区域内，香蕉曲线的作图方法基本一致，不同之处在于它是分别以工作的最早开始时间和最迟开始时间而绘制的两条 S 形曲线的结合。

8.4.3.1 香蕉曲线比较法的作用

(1) 利用香蕉曲线进行进度的合理安排。项目中的各个工作如果都按最早时间安排，就会导致前期投入较多，如果按最迟开始时间安排，一旦受到进度影响因素干扰，就可能造成工期拖延，增大按期完成的风险，所以，一个合理的进度计划应当在香蕉曲线范围之内。

(2) 进行施工实际进度与计划进度的比较。施工项目实施进度的理想状态是任一时刻工程实际进展点应落在香蕉曲线图的范围之内。如果工程实际进展点落在 ES 曲线的左侧，表明此刻实际进度比各项工作按其最早开始时间安排的计划进度超前；如果工程实际进展点落在 LS 曲线的右侧，则表明此刻实际进度比各项工作按其最迟开始时间安排的计划进度拖后。

(3) 确定检查状态下后期工程的 ES 曲线和 LS 曲线的发展趋势。

8.4.3.2 香蕉曲线绘制方法

香蕉曲线绘制方法与 S 形曲线类似，不同之处在于香蕉曲线是由 ES 曲线和 LS 分别绘制的 S 形曲线组合而成。现举例说明。

【例 8.3】 根据项目导航中案例（图 8.1），试绘制香蕉曲线。

解： 假设各项工作都是匀速进行，单位时间内完成的工程量一致，及每周的劳动消耗量相等。

(1) 确定各项工作的每周消耗量及劳动消耗总量，见表 8.3。

表 8.3　　各项工作任务量表

各项工作	A	B	C	D	E	F	G	劳动消耗总量
任务量	45	60	54	51	26	60	40	336
历时/周	3	5	3	3	2	4	2	
每周消耗量	15	12	18	17	13	15	20	

（2）利用网络计划知识可以计算出各项工作的最早开始时间和最迟开始时间，见表 8.4。

表 8.4　　某网络计划各项工作最早开始时间、最迟开始时间汇总表

各项工作	A	B	C	D	E	F	G
ES	0	0	3	5	5	8	8
LS	2	0	5	5	8	8	10

（3）利用表 8.3 的数据分别绘制时标网络图，如图 8.12 所示。确定每周计划劳动消耗量和累计劳动消耗量，见表 8.5 和表 8.6。

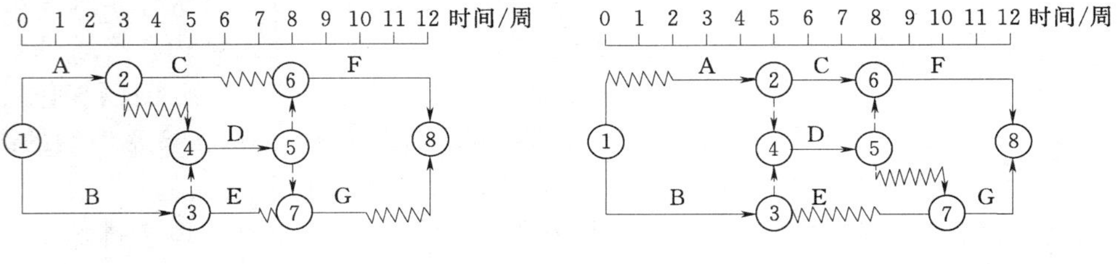

图 8.12　ES、LS 时标网络图

表 8.5　　某网络计划按 ES 曲线劳动消耗量统计表

每周劳动消耗量	27	27	27	30	30	48	30	17	35	35	15	15
累计劳动消耗量	27	54	81	111	141	189	219	236	271	306	321	336

表 8.6　　某网络计划按 LS 曲线劳动消耗量统计表

每周劳动消耗量	12	12	27	27	27	35	35	35	28	28	35	35
累计劳动消耗量	12	24	51	78	105	140	175	210	238	266	301	336

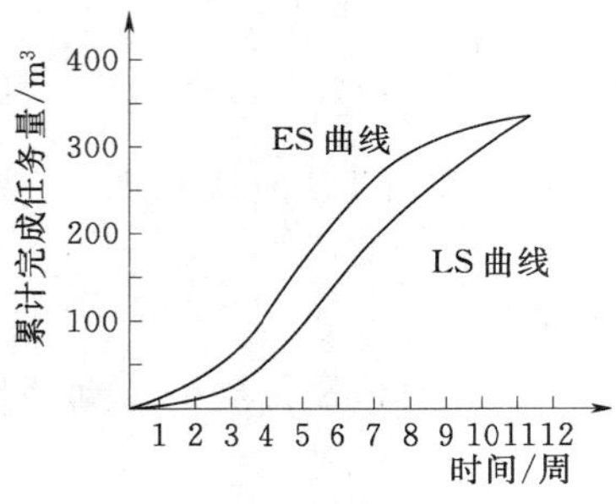

图 8.13　香蕉曲线图

（4）根据不同时段的累计劳动消耗量绘制 ES 曲线和 LS 曲线，合成香蕉曲线，如图 8.13 所示。

8.4.4　前锋线比较法

施工项目的施工进度计划如果是用时标网络图来表示的，也可以用前锋线法来比较实际进度与计划进度。前锋线法是指在时标网络图两侧均绘制时间坐标，然后从检查时间的坐标点出发，用点画线依次连接各项工作的实际进度点，最后到计划检查点间的坐标点为止，形成前锋线。根据实际进度前锋线与工作箭线交点的位置判定施工实际进度与计划进度偏差。简言之，实际进度前锋线法是通过施工项目实际进度前锋线判定施工实际进度与计划进度偏差的方法。

【例 8.4】 根据项目导航中案例条件及图 8.14 中时标网络图成果，判断各项工作对工期的影响。

(1) 根据实际进度绘制前锋线，第 6 周为检查日期。

(2) 进行比较，得出结论。

1) 具体工作的实际进度点落在检查日期左侧，说明该工作实际进度拖后。

2) 具体工作的实际进度点落在检查日期右侧，说明该工作实际进度超前。

3) 具体工作的实际进度点与检查点重合，说明该工作实际进度与计划进度一致。

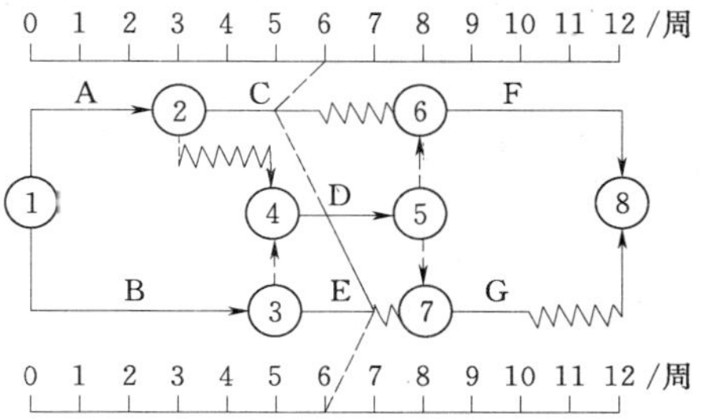

图 8.14 某工程前锋线图

(3) 针对该网络计划，其结论如下：

1) 工作 C 在第 6 周应全部完成，但从图中可知，它的实际进度点落在检查点左侧，说明该工作的实际进度拖后 1 周。

2) 工作 D 在第 6 周应当完成一半，图中显示检查点与实际进度点重合，所以 D 工作进度合适。

3) 工作 E 在第 6 周应完成一半，但图中显示 E 工作已全部完成，其实际进度点落在检查点的右侧，说明该工作超前 1 周。

8.4.5 列表比较法

如果施工项目的进度计划是用时标网络计划表示的，还可以用列表比较法来对实际进度和计划进度进行比较，这种方法是记录检查时正在进行的工作名称和已进行的天数，然后列表计算有关时间参数，根据原有总时差和尚有总时差，判断实际进度与计划进度的比较方法。具体步骤见表 8.7。

表 8.7　　列表比较法计算表

工作代号	工作名称	检查计划时尚需作业天数 T_{2i-j}	到计划最迟完成时尚有天数 T_{3i-i}	原有总时差 TF_{i-j}	尚有总时差 TF_{1i-j}
①	②	③	④	⑤	⑥
		$T_{2i-j}=D_{i-j}-T_{1i-j}$	$T_{3i-j}=LF_{i-j}-T_2$		$TF_{1i-j}=T_{3i-j}-T_{2i-j}$

注 D_{i-j}—工作 $i-j$ 的计划持续时间；T_{1i-j}—工作检查时已经进行的时间；LF_{i-j}—工作 $i-j$ 的最迟完成时间；T_2—检查时间；T_{3i-j}—至最迟完成时间的尚有时间。

结论：

(1) 如果工作尚有总时差与原有总时差相等，说明该工作实际进度与计划进度一致。

(2) 如果工作尚有总时差大于原有总时差，说明该工作实际进度超前，超前的时间为两者之差。

（3）如果工作尚有总时差小于原有总时差，且仍为非负值，说明该工作实际进度拖后，拖后的时间为两者之差，但不影响总工期。

（4）如果工作尚有总时差小于原有总时差，且为负值，说明该工作实际进度拖后，拖后的时间为两者之差，此时工作实际进度偏差将影响总工期。

【例 8.5】 参照图 8.14，该计划进行到第 10 周末检查实际进度时，发现 A、B、C、D、E 均已完成，F 工作只开始了 1 周，G 工作还没有开始，用列表比较法比较实际进度和计划进度。

解：计算结果见表 8.8。

表 8.8　工程进度检查对比表

工作代号	工作名称	检查计划时尚需作业周数	到计划最迟完成时尚有周数	原有总时差	尚有总时差
⑥→⑧	F	3	2	0	−1
⑦→⑧	G	2	2	2	0

结论：工作 F 拖后 1 周，影响工期 1 周；工作 G 拖后 2 周，但不影响工期。

任务 8.5　施工进度计划调整

利用各种比较方法对实际进度和计划进度进行比较，如果判断出现进度偏差时，应当分析偏差对后续工作和对总工期的影响。进度控制人员由此可以确认应该调整产生进度偏差的工作和调整偏差值的大小，以便确定采取调整措施，获得符合实际进度情况和计划目标的新进度计划。

8.5.1　分析偏差对后续工作及总工期的影响

（1）若出现偏差的工作为关键工作，则无论偏差大小，都对后续工作及总工期产生影响，必须采取相应措施；若出现偏差工作不是关键工作，需要根据偏差值与总时差和自由时差的大小关系，确定对后续工作和总工期的影响程度。

（2）分析进度偏差是否大于总时差。若工作的进度偏差大于该工作的总时差，说明此偏差必将影响后续工作和总工期，必须采取相应的调整措施；若工作的进度偏差小于或等于该工作的总时差，说明此偏差对总工期无影响，但它对后续工作的影响程度需要根据比较偏差与自由时差的情况来确定。

（3）分析进度偏差是否大于自由时差。若工作的进度偏差大于该工作的自由时差，说明此偏差对后续工作产生影响，应该如何调整，应根据后续工作允许影响的程度而定；若工作的进度偏差小于或等于该工作的自由时差，则说明此偏差对后续工作无影响，原进度计划可以不作调整。

8.5.2　施工项目进度计划的调整方法

（1）增加资源投入。通过增加资源投入，缩短某些工作的持续时间，使工程进度加快，并保证实现计划工期。这些被压缩持续时间的工作是位于由于实际进度的拖延而引起总工期增长的关键线路和某些非关键线路上的工作，同时这些工作又是可压缩持续时间的工作。

（2）改变某些工作之间的逻辑关系。在工作之间的逻辑关系允许改变的条件下，可改变逻辑关系，达到缩短工期的目的。例如，可以把依次进行的有关工作改成平行的或互相搭接的，以及分成几个施工段进行流水施工等，都可以达到缩短工期的目的。

（3）资源调整。降低一些非关键工作的施工强度，调动资源到那些被延误了的关键工作上，确保实现计划工期。

（4）提高劳动生产率。改善工、器具以提高劳动效率；通过辅助措施和合理的工作过程，提高劳动生产率。

思考题

（1）施工项目进度管理的表示方法有哪些？

（2）简述实际进度与计划进度的比较方法。

（3）影响施工项目进度的因素有哪些？

（4）简述施工进度计划的调整方法。

（5）某水利工程经监理工程师批准的施工网络进度计划如图 8.15 所示。

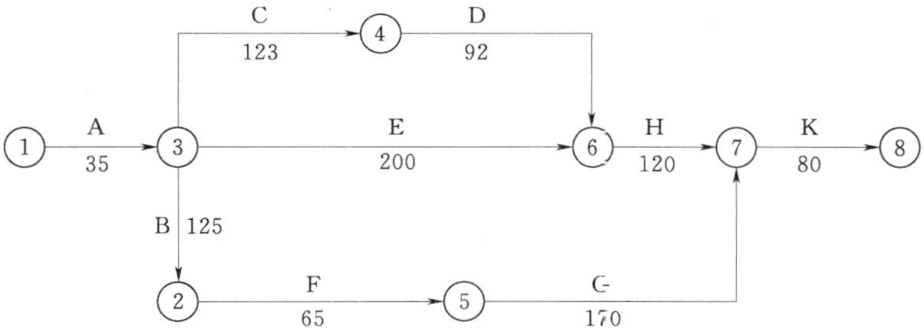

图 8.15　某水利工程施工网络进度计划（单位：天）

合同约定如工程工期提前，奖励标准为 10000 元/天；如工程工期延误，支付违约金标准为 10000 元/天。

当工程施工按计划进行到第 110 天末时，因承包人的施工设备故障造成 E 工作中断施工。为保证工程顺利完成，有关人员提出以下施工调整方案：

方案一：修复设备。设备修复后 E 工作继续进行，修复时间是 20 天。

方案二：调剂设备。B 工作所用的设备能满足 E 工作的需要，故使用 B 工作的设备完成 E 工作未完成工作量，其他工作均按计划进行。

方案三：租赁设备。租赁设备的运输安装调试时间为 10 天。设备正式使用期间支付租赁费用，其标准为 350 元/天。

问题如下：

1）计算施工网络进度计划的工期以及 E 工作的总时差，并指出施工网络进度计划的关键线路。

2）若各项工作均按最早开始时间施工，简要分析采用哪个施工调整方案较合理。

3）根据分析比较后采用的施工调整方案，绘制调整后的施工网络进度计划并用双箭线标注关键线路（网络进度计划中应将E工作分解为E1和E2，其中E1表示已完成工作，E2表示未完成工作）。

项目9 施 工 质 量 管 理

知识目标： 通过本项目学习，学生应掌握质量管理基本概念；基本了解质量分析的常用工具；掌握质量评定的标准；基本了解质量事故的等级及相应的处理。

能力目标： 通过本项目学习，学生能够编制质量控制计划；能对质量问题进行分析处理；能根据事故情况确定事故等级，并采取不同处理方式。

项目导航： 重庆綦江彩虹桥是一座长102m、宽10m，桥净空跨度120m的中承式拱形桥，于1994年11月5日动工修建，1996年2月16日完工投入正式使用，耗资368万元。1999年1月4日傍晚6时50分，轰然一声巨响，彩虹桥整体坍塌。事故造成包括18名年轻武警战士在内的40人死亡、14人受伤，直接经济损失达630余万元。

事故调查显示：该桥拱架钢管焊接质量不合格，存在严重缺陷，个别焊缝有陈旧性裂痕；混凝土的强度低于标准强度的1/3；连接桥面、桥梁的钢拱架的拉索、锚片等严重锈蚀等；该桥还是一个修建前未经有关职能部门立项论证，修建过程中更无工程监理和质量检测，完工后也未经质检部门验收的，由个体承包商承包的工程。彩虹桥事故发生的直接原因是工程施工存在严重危及结构安全的质量问题；同时，工程设计存在设计粗糙、更改随意等问题；彩虹桥的建设过程严重违反了基本建设程序，是一个典型的无立项及计划审查手续、无规划国土手续、无设计审查、无招投标、无建筑施工许可手续、无工程竣工验收的“六无工程”。“彩虹桥建成即是一座危桥，垮塌势在必行”，事故发生是人祸，不是天灾。因此，彩虹桥垮塌实属特大责任事故。

通过上述案例可以看出，施工项目质量的优劣，不仅关系到施工项目的适用性，而且关系到人民生命财产的安全和社会的安定。因此施工质量低劣，造成施工项目质量事故或潜伏隐患，其后果是不堪设想的。

任务9.1 质量与质量管理基础知识

质量是指固有特性满足要求的程度。固有就是指在某事或某物中本来就有的；特性是指可区分的特征，特性可以是固有的也可以是赋予的，可以是定量的，也可以是定性的；要求是指明示的、隐含的或必须履行的需求和期望。质量的主体可以是产品，也可以是某项活动或过程的工程质量，还可以是质量管理体系运行的质量。为了保证主体的质量，就需要对质量进行管理，即质量管理。

9.1.1 质量管理

9.1.1.1 质量管理概念

质量管理是指在质量方面指挥和控制组织协调的活动。在质量方面的指挥和控制活动，通常包括制定质量方针和质量目标及质量策划、质量控制、质量保证和质量改进。

9.1.1.2 质量管理内容

（1）质量方针。指由组织的最高管理者正式发布的该组织总的质量宗旨和质量方向。质量方针是企业经营总方针的组成部分，是企业管理者对质量的指导思想和承诺。企业最高管理者应确定质量方针并形成文件。质量方针的基本要求应包括供方的组织目标和顾客的期望和需求，也是供方质量行为的准则。

（2）质量目标。组织在质量方面所追求的目的，是组织质量方针的具体体现，目标既要先进，又要可行，便于实施和检查。

（3）质量策划。质量管理的一部分，致力于制定质量目标并规定必要的运行过程和相关资源以实现质量目标。质量策划幕后关键是制定质量目标并设法使其实现。质量目标在质量方面所追求的目的，其通常依据组织的质量方针制定，并且通常对组织的相关职能和层次分别规定质量目标。

（4）质量控制。质量管理的一部分，致力于满足质量要求。作为质量管理的一部分，质量控制适用于对组织任何质量的控制，不仅仅限于生产领域，还适用于产品的设计、生产原料的采购、服务的提供、市场营销、人力资源的配置，涉及组织内几乎所有活动。质量控制的目的是保证质量，满足要求。为此，要解决要求（标准）是什么、如何实现（过程）、需要对哪些进行控制等问题。质量控制是一个设定标准（根据质量要求）、测量结果，判定是否达到了预期要求，对质量问题采取措施进行补救并防止再发生的过程，质量控制不是检验。总之，质量控制是一个确保生产出来的产品满足要求的过程。

（5）质量保证。质量管理的一部分，致力于提供质量要求会得到满足的信任。质量保证定义的关键词是“信任”，对达到预期质量要求的能力提供足够的信任。保证质量、满足要求是质量保证的基础和前提，质量管理体系的建立和运行是提供信任的重要手段。因为质量管理体系将所有影响质量的因素，包括技术、管理和人员方面的，都采取了有效的方法进行控制，因而具有减少、消除、特别是预防不合格的机制。

（6）质量改进。质量管理的一部分，致力于增强满足质量要求的能力。作为质量管理的一部分，质量改进的目的在于增强组织满足质量要求的能力，由于要求可以是任何方面的，因此，质量改进的对象也可能会涉及组织的质量管理体系、过程和产品，可能会涉及组织的方方面面。同时，由于各方面的要求不同，为确保有效性、效率或可追溯性，组织应注意识别需要改进的项目和关键质量要求，考虑改进所需的过程，以增强组织体系或过程实现产品并使其满足要求的能力。

9.1.1.3 质量管理发展

现代质量管理可分为三个阶段：第二次世界大战以前可以看作第一阶段，人们通常称之为质量检验阶段；第二阶段是从第二次世界大战开始到20世纪50年代的统计质量控制阶段；第三阶段是从20世纪60年代开始的全面质量管理阶段。

（1）质量检验阶段。这一阶段主要是通过检验的方式来控制和保证产出或转入下道工序的产品质量。这种做法只是从成品中挑出废、次品，实际上是一种“事后把关”。

（2）统计质量控制阶段。质量检验不是一种积极的质量管理方式，因为它是“事后把关”型的质量管理，无法防止废品的产生。在统计质量控制阶段，质量管理的重点在于确保产品质量符合规范和标准。人们通过对工序进行分析，及时发现生产过程中的异常情况，确定产生缺陷的原因，迅速采取对策加以消除，使工序保持在稳定状态。这一阶段的主要特点是：从质量管理的指导思想上看，由以前的事后把关转变为事前的积极预防；从质量管理的方法上看，广泛深入地应用了统计的思考方法和统计的检验方法。

(3) 全面质量管理阶段。1956年，美国通用电气公司的A.V.费根堡姆首先提出了"全面质量管理(TQM)"的概念。他认为解决质量问题不能局限于制造过程，解决问题的手段也不能局限于统计方法。这样，质量管理由制造过程中的SQC逐渐发展到为为了满足顾客要求所必须关注的各个方面。

9.1.2 全面质量管理

9.1.2.1 全面质量管理概念

费根堡姆于1961年在其《全面质量管理》一书中首先提出了全面质量管理的概念："全面质量管理是为了能够在最经济的水平上，并考虑到充分满足用户要求的条件下进行市场研究、设计、生产和服务，把企业内各部门研制质量、维持质量和提高质量的活动构成为一体的一种有效体系。"

此定义强调了以下三个方面：首先，这里的"全面"一词首先是相对于统计质量控制中的"统计"而言。也就是说要生产出满足顾客要求的产品，提供顾客满意的服务，单靠统计方法控制生产过程是很不够的，必须综合运用各种管理方法和手段，充分发挥组织中每一位成员的作用，从而更全面地去解决质量问题；其次，"全面"还相对于制造过程而言。产品质量有个产生、形成和实现的过程，这一过程包括市场研究、研制、设计、制定标准、制定工艺、采购、配备设备与工装、加工制造、工序控制、检验、销售、售后服务等多个环节，它们相互制约、共同作用的结果决定了最终的质量水准，仅仅局限于只对制造过程的控制是远远不够的；再次，质量应当是"最经济的水平"与"充分满足顾客要求"的完美统一，离开效益去谈质量是没有实际意义的。

如今，全面质量管理得到了进一步的扩展和深化，其含义远远超出了一般意义上的质量管理的领域，而成为一种综合的、全面的经营管理方式和理念。ISO 9000族标准中对全面质量管理的定义为：一个组织以质量为中心，以全员参与为基础，目的在于通过让顾客满意和本组织所有成员及社会受益而达到长期成功的管理途径。

9.1.2.2 全面质量管理基本观点

(1) 质量第一、以质量求生存、以质量求繁荣。任何产品都必须达到所要求的质量水平，否则就没有或未完全实现其使用价值，从而给消费者和社会带来损失。从这个意义上讲，质量必须是第一位的。

(2) 系统的观点。既然产品质量的形成和发展有个过程，这个过程包含了许多相互联系、相互制约的环节，那么不论是保证和提高质量，或是解决产品质量问题，都应把企业看成是个开放系统，应当运用系统科学的原理和方法，对暴露出来的产品质量问题，实行全面诊断、辨证施治。

(3) 用户至上。实行全面质量管理，一定要把用户的需要放在第一位。因而，企业必须保证产品质量能达到用户要求，把用户的要求看作产品质量的最高标准，以用户的要求为目标来制定企业的质量标准。

（4）质量是设计、制造出来的，而不是检验出来的。在生产过程中，检验是重要的，它可以起到不允许不合格品出厂的把关作用，同时还可以将检验信息反馈到有关部门。但影响产品质量好坏的真正原因并不在于检验，而主要在于设计和制造。设计质量是先天性的，在设计时就已决定了质量的等级和水平，而制造只是实现设计质量，是符合性质量。两者不可偏废，都应重视，但从我国目前现状来看，对于设计质量还需要格外强调。

（5）预防为主的观点。全面质量管理要求把管理工作的重点应从“事后把关”转移到“事前预防”，把从管理产品质量“结果”变为管理产品质量的影响“因素”，真正做到防检结合、以防为主，把不合格产品消灭在产品质量的形成过程中。

（6）数据是质量管理的根本，一切用数据说话。实行全面质量管理，要坚持实事求是，树立科学地分析、控制质量波动规律的工作作风。一切用事实和数据说话，用事实和数据反映质量问题。一定要尽可能使产品质量特性数据化，以利于对产品质量的优劣作出准确的评价，从而进行有效的管理。

（7）经济的观点。全面质量管理强调质量，必须考虑经济性，建立合理的经济界限，这就是所谓经济原则。

（8）突出人的积极因素。全面质量管理阶段格外强调调动人的积极因素的重要性。这是因为现代化生产多为大规模系统，环节众多，联系密切复杂，远非单纯靠质量检验或统计方法就能奏效的。必须调动人的积极因素，加强质量意识，发挥人的主观能动性，以确保产品和服务的质量。全面质量管理的特点之一就是全体人员参加的管理，“质量第一，人人有责”。

9.1.2.3 全面质量管理基本要求

（1）全过程的质量管理。任何产品或服务的质量，都有一个产生、形成和实现的过程。从全过程的角度来看，质量产生、形成和实现的整个过程是由多个相互联系、相互影响的环节所组成的，每一个环节都或轻或重地影响着最终的质量。为了保证和提高质量就必须把影响质量的所有环节和因素都控制起来。换句话说，要保证产品或服务的质量，不仅要搞好生产或作业过程的质量管理，还要搞好设计过程和使用过程的质量管理。

（2）全员的质量管理。产品或服务质量是企业各方面、各部门、各环节工作质量的综合反映。企业中任何一个环节，任何一个人的工作质量都会不同程度地直接或间接地影响产品质量或服务质量。因此，产品质量人人有责，人人关心产品质量和服务质量，人人做好本职工作，全体参加质量管理，才能生产出顾客满意的产品。

（3）全企业的质量管理。此点可以从纵横两个方面来加以理解。从纵向的组织管理角度来看，质量目标的实现有赖于企业的上层、中层、基层管理，乃至一线员工的协作，其中尤以高层管理能否全力以赴起着决定性的作用。从企业职能间的横向配合来看，要保证和提高产品质量必须使企业研制、维持和改进质量的所有活动构成为一个有效的整体。

（4）多方法的质量管理。影响产品质量和服务质量的因素也越来越复杂：既有物质的因素，又有人的因素；既有技术的因素，又有管理的因素；既有企业内部的因素，又有随着现代科学技术的发展，对产品质量和服务质量提出了越来越高要求的企业外部因素。要把这一系列的因素系统地控制起来，全面管好，就必须根据不同情况，区别不同的影响因素，广泛、灵活地运用多种多样的现代化管理方法来解决当代质量问题。

9.1.3 质量管理体系

9.1.3.1 质量管理体系概念

质量管理体系是指在质量方面指挥和控制组织的建立方针和目标并实现这些目标的相互关联或相互作用的一组要素。质量管理体系的作用是用以指挥和控制组织质量方针、目标的建立与实施，目的是实现质量目标，结构和内容是相互关联或相互作用的一组要素。ISO 9000族标准适用于所有行业和各种规模的组织。

9.1.3.2 质量管理体系过程

系统地识别和管理组织所应用的过程，特别是这些过程之间的相互作用，称为过程方法。过程方法渗透于质量管理的方方面面，为达到质量目标奠定了基础。

（1）组织通过应用过程方法，可以促进选题管理体系的过程实现动态循环改进，从而不断提高效益。

（2）通过识别组织内的关键过程，以及关键过程的后续开发和持续改进，过程方法还可促进以顾客为关注焦点和提高顾客的满意程度。

（3）有利于了解组织的所有过程和这些过程相互间的关系，过程方法还可以更加有效地分配和利用组织现有的资源。

（4）应用过程方法，组织可以将复杂的管理工作不断简化，管理者的主要任务是提出过程的输入要求，对过程的输出结果进行检查，提供必要的资源。

（5）过程方法和PDCA循环：PDCA（策划-实施-检查-处置）是一个动态循环，可在组织的各过程内展开，它既和产品实施过程有关，又和质量管理体系过程的策划、实施、控制和持续改进密切相关。

9.1.3.3 质量管理体系建立及运行

（1）质量管理体系的特点。

1）质量管理体系是由过程构成的。

2）质量管理体系是客观存在的。

3）质量管理体系以文件为基础。

4）质量管理体系是不断改进的。

（2）建立质量管理的步骤。

1）调查分析管理现状。

2）在一定历史条件下制定质量方针和质量目标。

①制定质量方针。组织在制定质量方针时应考虑与组织的宗旨相适应（向上兼容），包括对满足要求和持续改进质量管理体系有效性的承诺；提供制定和评审质量目标的框架（向下兼容）。其中，第二方面是质量方针的核心要求，明确了质量方针与八项管理原则的内在联系，以顾客为关注焦点和持续改进这两条主线的要求。

②质量目标的制定与展开。质量目标是质量方针的具体化，规定为实现质量方针在各主要方面应达到的要求和水平。质量目标的内容应与组织的性质、业务特点、具体情况相

适应，应随外部环境和自身条件变化而发展变化。质量目标展开的内容可包括目标分解、对策展开、目标协商、明确目标和授权、编制展开图五个方面。

③质量管理体系的文件化：质量管理体系文件的数量和模式；质量管理体系文件编写方法。

（3）质量管理体系的运行。质量管理体系的运行是指在建立质量管理体系文件的基础上，组织全体员工，依据质量管理体系文件的要求，开展质量管理工作，为实现质量方针和质量目标，编制质量管理体系的正常运行，首先要从思想上认真对待，思想认识是看待问题、处理问题的出发点，人们认识问题的思想不同，决定了处理问题的方式和结果的差异，因此，在建立与运行质量管理体系时，一定要进行培训、宣传等工作，使员工达到最基本的认识及共识，其次应对各种管理工作及时考核，并达到预计目标，这就要求根据职责和管理内容不折不扣地按质量管理体系运作，并实施监督考核，开展纠偏和预防活动，充分发挥内审的作用是保证质量管理体系有效运作的重要环节，内审是由经过培训并取得内审资格的人员对质量管理体系的符合性及有效性进行验证的过程，对于内审发现的问题，要制定纠正及预防措施，进行质量的持续改进，内审作用发挥的好坏与质量管理体系的有效实施有密切的关系。

任务9.2　施工质量管理基础知识

施工阶段是施工项目产品的形成过程，也是形成最终产品质量的重要阶段。所以，施工阶段的质量控制是施工项目质量控制的重点。抓好施工项目的质量控制，首先要掌握施工项目质量控制的特点，其次掌握施工项目质量控制的过程和重点，再掌握施工项目质量控制的方法和手段，最后从控制影响施工项目质量五大因素入手，对施工全过程实施全过程、全方位、全面的控制，才能保证施工项目的质量。

9.2.1　施工项目质量管理的概念

水利水电项目的施工阶段是根据设计图纸和设计文件的要求，通过工程参与各方及其技术人员的劳动形成工程实体的阶段，施工阶段的质量控制非常重要，其中心任务就是建立健全有效的工程质量管理体系，确保工程质量达到合同规定的标准和等级要求。

在水利工程施工中，质量的概念也被细化，附着了专业色彩，具体表现为在质量概念中的固有特性细化为混凝土的强度等级、砂浆的配合比等。工程质量是指工程适合一定用途，满足使用者要求，符合国家法律法规、技术标准、设计文件、合同等规定的特性综合，建筑工程质量主要包括性能、寿命、可靠性、安全性、经济性以及环境协调性。

9.2.2　施工项目质量控制的特点

由于项目施工涉及面广，是一个极其复杂的综合过程，具有位置固定、生产流动、结构类型不一、质量要求不一、施工方法不一、体型大、整体性强、建设周期长、受自然条件影响大等特点。因此，施工项目的质量比一般工业产品的质量更难以控制，主要表现在以下几个方面：

(1) 影响质量的因素多。如设计、材料、机械、地形、地质、水文、气象、施工工艺、操作方法、技术措施、管理制度等，均直接影响施工项目的质量。

(2) 容易产生质量变异。项目施工不像工业产品生产，有固定的自动线和流水线，有规范化的生产工艺和完善的检测技术，有成套的生产设备和稳定的生产环境，有相同系列规格和相同功能的产品；同时，由于影响施工项目质量的偶然性因素和系统性因素都较多，因此，很容易产生质量变异。如材料性能微小的差异、机械设备正常的磨损、操作微小的变化、环境微小的波动等，均会引起偶然性因素引起的质量变异；当使用材料的规格、品种有误，施工方法不妥，操作不按规程，机械故障，仪表失灵，设计计算错误等，都会引起系统性因素的质量变异，造成工程质量事故。因此，在施工中要严防出现系统性因素的质量变异，要把质量变异控制在偶然性因素范围内。

(3) 容易产生第一、第二判断错误。施工项目由于工序交接多，中间产品多，隐蔽工程多，若不及时检查实质，事后再看表面，就容易产生第二判断错误，也就是说，容易将不合格的产品认为是合格的产品；反之，若检查不认真，测量仪表不准，读数有误，就会产生第一判断错误，也就是说，容易将合格产品认为是不合格产品。这点在进行质量检查验收时应特别注意。

(4) 质量检查不能解体、拆卸。施工项目产品建成后，不可能像某些工业产品那样，再拆卸或解体检查内在的质量，或重新更换零件。即使发现质量有问题，也不可能像工业产品那样实行“包换”或“退款”。

(5) 质量要受投资、进度的制约。施工项目的质量，受投资、进度的制约较大，如一般情况下，投资大、进度慢，质量就好；反之，质量则差。因此，在项目施工中，还必须正确处理质量、投资、进度三者之间的关系，使其达到对立的统一。

9.2.3 施工项目质量控制的基本要求

质量控制的目的是满足预定的质量要求以取得期望的经济效益。对于建筑工程，一般来说，有效的质量控制的基本要求如下：

(1) 提高预见性。要实现这项要求，就应及时地通过工程建设过程中的信息反馈，预见可能发生的重大工程质量问题，采取切实可行的措施加以防范，以满足“预防为主”的宗旨。

(2) 明确控制重点。一般是以关键工序和特殊工序为重点，设置控制点。

(3) 重视控制效益。工程质量控制与其他质量控制一样，要付出一定的代价，投入和产出的比值是必须考虑的问题。对建筑工程来说，是通过控制其质量与成本的协调来实现的。

(4) 系统地进行质量控制。它要求有计划地实施质量体系内各有关职能的协调和控制。

(5) 制定控制程序。质量控制的基本程序是：按照质量方针和目标，制定工程质量控制措施，并建立相应的控制标准；分阶段地进行监督检查，及时获得信息，与标准相比较，作出工程合格性判定；对于出现的工程质量问题，及时采取纠偏措施，保证项目预期目标的实现。

9.2.4 施工项目质量影响因素分析

施工项目质量是国家现行的有关法律、法规、技术标准、设计文件及工程合同对工程的安全、使用、经济、美观等特性的综合要求。在工程建设中，无论勘察、设计、施工和机电设备的安装，影响质量的因素主要有“人、材料、机械、方法和环境”五大方面，事先对这五方面的因素严格予以控制，是保证建设项目工程质量的关键。

9.2.4.1 对人的控制

在这五大因素中，机由人控、料由人管、法为人创、环依人治，一切离不开人，因此，“人”是处于中心地位的，“人”的行为是安全生产的关键，做好“人”的工作是建设工程质量安全管理工作的重中之重。“以人为本、安全第一”的理念早已成为建设施工企业安全生产管理的共识。“人的因素第一”即具体作业者、管理者的素质及其组织效果，在工程建设中起着主导作用，为避免人的失误，调动人的主观能动性，增强人的责任感和质量观，达到以工作质量保工序质量、保工程质量的目的，除了加强政治思想教育、劳动纪律教育、职业道德教育、专业技术知识培训，健全岗位责任制，改善劳动条件，公平合理地激励劳动热情以外，还需要根据施工项目的特点，从确保质量出发，本着适才适用、扬长避短的原则来控制人的使用，力求企业员工的潜在能力得到最好的组合和充分的发挥。具体包括以下几方面：

（1）施工企业必须坚持对所选派的项目领导者、管理者进行质量意识教育和组织管理能力训练。使其具备一定的组织和协调能力。

（2）施工企业必须坚持对分包商的资质考核和施工人员的资格考核，对达不到条件要求的坚决不予使用。

（3）施工企业必须坚持工种按规定持证上岗制度，即实施施工作业人员必须“先培训，后上岗”的用人原则。

9.2.4.2 对建筑材料及构配件的控制

建筑材料（包括原材料、工程成品、半成品、构配件）是工程施工的物质条件，材料质量是工程质量的基础。加强材料的质量控制，是提高工程质量的重要保证，是创造正常施工条件，实现施工项目投资控制和进度控制目标的前提。要优先采用节能降耗的新型建筑材料，禁止使用国家明令淘汰的建筑材料。对建筑材料质量的控制应注意以下几个方面：

（1）掌握材料信息，优选供货厂家。

（2）合理组织材料供应，确保施工正常进行。

（3）合理组织材料使用，减少材料的损失。

（4）加强材料运输、仓库、收发、保管工作，建立管理台账，健全现场材料管理制度。

（5）控制材料检查验收程序，避免混料和将不合格的原材料使用到工程上。

（6）重视材料的使用认证，以防错用或使用不当。建筑材料质量控制的内容主要有：材料的质量标准，材料的性能，材料取样、试验方法，材料的适用范围和施工要求等。

9.2.4.3 对施工机械设备的控制

建筑机械设备的控制主要包括施工机械设备控制和生产机械设备控制两方面。其中施工机械设备包括起重设备、各项加工机械、专项技术设备、检查测量仪器表设备及人货两用电梯等。要健全人机固定制度、“操作证”制度、岗位责任制度、交接班制度、技术保养制度、安全使用制度、机械设备检查制度等，确保机械设备处于最佳使用状态。

（1）在项目设计阶段，要根据不同工艺特点和技术要求，选用合适的机械设备，即配套投产能充分发挥效能来确定设备类型。在项目施工阶段，主要控制设备按设计选型购置，设备按名称、型号、规格、主要性能参数、数量的清单逐一检查验收，设备的安装符合有关设备的技术要求安全和质量标准，设备的试车运行正常、能配套投产。

（2）在项目施工阶段，必须综合考虑施工现场条件、建筑结构形式、机械设备性能、施工工艺和方法、施工组织与管理、建筑技术经济等各种因素，制定合理的机械化施工方案，使之合理装备、配套使用、有机联系，充分发挥建筑机械的效能，力求获得较好的综合经济效益。

9.2.4.4 对施工工艺的控制

施工工艺的控制是指对在施工项目整个建设周期内所采取的技术方案、工艺流程、组织措施、检测手段、施工组织设计等的控制。其中，施工工艺是否先进合理是直接影响工程质量、工程进度及工程造价的关键因素，施工工艺是否合理可靠也直接影响工程施工安全；施工方案的正确与否，是直接影响施工项目的进度控制、质量控制、投资控制三大目标能否顺利实现的重要环节。往往是由于施工方案考虑不周而拖延进度，影响质量，增加投资。为此，在制定和审核施工方案时，必须结合工程实际，从技术、组织、管理、工艺、操作、经济等方面进行全面分析、综合考虑，力求方案技术可行、经济合理、工艺先进、措施得力、操作方便，有利于提高质量，加快进度，降低成本。对施工方案的控制主要包括以下几方面：

（1）全面正确地分析工程特征、技术关键及环境条件等资料，明确质量目标、验收标准、控制的重点和难点。

（2）制定合理有效的有针对性的施工技术方案和组织方案，前者包括施工工艺、施工方法，后者包括施工区段划分、施工流向及劳动组织等。

（3）合理选用施工机械设备和施工临时设施，合理布置施工总平面图和各阶段施工平面图。

（4）选用和设计保证质量与安全的模具、脚手架等施工设备。

（5）编制工程所采用的新材料、新技术、新工艺的专项技术方案和质量管理方案。

9.2.4.5 对施工环境因素的控制

影响施工项目质量的环境因素主要有：工程技术环境，如工程地质、现场水文、气象变化及其他不可抗力等自然环境因素；工程管理环境，如质量保证体系、质量管理制度等；劳动环境，如施工现场的通风、照明、劳动组合、劳动工具、工作面、安全卫生防护设施等劳动作业环境。环境因素对工程质量的影响一般难以避免，它具有复杂多变的特点，往往前一工序就是最后一工序的环境，前一分项、分部工程也就是最后一分项、分部工程的环境。因此，要消除其对施工质量的不利影响，应根据工程特点和具体条件，主要采取预测预防的控制方法。

(1) 对地质水文等方面影响因素的控制，应根据设计要求，分析工程岩土地质资料，预测不利因素，并会同设计等方面采取相应的措施，如基坑降水、排水、加固维护等技术控制。

(2) 对气象变化方面的不利条件，温度、湿度、大风、暴雨、酷暑、严寒都直接影响工程质量，应在施工方案中制定专项施工方案，如拟定季节性施工保证质量和安全的有效措施，以免工程质量受到冻害、干裂、冲刷、坍塌的危害。明确施工措施，落实人员、器材等方面各项准备工作，以紧急应对从而控制其对施工质量的不利影响。

(3) 环境因素造成的施工中断，必须通过加强管理、调整计划等措施来加以控制。要不断改善施工现场的环境和作业环境；要加强对自然环境和文物的保护；要尽可能减少施工所产生的危害、对环境的污染；要健全施工现场管理制度，合理布置，即保持材料工件堆放有序，道路畅通，工作场所清洁整齐，施工程序井井有条；对施工组织设计、安全技术交底、重大危险点源的安全技术措施，做到施工现场秩序化、标准化、规范化，最终实现安全、文明施工。

9.2.5 施工项目质量控制的三个阶段

为了加强对施工项目的质量控制，明确各施工阶段质量控制的重点，可把施工项目质量控制分为事前质量控制、事中质量控制和事后质量控制三个阶段。

9.2.5.1 事前质量控制

事前控制指在正式施工前进行的质量控制，其控制重点是做好施工准备工作，且施工准备工作要贯穿于施工全过程。

(1) 施工准备的范围。

1) 全场施工准备。是以整个项目施工现场为对象而进行的各项施工准备。

2) 单位工程施工准备。是以一个建筑物或构筑物为对象而进行的施工准备。

3) 分项（部）工程施工准备。是以单位工程中的一个分项（部）工程或冬、雨期施工为对象而进行的施工准备。

4) 项目开工前的施工准备。是在拟建项目正式开工前所进行的一切施工准备。

5) 项目开工后的施工准备。是在拟建项目开工后每个施工阶段正式开工前所进行的施工准备，如混合结构住宅施工通常分为基础工程、主体工程和装饰工程等施工阶段，每个阶段的施工内容不同，其所需的物质技术条件、组织要求和现场布置也不同，因此，必须做好相应的施工准备。

(2) 施工准备的内容。

1) 技术准备。包括项目扩大初步设计方案的审查；熟悉和审查项目的施工图纸；项目建设地点的自然条件、技术经济条件调查分析；编制项目施工图预算和施工预算；编制项目施工组织设计等。

2) 物质准备。包括建筑材料准备、构配件和制品加工准备、施工机具准备、生产工艺设备的准备等。

3) 组织准备。包括建立项目组织机构；集结施工队伍；对施工队伍进行入场教育等。

4）施工现场准备。包括控制网、水准点、标桩的测量；“五通一平”；生产、生活临时设施等的准备；组织机具、材料进场；拟定有关试验、试制和技术进步项目计划；控制季节性施工措施；制定施工现场管理制度等。

9.2.5.2 事中质量控制

事中控制指在施工过程中进行的质量控制。事中质量控制的策略是，全面控制施工过程，重点控制工序质量。其具体措施是：工序交接有检查；质量预控有对策；施工项目有方案；技术措施有交底；图纸会审有记录；配制材料有试验；隐蔽工程有验收；计量器具校正有复核；设计变更有手续；钢筋更换有制度；质量处理有复查；成品保护有措施；行使质控有否决（如发现质量异常、隐蔽工程未经验收、质量问题未处理、擅自变更设计图纸、擅自更换或使用不合格材料、无证上岗、未经资质审查的操作人员等，均应对质量予以否决）；质量文件有档案（凡是与质量有关的技术文件，如水准、坐标位置，测量、放线记录，沉降、变形观测记录，图纸会审记录，材料合格证明、试验报告，施工记录，隐蔽工程记录，设计变更记录，调试、试压运行记录，试车运转记录，竣工图等，都要编目建档）。

9.2.5.3 事后质量控制

事后控制是指在完成施工过程形成产品的质量控制，其具体工作内容如下：

（1）组织联动试车。

（2）准备竣工验收资料，组织自检和初步验收。

（3）按规定的质量评定标准和方法，对完成的分项分部工程、单位工程进行质量评定。

（4）组织竣工验收。

（5）质量文件编目建档。

（6）办理工程交接手续。

9.2.6 施工工序质量控制

工程质量是在施工工序中形成的，而不是靠最后检验出来的。为了把工程质量从事后检查把关转向事前控制，达到“以预防为主”的目的，必须加强施工工序的质量控制。只有抓好每道工序的质量，才能保证整个施工项目的质量。

9.2.6.1 工序质量控制的概念

施工项目的施工过程，是由一系列相互关联、相互制约的工序所构成的，工序质量是基础，直接影响施工项目的整体质量，要控制项目施工过程的质量，首先必须控制工序的质量。

工程质量包含两方面的内容：一是工序活动条件的质量；二是工序活动效果的质量。从质量控制的角度来看，这两者是互为关联的，一方面要控制工序活动条件的质量，即每道工序投入品的质量（人、材料、机械、方法和环境的质量）是否符合要求；另一方面又要控制工序活动效果的质量，即每道工序施工完成的工程产品是否达到有关质量标准。

工序质量的控制，就是以对工序活动条件的质量控制和工序活动效果的质量控制，来实现对整个施工过程的质量控制。

工序质量控制的原理是，采用数理统计方法，通过对工序一部分（子样）检验的数据，进行统计、分析，来判断整道工序的质量是否稳定、正常，若不稳定，产生异常情况，必须及时采取对策和措施予以改善，从而实现对工序质量的控制。其控制步骤如下：

（1）实测。采用必要的检测工具和手段，对抽出的工序子样进行质量检验。

（2）分析。对检验所得的数据，通过直方图法、排列图法或管理图法等进行分析，了解这些数据所遵循的规律。

（3）判断。根据数据分布规律分析结果，如数据是否符合正态分布曲线、是否在上下控制线之间、是否在公差（质量标准）规定的范围内、是属于正常状态还是异常状态、是偶然性因素引起的质量变异还是系统性因素引起的质量变异等，对整个工序的质量予以判断，从而确定该道工序是否达到质量标准。若出现异常情况，即可寻找原因，采取对策和措施加以预防，这样便可达到控制工序质量的目的。

9.2.6.2 工序质量控制的内容

进行工序质量控制时，应着重于以下四方面的工作。

（1）严格遵守工艺规程。施工工艺和操作规程是进行施工操作的依据和法规，是确保工序质量的前提，任何人都必须严格执行，不得违反。

（2）主动控制工序活动条件的质量。工序活动条件包括的内容较多，主要是指影响质量的五大因素，即施工操作者、材料、施工机械设备、施工方法和施工环境。只要将这些因素切实有效地控制起来，确保工序投入品的质量，避免系统性因素变异发生，就能保证每道工序质量正常、稳定。

（3）及时检验工序活动效果的质量。工序活动效果是评价工序质量是否符合标准的尺度。为此，必须加强质量检验工作，对质量状况进行综合统计与分析，及时掌握质量动态。一旦发现质量问题，随即研究处理，自始至终使工序活动效果的质量满足规范和标准的要求。

（4）设置工序质量控制点。控制点是指为了保证工序质量而需要进行控制的重点、关键部位或薄弱环节，以便在一定时期内、一定条件下进行强化管理，使工序处于良好的控制状态。

任务9.3 工程质量分析的常用工具

在工程质量控制中，常用的统计方法有排列图法、因果分析图法、直方图法、控制图法、相关图法、分层法和列表法等。其中排列图法是根据质量缺陷所出现的频数大小，找出主要的质量缺陷；因果分析图法用于分析质量问题的原因；直方图法是根据质量数据所绘的直方图，从图形与标准（公差）相对照来分析生产是否正常，质量是否稳定；控制图法是根据质量数据（样本组）是否超出控制界限和在控制界限范围内的排列情况来分析问题的原因；分层法是将所收集的数据按不同情况和不同条件分组（每组即称一层）进行分析，找出解决问题的方法。

9.3.1 排列图法

排列图法又称主次因素分析法，是找出影响工程质量主要因素的一种有效方法。该法主要是将影响质量的各个因素按照主次关系进行排列，然后按照一定的规则画出排列图，进行判断，进而确定影响质量的主要因素的方法，具体做法如下：

(1) 决定调查对象、调查范围、内容和提取数据的方法，收集一批数据（如废品率、合格率、规格数量等）。

(2) 整理数据，按问题或原因的频数（或点数），从大到小排列，并计算其发生的频率和累计频率。

(3) 做排列图。

(4) 分类。通常把累计频率百分数分为三类：0～80%为A类，是主要因素；80%～90%是B类，是次要因素；90%～100%为C类，是一般因素。

(5) 注意点：主要因素最好是1～2个，最多不超过3个，否则就失去找主要矛盾的意义；注意分层，从几个不同方面进行排列。

【例9.1】 某建筑工程的地坪施工，经检验有150个地坪质量不合格，分别存在起砂、开裂、空鼓、不平整和其他质量问题，各种质量不合格数分别为85、40、13、10和2，质量问题调查的结果和原因分析见表9.1和图9.1。

表9.1　　地坪施工中的质量问题统计表

序号	地坪质量不合格项目	质量不合格数/频数	不合格率/%	累计频率/%
1	起砂	85	56.7	56.7
2	开裂	40	26.7	83.4
3	空鼓	13	8.7	92.1
4	不平整	10	6.6	98.7
5	其他	2	1.3	100.0
总计		150	100.0	100.0

从图中看出，累计频率在0～80%的是"起砂"，故它是地坪不合格的主要因素。

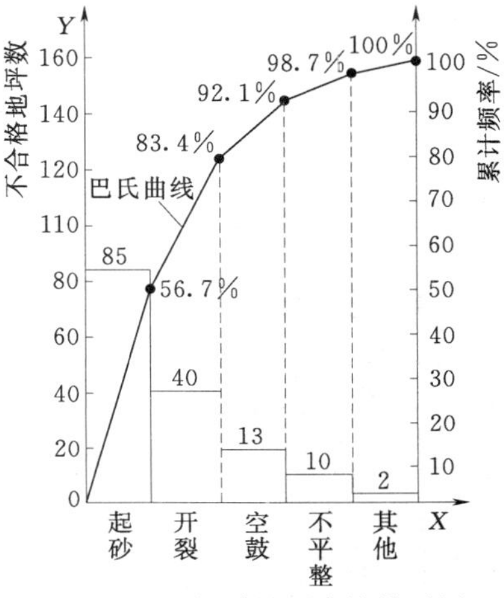

图9.1　地坪质量不合格排列图

9.3.2 因果分析图法

因果分析图也称特性要因图，是用来表示因果关系的。特性指生产中出现的质量问题，要因指对质量问题有影响的因素或原因。此法是对质量问题特性有影响的重要因素进行分析和分类，通过整理、归纳、分析，查找原因，以便采取措施，解决质量问题。要因一般可从五方面来找，即人员、材料、设备、工艺方法和环境。具体做法如下：

(1) 确定需要分析的质量特性，画出带箭头的主干线。

（2）分析造成质量问题的各种原因，逐层分析，由大到小，追查原因中的原因，直到可以针对原因采取具体措施解决的程度为止。

（3）按原因大小以枝线逐层标记于图上。

（4）找出关键原因，并标注在图上。向有关部门提供质量情报。

【例 9.2】 图 9.2 是某工程混凝土强度低的因果分析图，其主要原因是搅拌与养护方法不当，搅拌机问题，材料储存条件和操作人员的责任心。

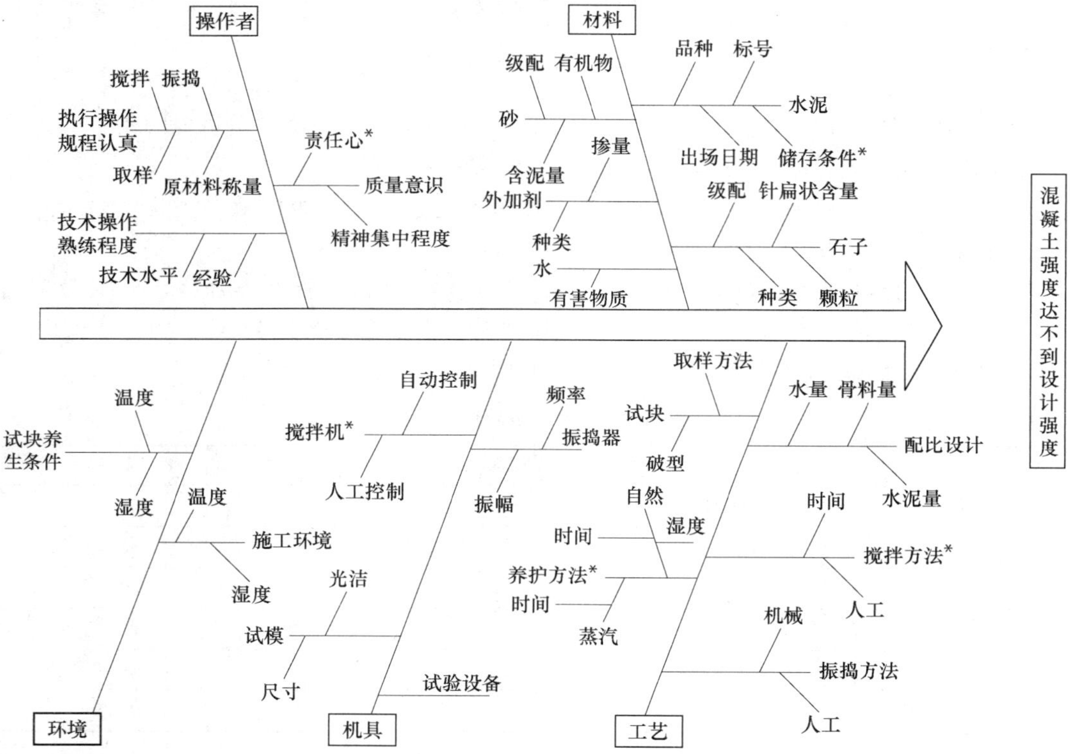

图 9.2　混凝土浇筑强度偏低的因果分析图

注：标 * 号的为某工程的主要原因。

9.3.3　直方图法

9.3.3.1　直方图法的用途

（1）整理统计数据，了解统计数据的分布特征，即数据分布的集中或离散状况，从中掌握质量能力状态。

（2）观察分析生产过程质量是否处于正常、稳定和受控状态，以及质量水平是否保持在公差允许的范围内。

9.3.3.2　直方图法的应用

首先是收集当前生产过程质量特性抽检的数据，然后制作直方图进行观察分析，判断生产过程的质量状况和能力。

9.3.3.3 直方图法的观察分析之形状观察分析

所谓形状观察分析是指将绘制好的直方图形状与正态分布图的形状进行比较分析，一看形状是否相似，二看分布区间的宽窄。直方图的分布形状及分布区间宽窄是由质量特性统计数据的平均值和标准偏差所决定的。

（1）正常直方图呈正态分布，其形状特征是中间高、两边低、成对称，如图 9.3（*a*）所示。正常直方图反映生产过程质量处于正常、稳定状态。数理统计研究证明，当随机抽样方案合理且样本数量足够大时，在生产能力处于正常、稳定状态，质量特性检测数据趋于正态分布。

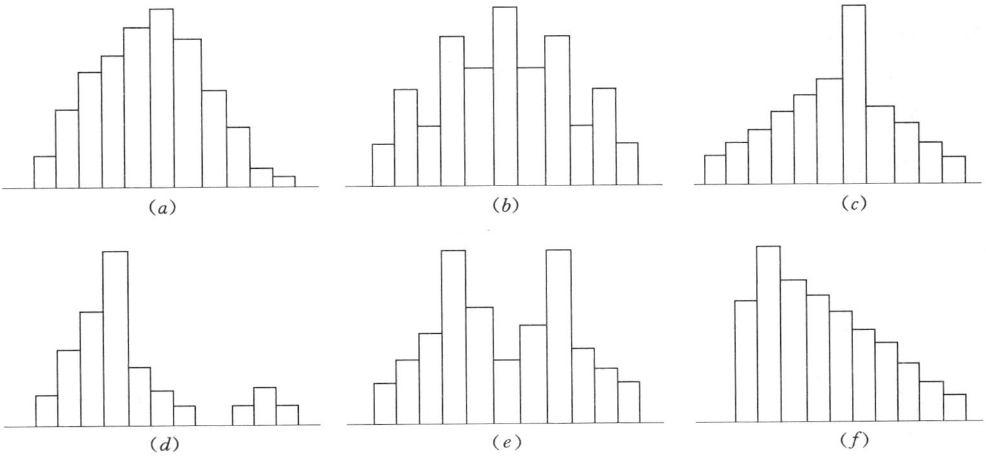

图 9.3 常见直方图

（*a*）正常直方图；（*b*）折齿型直方图；（*c*）左右缓坡型直方图；（*d*）孤岛型直方图；（*e*）双峰型直方图；（*f*）峭壁型直方图

（2）异常直方图呈偏态分布，常见的异常直方图有：

1）折齿型，如图 9.3（*b*）所示，可能由于分组不当或者组距确定不当引起。

2）左右缓坡型，如图 9.3（*c*）所示，主要是在质量控制中对上限或下限控制过严。

3）孤岛型，如图 9.3（*d*）所示，一般是材质发生变化或他人临时替班所造成的。

4）双峰型，如图 9.3（*e*）所示，可能由于将两组数据混在一起所造成。

5）峭壁型，如图 9.3（*f*）所示，可能是由于对上限（或下限）控制太严造成，或有意识地剔除上限（或下限）以外的数据造成。

9.3.4 分层法

由于工程质量形成的影响因素多，因此，对工程质量状况的调查和质量问题的分析，必须分门别类地进行，以便准确有效地找出问题及其原因，这就是分层法的基本思想。

【例 9.3】 一个焊工班组有 A、B、C 三位工人实施焊接作业，共抽检 60 个焊接点，发现有 18 点不合格，占 30%，究竟问题在哪里？根据分层调查的统计数据表 9.2 可知，主要是作业工人 C 的焊接质量影响了总体的质量水平。

表 9.2　　作业工人焊接抽查结果统计表

作业工人	抽检点数	不合格点数	个体不合格率/%	占不合格点总数百分率/%
A	20	2	10	11
B	20	4	20	22
C	20	12	60	67
总计	60	18	—	—

调查分析的层次划分，根据管理需要和统计目的，通常可按照以下分层方法取得原始数据：

（1）按时间分，月、日、上午、下午、白天、晚间、季节。

（2）按地点分，地域、城市、乡村、楼层、外墙、内墙。

（3）按材料分，产地、厂商、规格、品种。

（4）按测定分，方法、仪器、测定人、取样方式。

（5）按作业分，工法、班组、工长、工人、分包商。

（6）按工程分，住宅、办公楼、道路、桥梁、隧道。

（7）按合同分，总承包、专业分包、劳务分包。

任务 9.4　水利水电工程质量评定

根据 SL 176—2007《水利水电工程施工质量检验与评定规程》，水利水电工程施工质量等级分为“合格”和“优良”两级。评定的依据主要包括国家及相关行业技术标准，《单元工程评定标准》，经批准的设计文件、施工图纸、金属结构设计图样与技术条件、设计修改通知书、厂家提供的设备安装说明书及有关技术文件，工程承发包合同中采用的技术标准，工程施工期及试运行期的试验和观测分析成果。

9.4.1　合格标准

9.4.1.1　单元工程

单元（工序）工程施工质量合格标准应按照《单元工程评定标准》或合同约定的合格标准执行。当达不到合格标准时，应及时处理。处理后的质量等级按下列规定确定：

（1）全部返工重做的，可重新评定质量等级。

（2）经加固补强并经设计和监理单位鉴定能达到设计要求时，其质量评为合格。

（3）处理后的工程部分质量指标仍达不到设计要求时，经设计复核，项目法人及监理单位确认能满足安全和使用功能要求，可不再进行处理；或经加固补强后，改变外形尺寸或造成永久性缺陷的，经项目法人、监理及设计确认能基本满足设计要求，其质量可定为合格，但应按规定进行质量缺陷备案。

关于“处理后部分质量指标达不到设计要求”指单元工程中不影响工程结构安全和使用功能的一般项目质量未达到设计要求；“可不再进行处理”者，应按规定进行质量缺陷备案。技术标准、设计文件、图纸、质检资料、合同文件等是工程施工质量评定的依据。

试运行期的观测资料可综合反映工程建设质量，是评定工程施工质量的重要依据。

9.4.1.2 分部工程

（1）所含单元工程的质量全部合格。质量事故及质量缺陷已按要求处理，并经检验合格。

（2）原材料、中间产品及混凝土（砂浆）试件质量全部合格，金属结构及启闭机制造质量合格，机电产品质量合格。

9.4.1.3 单位工程

单位工程施工质量同时满足下列标准时，其质量评为合格：

（1）所含分部工程质量全部合格。

（2）质量事故已按要求进行处理。

（3）工程外观质量得分率达到70%以上。

（4）单位工程施工质量检验与评定资料基本齐全。

（5）工程施工期及试运行期，单位工程观测资料分析结果符合国家和行业技术标准以及合同约定的标准要求。

9.4.1.4 施工项目质量

施工项目质量同时满足下列标准时，其质量评为合格：

（1）单位工程质量全部合格。

（2）工程施工期及试运行期，各单位工程观测资料分析结果均符合国家和行业技术标准以及合同约定的标准要求。

9.4.2 优良标准

9.4.2.1 单元工程

单元工程施工质量优良标准按照《单元工程评定标准》或合同约定的优良标准执行。全部返工重做的单元工程，经检验达到优良标准者，可评为优良等级。

9.4.2.2 分部工程

分部工程施工质量同时满足下列标准时，其质量评为优良：

（1）所含单元工程质量全部合格，其中70%以上达到优良，重要隐蔽单元工程和关键部位单元工程质量优良率达90%以上，且未发生过质量事故。

（2）中间产品质量全部合格，混凝土（砂浆）试件质量达到优良（当试件组数小于30时，试件质量合格）。原材料质量、金属结构及启闭机制造质量合格，机电产品质量合格。

9.4.2.3 单位工程

单位工程施工质量同时满足下列标准时，其质量评为优良：

（1）所含分部工程质量全部合格，其中70%以上达到优良等级，主要分部工程质量全部优良，且施工中未发生过较大质量事故。

（2）质量事故已按要求进行处理。

（3）外观质量得分率达到85%以上。

（4）单位工程施工质量检验与评定资料齐全。

（5）工程施工期及试运行期，单位工程观测资料分析结果符合国家和行业技术标准以及合同约定的标准要求。

9.4.2.4 施工项目质量

（1）单位工程质量全部合格，其中70%以上单位工程质量达到优良等级，且主要单位工程质量全部优良。

（2）工程施工期及试运行期，各单位工程观测资料分析结果符合国家和行业技术标准以及合同约定的标准要求。

9.4.3 水利水电工程——混凝土单元工程质量评定表

在上述不同项目的评定过程中，单元质量评定是分部工程、单位工程、施工项目评定的基础，它的评定结果直接影响后续评定的质量等级，所以单元质量评定是非常重要的。现将水利水电工程中混凝土单元工程质量评定表列出，见附录1。

任务9.5 水利水电工程质量事故

由于建筑工程时期较长，所用的材料品种繁杂，且在施工过程中，由于受到社会环境和自然条件的影响，以及工程的设计、施工中异常因素的存在，工程质量问题难免会出现问题。因此，正确处理工程质量事故是保证建设工程质量的需要。

9.5.1 事故发生的原因

工程质量事故发生的原因很多，最基本的还是人、机械、材料、工艺和环境等方面。一般可分直接原因和间接原因两类。

直接原因主要有人的行为不规范和材料、机械的不符合规定状态。如设计人员不按规范设计、监理人员不按规范进行监理，施工人员违反规程操作等，属于人的行为不规范；又如水泥、钢材等某些指标不合格，属于材料不符合规定状态。

间接原因是指质量事故发生地的环境条件，如施工管理混乱，质量检查监督失职，质量保证体系不健全等。间接原因往往导致直接原因的发生。

事故原因也可从工程建设的参建各方来寻查，业主、监理、设计、施工和材料、机械、设备供应商的某些行为或各种方法也会造成质量事故。

9.5.2 质量事故的特点

（1）复杂性。由于使用功能和建筑地区条件不同，建筑物种类繁多，加上施工中各种因素的影响，造成建筑施工中出现许多复杂的技术问题。如果事故发生在使用阶段，还涉及使用不当等问题。尤其需要注意的是同一形态的事故，往往其产生的原因、性质与危害程度截然不同。所有这些众多的因素，都造成不少质量事故本身的复杂性。在进行事故处理时，更会由于施工场地狭窄及与完好建筑物间的联系等而产生更大的复杂性，诸如车辆、施工机具难以接近施工点，操作不慎会影响相邻建筑物的结构等。

（2）危险性。除了事故的复杂性给其处理工作带来的危险性外，还应注意以下两方面的危险因素：一是有些事故随时可能诱发建（构）筑物的突然倒塌；二是事故排除过程中，也可能造成事故恶化和人员伤亡。

（3）连锁性。建筑物局部出现质量事故，处理时不仅要修复事故部位，而且还应考虑修复工程对下部结构乃至地基的影响。例如板承载能力不足的加固，往往引起从板、梁、柱到基础的连锁性加固。

（4）选择性。同一事故的处理方法和处理时间可有多种选择。在处理时间方面，一般均应选择及时进行处理，但是并非所有的事故都是处理越早越好，相反，有些事故因为匆忙处理，而不能取得预期的效果，甚至造成事故重复处理。在处理方法选择方面，要综合考虑安全、经济、可行、方便、可靠等因素，经过分析比较后，选定最优方案。

（5）技术难度大。通常修复补强工程比新建工程的技术难度大得多。因此除了正确分析事故原因，并提出有针对性的措施外，还必须严格控制处理设计、施工准备和操作检查验收，以及处理效果检验等项工作的质量。

（6）要有高度责任性。因为事故处理不仅涉及结构安全和建筑功能等方面的技术问题，而且还牵涉单位之间的关系和人员处理，所以事故处理必须十分慎重，对有关人员的政纪或法纪处分更应慎之又慎。

9.5.3 事故处理的目的及任务

工程质量事故分析与处理的主要目的是：正确分析事故原因，防止事故恶化；创造正常的施工条件；排除隐患，预防事故发生；总结经验教训，区分事故责任；采取有效的处理措施，尽量减少经济损失，保证工程质量。

事故处理的主要任务如下：

（1）创造正常施工条件。国内外大量统计资料表明，工程质量事故大多发生在施工期，而且事故往往影响施工的正常进行，只有及时、正确地处理事故，才能创造正常施工条件。

（2）确保建筑物安全。对结构裂缝、变形等明显的质量缺陷，必须作出正确的分析、鉴定，估计可能出现的发展变化及其危害性，并作适当处理，以确保结构安全。对结构构件中的隐患，如混凝土或砂浆强度不足，构件中漏放钢筋或钢筋严重错位等事故，都需要从设计、施工等方面进行周密的分析和必要的计算，并采用适当的处理措施，排除这些隐患，保证建筑物安全使用。

（3）满足使用要求。建筑物尺寸、位置、净空、标高等方面的过大误差事故，隔热保温、隔声、防水、防火等建筑功能事故，损害建筑物外观的装饰工程事故等，均可能影响生产或使用要求，因此，必须进行适当的处理。

（4）保证建筑物具有一定的耐久性。有些质量事故虽然在短期内不影响使用和安全，但可能降低耐久性。如混凝土构件中受拉区较宽的裂缝，混凝土密实性差，钢构件防锈质量不良等，均可能减少建筑物使用年限，也应作适当处理。

（5）防止事故恶化，减少损失。由于不少质量事故随时间和外界条件而变化，必须及时采取措施，避免事故不断扩大而造成不应有的损失。例如持续发展的过大的地基不均匀沉降，混凝土和砌体受压区中宽度不大的裂缝等均应及时处理，防止发展成倒塌而造成人身伤亡事故。

(6) 有利于工程交工验收。施工中发生的质量事故，必须在后续工程施工前，对事故原因、危害、要否处理和怎样处理等问题作出必要的结论，并应使有关方面达成共识，避免到工程交工验收时，发生不必要的争议而延误工程的使用。

(7) 防止事故再发生。防止同类事故或类似事故的再次发生而采取必要的纠正措施和预防措施。针对实际存在的事故原因而采取相应的技术组织措施，称为纠正措施。例如沉桩设备功率太小，导致沉桩达不到设计要求，应采用更换设备的纠正措施。利用适当的信息来源，调查分析潜在的事故原因，并采取相应的技术组织措施，称为预防措施。例如从钢材市场获悉，钢筋不合格品比例不小，相应采取加强原材料采购质量控制等措施，防止不合格材料进场，同样能有效地防止事故的再发生。因此采取必要的纠正和预防措施，可以从根本上消除事故再发生。

9.5.4 水利工程质量事故分类

根据《水利工程质量事故处理暂行规定》，工程质量事故按直接经济损失的大小，检查、处理事故对工期的影响时间长短和对工程正常使用的影响，可分为一般质量事故、较大质量事故、重大质量事故、特大质量事故。

(1) 一般质量事故指对工程造成一定经济损失，经处理后不影响正常使用并不影响使用寿命的事故。小于一般质量事故的质量问题称为质量缺陷。

(2) 较大质量事故指对工程造成较大经济损失或延误较短工期，经处理后不影响正常使用但对工程使用寿命有一定影响的事故。

(3) 重大质量事故指对工程造成重大经济损失或较长时间延误工期，经处理后不影响正常使用但对工程使用寿命有较大影响的事故。

(4) 特大质量事故指对工程造成特大经济损失或长时间延误工期，经处理仍对正常使用和工程使用寿命有较大影响的事故。

9.5.5 事故处理的原则

质量事故发生后，应坚持“三不放过”的原则，即事故原因不查清不放过，事故主要责任人和职工未受到教育不放过，补救措施不落实不放过。

发生质量事故，应立即向有关部门（业主、监理单位、设计单位和质量监督等）汇报，并提交事故报告。

由质量事故而造成的损失费用，坚持事故责任是谁由谁承担的原则。如责任在施工承包商，则事故分析与处理的一切费用由承包商自己负责；施工中事故责任不在承包商，则承包商可依据合同向业主提出索赔；若事故责任在设计或监理单位，应按照有关合同给予相关单位必要的经济处罚。构成犯罪的，移交司法机关处理。

9.5.6 事故处理的程序与方法

9.5.6.1 事故处理的程序

(1) 下达工程施工暂停令。

（2）组织调查事故。

（3）事故原因分析。

（4）事故处理与检查验收。

（5）下达复工令。

9.5.6.2 事故处理的方法

（1）修补。这种方法适合于通过修补可以不影响工程的外观和正常使用的质量事故，此类事故是施工中多发的。

（2）返工。这类事故是严重违反规范或标准，影响工程使用和安全，且无法修补，必须返工。

有些工程质量问题，虽严重超过了规程、规范的要求，已具有质量事故的性质，但可针对工程的具体情况，通过分析论证，不需作专门处理，但要记录在案。如混凝土蜂窝麻面等缺陷，可通过涂抹、打磨等方式处理；由于欠挖或模板问题使结构断面被削弱，经计复核验算，仍能满足承载要求的，也可不作处理，但必须记录在案，并有设计和监理单位的鉴定意见。

9.5.7 事故不需要作专门处理的条件

工程质量缺陷虽已超出标准规范的规定而构成事故，但是可以针对工程的具体情况，通过分析论证，从而作出不需要专门处理的结论。常见的有以下几种情况：

（1）不影响结构安全和正常使用。例如有的建筑物错位事故，如要纠正，困难很大或将造成重大损失，经过全面分析论证，只要不影响生产工艺和正常使用，可以不作处理。

（2）施工质量检验存在问题。例如有的混凝土结构检验强度不足，往往因为试块制作、养护、管理不善，其试验结果并不能真实地反映结构混凝土质量，在采用非破损检验等方法测定其实际强度已达到设计要求时，可不作处理。

（3）不影响后续工程施工和结构安全。例如后张法预应力屋架下弦产生少量细裂缝、小孔洞等局部缺陷，只要经过分析验算证明，施工中不会发生问题，就可继续施工。因为一般情况下，下弦混凝土截面中的施工应力大于正常的使用应力，只要通过施工的实际考验，使用时不会发生问题，因此不需要专门处理，仅需作表面修补。

（4）利用后期强度。有的混凝土强度虽未达到设计要求，但相差不多，同时短期内不会满荷载（包括施工荷载），此时可考虑利用混凝土后期强度，只要使用前达到设计强度，也可不作处理，但应严格控制施工荷载。

（5）通过对原设计进行验算可以满足使用要求。基础或结构构件截面尺寸不足，或材料力学性能达不到设计要求，而影响结构承载能力，可以根据实测的数据，结合设计的要求进行验算，如仍能满足使用要求，并经设计单位同意后，可不作处理。但应指出：这是在挖设计潜力，因此需要特别慎重。

最后要强调指出：不论哪种情况，事故虽然可以不处理，但仍然需要征得设计等有关单位的同意，并备好必要的书面文件，经有关单位签证后，供竣工和使用参考。

任务9.6 水利水电工程质量验收

为了加强公益性建设项目的验收管理，项目建成后必须按照国家有关规定进行严格的竣工验收，项目竣工验收合格后，方可投入使用，对未经验收或验收不合格就交付使用的，要追究项目法人的责任。对于水利工程，根据2006年12月18日水利部颁布的《水利工程建设项目验收管理规定》，明确规定了验收工作的具体管理规章制度，有力地推动了水利工程建设管理水平的提高。

9.6.1 水利水电工程验收分类

水利水电建设工程验收按验收主持单位可分为法人验收和政府验收。法人验收应包括分部工程验收、单位工程验收、水电站（泵站）中间机组启动验收、合同工程完工验收等；政府验收应包括阶段验收、专项验收、竣工验收等。验收主持单位可根据工程建设需要增设验收的类别和具体要求。

9.6.2 水利水电工程验收的基本要求

（1）工程验收应以下列文件为主要依据：

1）国家现行有关法律、法规、规章和技术标准。

2）有关主管部门的规定。

3）经批准的工程立项文件、初步设计文件、调整概算文件。

4）经批准的设计文件及相应的工程变更文件。

5）施工图纸及主要设备技术说明书等。

6）法人验收还应以施工合同为依据。

（2）工程验收应包括以下主要内容：

1）检查工程是否按照批准的设计进行建设。

2）检查已完工程在设计、施工、设备制造安装等方面的质量及相关资料的收集、整理和归档情况。

3）检查工程是否具备运行或进行下一阶段建设的条件。

4）检查工程投资控制和资金使用情况。

5）对验收遗留问题提出处理意见。

6）对工程建设作出评价和结论。

（3）政府验收应由验收主持单位组织成立的验收委员会负责；法人验收应由项目法人组织成立的验收工作组负责。验收委员会（工作组）由有关单位代表和有关专家组成。验收的成果性文件是验收鉴定书，验收委员会（工作组）成员应在验收鉴定书上签字。对验收结论持有异议的，应将保留意见在验收鉴定书上明确记载并签字。

（4）工程验收结论应经2/3以上验收委员会（工作组）成员同意。验收过程中发现的问题，其处理原则应由验收委员会（工作组）协商确定。主任委员（组长）对争议问题有裁决权。若1/2以上的委员（组员）不同意裁决意见时，法人验收应报请验收监督管理机关决定；政府验收应报请竣工验收主持单位决定。

（5）施工项目中需要移交非水利行业管理的工程，验收工作宜同时参照相关行业主管部门的有关规定。

（6）当工程具备验收条件时，应及时组织验收。未经验收或验收不合格的工程不应交付使用或进行后续工程施工。验收工作应相互衔接，不应重复进行。

(7) 工程验收应在施工质量检验与评定的基础上，对工程质量提出明确结论意见。

(8) 验收资料制备由项目法人统一组织，有关单位应按要求及时完成并提交。项目法人应对提交的验收资料进行完整性、规范性检查。验收资料分为应提供的资料和需备查的资料。有关单位应保证其提交资料的真实性并承担相应责任。工程验收的图纸、资料和成果性文件应按竣工验收资料要求制备。

9.6.3 分部工程验收要点

(1) 分部工程验收应由项目法人（或委托监理单位）主持。验收工作组应由项目法人、勘测、设计、监理、施工、主要设备制造（供应）商等单位的代表组成。运行管理单位可根据具体情况决定是否参加。质量监督机构宜派代表列席大型枢纽工程主要建筑物的分部工程验收会议。

(2) 大型工程分部工程验收工作组成员应具有中级及其以上技术职称或相应的执业资格；其他工程的验收工作组成员应具有相应的专业知识或执业资格。参加分部工程验收的每个单位代表人数不宜超过2名。

(3) 分部工程具备验收条件时，施工单位应向项目法人提交验收申请报告。项目法人应在收到验收申请报告之日起10个工作日内决定是否同意进行验收。

(4) 分部工程验收应具备以下条件：

1) 所有单元工程已经完成。

2) 已完单元工程施工质量经评定全部合格，有关质量缺陷已处理完毕或有监理机构批准的处理意见。

3) 合同约定的其他条件。

(5) 分部工程验收应包括以下主要内容：

1) 检查工程是否达到设计标准或合同约定标准的要求。

2) 评定工程施工质量等级。

3) 对验收中发现的问题提出处理意见。

(6) 分部工程验收应按以下程序进行：

1) 听取施工单位建设和单元工程质量评定情况的汇报。

2) 现场检查工程完成情况和工程质量。

3) 检查单元工程质量评定及相关档案资料。

4) 讨论并通过分部工程验收鉴定书。

9.6.4 单位工程验收要点

(1) 单位工程验收应由项目法人主持。验收工作组应由项目法人、勘测、设计、监理、施工、主要设备制造（供应）商、运行管理等单位的代表组成，必要时，可邀请上述单位外的专家参加。

(2) 单位工程验收工作组成员应具有中级及其以上技术职称或相应的执业资格，每个单位代表人数不宜超过3名。

(3) 单位工程完工并具备验收条件时，施工单位应向项目法人提出验收申请报告，项目法人应在收到验收申请报告之日起10个工作日内决定是否同意进行验收。

(4) 项目法人组织单位工程验收时，应提前通知质量和安全监督机构。主要建筑物单位工程验收应通知法人验收监督管理机关。法人验收监督管理机关可视情况决定是否列席验收会议，质量和安全监督机构应派员列席验收会议。

(5) 单位工程验收应具备以下条件：

1) 所有分部工程已完建并验收合格。

2) 分部工程验收遗留问题已处理完毕并通过验收，未处理的遗留问题不影响单位工程质量评定并有处理意见。

3) 合同约定的其他条件。

(6) 单位工程验收应包括以下主要内容：

1) 检查工程是否按批准的设计内容完成。

2) 评定工程施工质量等级。

3) 检查分部工程验收遗留问题的处理情况及相关记录。

4) 对验收中发现的问题提出处理意见。

(7) 单位工程验收应按以下程序进行：

1) 听取工程参建单位工程建设有关情况的汇报。

2) 现场检查工程完成情况和工程质量。

3) 核查分部工程验收有关文件及相关档案资料。

4) 讨论并通过单位工程验收鉴定书。

9.6.5 阶段验收要点

(1) 阶段验收应包括枢纽导（截）流验收、水库下闸蓄水验收、引（调）排水工程通水验收、水电站（泵站）首（末）台机组启动验收、部分工程投入使用验收以及竣工验收主持单位根据工程建设需要增加的其他验收。

(2) 阶段验收由竣工验收主持单位或其委托的单位主持。阶段验收委员会应由验收主持单位、质量和安全监督机构、运行管理单位的代表以及有关专家组成；必要时，可邀请地方政府及有关部门参加。工程参建单位应派代表参加阶段验收，并作为被验收单位在验收鉴定书上签字。

(3) 工程建设具备阶段验收条件时，项目法人应提出阶段验收申请报告。阶段验收申请报告应由法人验收监督管理机关审查后转报竣工验收主持单位，竣工验收主持单位应自收到申请报告之日起20个工作日内决定是否同意进行阶段验收。

(4) 阶段验收应包括以下主要内容：

1) 检查已完工程的形象面貌和工程质量。

2) 检查在建工程建设情况。

3) 检查未完工程的计划安排和主要技术措施落实情况，以及是否具备施工条件。

4) 检查拟投入使用工程是否具备运用条件。

5) 检查历次验收遗留问题的处理情况。

6）鉴定已完工程施工质量。

7）对验收中发现的问题提出处理意见。

8）讨论并通过阶段验收鉴定书。

9.6.6 竣工验收要点

（1）竣工验收应在工程建设项目全部完成并满足一定运行条件后1年内进行。不能按期进行竣工验收的，经竣工验收主持单位同意，可以适当延长期限，但最长不应超过6个月。一定运行条件是指：

1）泵站经过一个排水或抽水期。

2）河道疏浚工程完成后。

3）其他工程经过6个月（经过一个汛期）至12个月。

（2）竣工验收应具备以下条件：

1）工程已按批准设计全部完成。

2）工程重大设计变更已经有审批权的单位批准。

3）各单位工程能正常运行。

4）历次验收所发现的问题已基本处理完毕。

5）各专项验收已通过。

6）工程投资已全部到位。

7）竣工决算已通过竣工审计，审计意见中提出的问题已整改并提交了整改报告。

8）运行管理单位已明确，管理养护经费已基本落实。

9）质量和安全监督工作报告已提交，工程质量达到合格标准。

10）竣工验收资料已准备就绪。

（3）工程有少量建设内容未完成，但不影响主体工程正常运行且能符合财务有关规定，项目法人已对尾工作出安排的，经竣工验收主持单位同意可进行竣工验收。

（4）竣工验收应按以下程序进行：

1）项目法人组织进行竣工验收自查。

2）项目法人提交竣工验收申请报告。

3）竣工验收主持单位批复竣工验收申请报告。

4）进行竣工技术预验收。

5）召开竣工验收会议。

6）印发竣工验收鉴定书。

思 考 题

（1）工程质量控制有哪些方法和手段？

（2）工程质量事故如何分类？

（3）单元工程质量如何进行评定？

（4）单位工程评定为优良的条件是什么？

(5) 牛江闸为14孔开敞式水闸，设计流量为2400m^3/s。每个闸墩划分为一个单元工程，其中第6号闸墩高10.5m、厚1.5m，顺水流方向长24.0m，其混凝土量为365.8m^3，模板面积为509.6m^2，钢筋为30.5t。闸墩混凝土采用钢模施工。承包人进行闸墩模板及支架设计时，考虑的基本荷载有：模板及支架自重、新浇混凝土重量、钢筋重量以及振捣混凝土时产生的荷载。监理单位发现承包人考虑的基本荷载有漏项并及时进行了纠正。

施工过程中，承包人和监理单位对第6号闸墩的混凝土模板进行了检查验收，填写的《混凝土模板工序质量评定表》见表9.3。

表9.3　　水利水电工程混凝土模板工序质量评定表

单位工程名称	牛江水闸工程	单元工程量	混凝土365.8m^3
分部工程名称	闸室段	施工单位	第一水利建筑安装公司
单元工程名称、部位	第6号闸墩	检验日期	2005年10月5日

项次	检查项目	质量标准	检验记录
1	△稳定性、刚度和强度	符合设计要求	采用钢模板，钢管支撑和方木，稳定性、刚度、强度符合设计要求
2	模板表面	光洁、无污物、接缝严密	模板表面光洁、无污物，接缝严密

项次	检测项目	设计值	允许偏差/mm 外露表面 钢模	允许偏差/mm 外露表面 木模	允许偏差/mm 隐蔽内面	实测值	合格数/点	合格率/%
1	模板平整度：相邻两板面高差		2	3	5	0.3，1.2，2.8，0.7，2.4 0.7，0.9，1.5，1.1，0.8		
2	局部不平（用2m直尺检查）		2	5	10	1.7，2.3，0.2，0.4， 1.0，1.2，0.7，2.4		
3	板面缝隙		1	2	3	1.2，0.5，0.7，0，2，1.1 0.4，0.5，0.9，0.3，0.7		
4	结构物边线与设计边线		10		15	1.503，1.500，1.494，1.502， 1.503，1.498，24.003，24.000， 23.997，24.000，23.998，24.002		
5	结构物水平断面内部尺寸		±20			—		
6	承重模板标高		±5			—		
7	预留孔、洞尺寸及位置		±10			—		

检测结果	共检测　点，其中合格　点，合格率　%

评定意见	工序质量等级
主要检查项目全部符合质量标准。一般检查项目　质量标准。检查（测）项目实测点合格率　%	

施工单位	第一水利建筑安装公司　李明 2005年10月5日	建设（监理）单位	恒信监理公司　宛生 2005年10月5日

问题如下：

1）指出承包人在闸墩模板及支架设计时，漏列了哪些基本荷载。

2）根据水利水电工程施工质量评定有关规定，指出《混凝土模板工序质量评定表》中“质量标准”以及“实测值”栏内有哪些基本资料未填写或未标注，“单元工程量”栏内缺少哪一项工程量。

3）统计《混凝土模板工序质量评定表》中各“项次”实测值合格点数，计算各“项次”实测值合格率，写出评定表中“检测结果”栏内相应数据。

项目10 施 工 合 同 管 理

知识目标：通过本项目学习，学生应了解合同法的基本知识，熟悉无效合同、可撤销合同、效力待定合同等内容，掌握这些内容在工程建设领域的表现形式。

能力目标：通过本项目学习，学生能根据合同对工程进行管理，能在对方违反合同时保护自己的合法权益。

项目导航：丙、丁两公司于2011年9月1日签订一份合同，约定由丙公司向丁公司提供建筑工地所用水泥10t，交货后丁公司支付货款。在订立合同的过程中，丙公司对水泥的质量提供了虚假证明。9月15日，丙公司交付了5t水泥，丁公司收货后发现质量有问题而拒绝付款，并拒绝接受剩余的水泥。因没能及时买进水泥，丁公司由于停止施工造成损失1万元。该合同没有对国家和社会利益造成影响。9月30日，丁公司向法院起诉，要求废止该合同，法院于11月5日经审理废止了该合同。

问题：(1) 该合同效力如何？

(2) 如果该合同不具有法律效力，那么从何时开始不具有法律效力？

(3) 该合同所引起的财产后果应该如何处理？

任务10.1 合同法基本内容

10.1.1 合同的概念与分类

10.1.1.1 合同的概念

《中华人民共和国合同法》(以下简称《合同法》) 第二条规定：合同是平等主体的自然人、法人、其他组织之间设立、变更、终止民事权利义务的协议。婚姻、收养、监护等有身份关系的协议，适用其他法律规定。

10.1.1.2 合同的分类

合同的分类是指依一定标准对合同所作的划分，下面列举几种常见的分类。

(1) 有名合同与无名合同。根据法律上是否为某一合同确定一个特定的名称并设有相应规范，将合同分为有名合同与无名合同。《合同法》分则规定的15种基本合同类型都是有名合同：买卖合同；供用电、水、气、热力合同；赠与合同；借款合同；租赁合同；融资租赁合同；承揽合同；建设工程合同；运输合同；技术合同；保管合同；仓储合同；委托合同；行纪合同；居间合同。

无名合同是相对于有名合同的法律概念，又称为非典型合同，是法律上尚未确定一定的名称与规则的合同。无名合同是指《合同法》分则明文规定的15类合同之外的合同。

无名合同有以下两种存在形式：

1）我国其他有关法律已经明确规定的合同。这方面的法律既有综合性的法律，也有某类合同的单行法律。例如，《中华人民共和国保险法》规定的保险合同，《中华人民共和国合伙企业法》规定的合伙合同（协议），《中华人民共和国担保法》规定的保证合同和抵押合同或者质押合同，《中华人民共和国中外合资经营企业法》规定的中外合资经营企业合同，《中华人民共和国中外合作经营企业法》规定的中外合作经营企业合同等。

2）虽实际存在，但尚待法律来规定的合同。这类合同在我国现实生活中已经存在，并在各自适用的领域发挥重要作用，但由于条件还不成熟或者其他原因，目前并没有对其立法。如借用合同、雇佣合同、土地承包经营合同、企业承包经营合同、典当合同、邮电合同、出版合同、演出合同、港口作业合同、悬赏合同、联营合同、培训合同、补偿贸易合同、期货交易合同、旅游合同、服务合同等，这些合同都需要将来制定法律加以规定。上述合同中，有的已经列入国家立法规划。需要指出的是，这些合同中有的没有必要制定专门的法律，可以在有关法律中加以规定。

（2）双务合同和单务合同。根据当事人双方权利义务的分担方式，划分为双务合同与单务合同。双务合同是指双方当事人互负对等给付义务的合同，如建设工程合同、买卖合同、租赁合同等。单务合同指只有一方当事人负有给付义务的合同，如赠予合同。

（3）有偿合同与无偿合同。根据当事人取得权利是否偿付代价，可把合同分为有偿合同与无偿合同。有偿合同指当事人因取得权利须偿付一定代价的合同，如保险合同、租赁合同；无偿合同是指当事人一方只取得权利，不偿付任何代价的合同。

（4）诺成合同与实践合同。根据合同的成立或生效是否以交付标的物为标准，可将合同分为诺成合同与实践合同。诺成合同是指当事人意思表示一致即成立的合同。实践合同，又称要物合同，是指除双方当事人的意思表示一致以外，尚需交付标的物才能成立或生效的合同。在这种合同中仅有当事人的合意，合同尚不能成立，还必须有一方实际交付标的物的行为或其他给付，才能成立合同关系。

实践中，大多数合同均为诺成合同，实践合同仅限于法律规定的少数合同，如保管合同、自然人之间的借款合同。这种合同分类的目的在于确立合同的生效时间。在诺成合同中，交付标的物或完成其他给付是当事人的合同义务，违反该义务便产生违约责任；而在实践合同中，交付标的物或完成其他给付只是先合同义务，违反该义务不产生违约责任，可构成缔约过失责任。

（5）要式合同与不要式合同。根据合同的成立或生效是否应有特定的形式将合同分为要式合同与不要式合同。要式合同是指必须根据法律规定的形式成立的合同，不要式合同是指法律不要求必须具备一定形式和手续的合同。除法律特别规定外，一般均为不要式合同。要式合同主要有以下几种：

1）不动产合同。关于不动产的合同，中国法律要求采用书面形式，并进行登记。按照《中华人民共和国土地管理法》、《城镇私有房屋管理条例》等法律法规的规定，不动产合同未经登记的，一律不产生法律效力。

2）有关特殊动产的合同。是指法律行政法规规定应当进行特殊管理的动产，如汽车、飞机等，虽然属于动产的范畴，但是又通常作为不动产来对待，涉及上述财产的转让、出租、抵押等合同，法律要求应当采用书面形式。

3）涉外合同。依据中国三个涉外企业法的规定，订立涉外企业合同应当以书面形式，有些合同还必须经国家有关部委的审批。

（6）主合同与从合同。根据合同相互间的主从关系，将合同划分为主合同与从合同。主合同是指不需要其他合同存在即可独立存在的合同。例如，主债务合同与保证合同、抵押合同之间，前者为主合同，后者为从合同。

主合同与从合同的区分，主要意义在于认识两者在效力上的关联性和从合同的从属性，即从合同不能独立存在，而必须以主合同的有效成立为成立和生效的前提；主合同转让，从合同不能单独存在；主合同被宣告无效或被撤销，从合同也失去效力；主合同终止，从合同也随之终止。

建筑工程合同是：有名合同、双务合同、有偿合同、诺成合同、要式合同。

10.1.2 合同法的基本原则

10.1.2.1 平等原则

《合同法》第三条规定："合同当事人的法律地位平等，一方不得将自己的意志强加给另一方。"这就确立了合同双方当事人之间法律地位平等的关系，意味着双方是在权利义务对等的基础上，经过充分协商达成一致的意思表示，共同实现经济利益。

在订立合同时，合同主体（可能是自然人、法人或其他组织）无论其职位高低，无论其所有制性质（国有、集体、私营、个人），无论其隶属关系，无论其实力大小等，《合同法》均视其为平等之当事人。任何一方不得强迫他方订立合同、不订立合同或者强加条款给他方；当事人平等地受合同约束，当事人平等地承担合同责任。

10.1.2.2 自愿原则

《合同法》第四条规定："当事人依法享有自愿订立合同的权利，任何单位和个人不得非法干预。"合同当事人是否订立合同、与谁订立合同、以什么内容或形式订立合同，除法律另有规定外，完全取决于当事人的自由意志，任何当事人不得非法干涉。

合同自愿原则，并不意味着合同当事人可以随心所欲，仍应遵守法律、行政法规，不得滥用该项权利而损害社会公共利益。

10.1.2.3 公平原则

《合同法》第五条规定："当事人应当遵循公平原则确定各方的权利和义务。"

在合同中，就合同各方权利义务的安排，应大致相当、公允、合理。

与合同公平相对应的是显失公平。合同一方利用对方行为轻率、没有经验、缺乏知识或者需求急切等，使其获得明显超出正常的利益，而他方受到明显不利后果，即构成合同显失公平。

10.1.2.4 诚实信用原则

《合同法》第六条规定："当事人行使权利、履行义务应当遵循诚实信用原则。"

合同当事人应当从善意出发，正当地行使权利和承担义务，以维持当事人之间及其与社会利益之间的平衡关系。

诚实信用原则要求：①不得欺诈、胁迫、乘人之危等。②正当行使权利，不得滥用权利。③正当履行义务，相互协作配合。④不规避法律，不曲解合同条款。⑤尊重他人利益及社会公共利益，尊重公正的交易习惯。

10.1.2.5 不得损害社会公共利益原则

《合同法》第七条规定："当事人订立、履行合同，应当遵守法律、行政法规，尊重社会公德，不得扰乱社会经济秩序，损害社会公共利益。"

10.1.3 合同的订立

合同的订立，一般要经过要约和承诺两个阶段。

10.1.3.1 要约

要约是一方当事人希望和他人订立合同的意思表示。一方当事人向他人提出，以一定条件与其订立合同且一旦该条件为其接受，合同即告成立。前者称为要约人，后者称为受要约人。

投标书、内容明确的宣传单，都是要约。要约到达受要约人时生效。

（1）要约可以撤回，也可以撤销。撤回要约的通知应当在要约到达受要约人之前或与要约同时到达受要约人；撤销要约的通知应当在受要约人发出承诺之前到达受要约人。有下列情形之一的，要约不得撤销：

1）要约人确定了承诺期限或者以其他形式明示要约不可撤销。

2）受要约人有理由认为要约是不可撤销的，并已经为履行合同作了准备工作。

【例10.1】 甲百货商场通过电视、广播、报纸等媒体发布招租广告：将商场内部装修后分摊位出租，需要支付投资装修费3000元，每月租金5000元。孙女士得到此消息后，决定租赁两个柜台，于是到银行将还未到期的定期存款提前取出，损失利息几千元。可是就在孙女士准备去租赁摊位时，百货商场又宣布说：因未得到有关主管部门的批准，摊位不再招租了，请已办理租赁手续的租户到百货商场协商处理；未办理手续的，百货商场不再接待。孙女士认为百货商场的这种做法太不负责任，所以要求百货商场赔偿自己的几千元的利息损失及预期的收入若干万元，百货商场拒绝赔偿。孙女士向法院提起了诉讼。

你认为法院应如何判决？

参考答案：百货商场发布的招租广告属于《合同法》上的要约，由于此要约已通过新闻媒体发布，发布之日就应视为到达受要约人，要约生效，不存在要约撤回的问题。

我国《合同法》规定，要约可以撤销，但对撤销要约有限制，以下两种要约不得撤销：一是要约人确定了承诺期限或者以其他形式明示要约不可撤销；二是受要约人有理由相信要约是不可撤销的，并已经为履行合同作了必要的准备工作。

本案中，百货商场通过新闻媒体这种特殊媒介发布要约广告，已经能够使人确信该要约是不可撤销的；另外，孙女士已经为履行合同做了相当多的准备工作，并付出了一定的经济支出，因此，就孙女士而言，该要约也是不可撤销的。综上所述，百货商场宣布撤销要约的行为无效，合同已经成立。

因此，百货商场应当对孙女士的损失承担赔偿责任。但是，赔偿的范围应当有所限制，包括实际损失和预期可得利益的损失。就本案来说，几千元的利息是百货商场应当予以赔偿的，而孙女士所要求的预期利益的损失，因具有不确定性，不属于赔偿范围。

【例 10.2】 甲安装公司于 2012 年 5 月 6 日向乙公司发出购买安装设备的要约，称对方如果同意该要约条件，请在 10 日内予以答复，否则将找其他公司签约。第三天正当乙公司准备回函同意要约时，甲安装公司又发一函，称前述要约作废，已与别家公司签订合同，乙公司认为 10 日尚未届满，要约仍然有效，自己同意要约条件，要求对方遵守要约。双方发生争议，起诉至法院。

请分析甲安装公司的要约是否生效？能否撤回或撤销？

参考答案：甲安装公司的要约已经生效。根据《合同法》的规定，要约到达受要约人时生效，甲安装公司发出的要约已经到达受要约人，所以该要约已经生效。已经生效的要约不能撤回。

该要约也不能撤销。《合同法》规定，要约中规定了承诺期限或者以其他形式表明要约是不可撤销的，则要约不能撤销。本案例中，甲安装公司的要约称对方如果同意该要约条件，请在 10 日内予以答复，属于要约中明确规定了承诺期限的，所以不得撤销。

(2) 要约在一定情形下会失效。要约失效是指要约丧失了法律拘束力，即不再对要约人和受要约人产生拘束。有下列情形之一的要约失效：

1) 拒绝要约的通知到达要约人。

2) 要约人依法撤销要约。

3) 承诺期限届满，受要约人未作出承诺。

4) 受要约人对要约的内容作出实质性变更。

(3) 要约与要约邀请的区别：要约邀请，也称“要约引诱”，是指行为人作出的邀请他方向自己发出要约的意思表示。两者区别如下：

1) 要约是希望和他人订立合同的意思表示，以订立合同为目的；要约邀请是希望他人向自己发出要约的意思表示，以促成对方向自己发出要约为目的。

2) 要约一般针对特定的相对人，往往采用对话方式或信函方式；而要约邀请一般针对不特定多数人的，往往通过广播、电视、报刊等媒介。

3) 要约的内容具体确定；要约邀请的内容一般不确定，仅表达希望对方向自己发出要约的意思。

《合同法》第十五条举例说明要约邀请的形式有寄送的价目表、拍卖公告、招标公告、招股说明书、商业广告等。

10.1.3.2 承诺

承诺是受要约人同意要约的意思表示。

承诺的内容应当与要约的内容一致。受要约人对要约的内容作出实质性变更的，为新要约。

承诺通知到达要约人时生效。承诺一旦生效，合同即告成立。

承诺可以撤回，但不能撤销。撤回承诺的通知应当在承诺通知到达要约人之前或者与承诺同时到达要约人。

【例 10.3】 甲公司向包括乙公司在内的十余家公司发出投标邀请书。乙公司在规定时间内递交了投标书。甲公司经过决标，确定乙公司中标，并向其发出中标通知书。

请分析甲公司的投标邀请书、乙公司的投标书、甲公司的中标通知书各属于合同订立过程中的什么行为。

参考答案：甲公司的投标邀请书是要约邀请；乙公司的投标书是要约；甲公司的中标通知书是承诺。

【例 10.4】 甲建筑公司向乙水泥厂发出购买水泥的要约，称如果对方同意其条件，将答复意见发至其电子邮箱。乙水泥厂应约将承诺发至其邮箱，即开始准备履行合同。但是甲建筑公司经办人却因为在外开会，一直未打开邮箱查看，致使甲建筑公司以为乙水泥厂未作承诺。1个月后，当乙水泥厂要求甲建筑公司履行合同义务时，甲建筑公司称双方并未签订合同，故拒绝履行义务。

请分析甲建筑公司和水泥厂之间是否存在合同关系。

参考答案：甲建筑公司与乙水泥厂之间存在合同关系。根据《合同法》的规定，承诺生效时合同成立。承诺通知到达要约人时生效。采用数据电文形式订立合同的，数据电文进入收件人指定的系统的时间视为到达时间。故乙水泥厂应约将承诺发至甲建筑公司指定的电子邮箱，承诺即生效，合同就成立，甲建筑公司与乙水泥厂之间存在合同关系。

【例 10.5】 原告：建设水泥厂；被告：新新商贸公司。

被告因建造大楼急需水泥，遂向本省的青锋水泥厂、新华水泥厂及原告建设水泥厂发出函电，函电中称："我公司急需标号为150型号的水泥100t，如贵厂有货，请速来函电，我公司愿派人前往购买。"三家水泥厂在收到函电以后，均先后回复函电告知备有现货，且告知了水泥的价格。而原告建设水泥厂在发出函电同时即派车给被告送去50t水泥。在该批水泥送达被告之前，被告得知新华水泥厂生产的水泥质量较好，且价格合理，遂向新华水泥厂发去函电，称："我公司愿购买贵厂100t 150型号水泥，盼速送货，运费由我公司负担。"函电发出后第二天上午，新华水泥厂发函称已准备发货。下午，原告将50t水泥送到，被告告知原告，他们已决定购买新华水泥厂的水泥，因此不能接受原告送来的水泥。原告认为，被告拒收货物已构成违约，双方因协商不成，原告遂向法院提起诉讼。

观点1：本案被告已构成违约。因为被告向原告发出的函电中，称"我公司愿派人前往购买"。实际上已表示，只要原告有货，它就将购买，这是对原告发出的购买水泥的要约。而原告发送水泥，实际上是以行为作出承诺，可见，双方已成立买卖合同，被告拒收货物，已构成违约。

观点2：被告并未构成违约，因为被告向原告发出的函电并非是一种要约，只是要约邀请，而原告送货，实际上是一种要约行为，据此，被告可以承诺，也可以拒绝承诺，如被告拒绝收货，表明它不愿意承诺，这完全是合法的。双方已达成买卖合同关系，但由于被告在要约中明确提出"派人前往购买"，因此，合同的交货方式应是买方自提，非卖方送货。原告未与被告协商而主动送货，显然是违反了合同约定的交货方式，因此，被告有权拒绝收货。

你认为哪种观点正确？或者提出你的观点3。

参考答案：被告并未构成违约，因为被告向原告发出的函电并非是一种要约，只是要约邀请，"请速来函电，我公司愿派人前往购买"，即表明该公司只是希望对方来函商谈，而非直接送货。而原告送货，实际上是一种要约行为，据此，被告可以承诺，也可以拒绝承诺，如被告拒绝收货，表明它不愿意承诺，这完全是合法的。被告未予承诺，双方的合同关系不成立。

10.1.4 合同的形式

合同一般有口头形式、书面形式及其他形式。

10.1.4.1 口头形式

口头合同是指当事人以直接对话方式订立的合同。口头合同在现实生活中广泛应用，凡当事人无约定或法律未规定特定形式的合同，均可采用口头形式。

口头形式的优点是简便易行，缺点是发生纠纷时难以取证，难以分清责任。所以，口头合同一般用于即时结清的小额合同，对于不能即时结清或数额较大的合同，为保证交易安全，一般不采用口头合同。

有些口头合同订立、履行过程中产生的文字凭证，只能视为合同的证明，而不是合同本身，如商场购物发票。

10.1.4.2 书面形式

书面形式是指合同书、信件和数据电文（包括电报、电传、传真、电子数据交换和电子邮件）等可以有形地表现所载内容的形式。法律、行政法规规定采用书面形式的，应当采用书面形式；当事人约定采用书面形式的，应当采用书面形式；建设工程合同必须是书面形式。

书面合同的优点是权利义务明确记载，便于履行，纠纷时易于举证和分清责任；缺点是制定过程比较复杂。

10.1.4.3 其他形式

其他形式是指口头形式、书面形式之外的合同形式，即行为推定形式，或称为默示形式。

合同当事人以某种表明法律意图的行为间接地表示合同内容的合同形式，它以合同的开始履行推定合同已经订立。如停车场收费。又如租期届满后，承租人继续交纳房租，出租人接受之，由此可推知当事人双方作出了延长租期的法律行为。再如某当事人将货币投入自动售货机，买卖合同即告成立。

《合同法》第三十六条规定，法律、行政法规规定或者当事人约定采用书面形式订立合同，当事人未采用书面形式但一方已经履行主要义务，对方接受的，该合同成立。

10.1.5 缔约过失责任

缔约过失责任指在订立合同过程中，一方因违背诚实信用原则所要求的义务而致使另一方信赖利益遭受损失，依法应承担的民事责任。

《合同法》第四十二条明确规定了缔约过失责任的三种情形：

（1）假借订立合同，恶意进行磋商。恶意磋商是在缺乏订立合同真实意愿情况下以订立合同为名目与他人磋商。其真实目的可能是破坏对方与第三方订立合同，也可能是贻误竞争对手商机，甚至可能为了戏弄对方。

【例 10.6】 李某因资金周转紧张，决定将其经营的一家效益较好的饭馆以 1.5 万元的价格转让，与同等条件的饭店相比，价格比较优惠。刘某得知情况后，意欲购买，并与李某进行了商谈。与此同时，陈某也有一饭馆急着转让，他得知李某转让自己的饭馆并与刘某进行了磋商这一消息后，想让刘某买自己开办的饭馆，于是故意以购买李某的饭馆为由向李某作出意思表示，并进行了长时间的谈判。而陈某则暗地里与刘某进行协商，并最后签订了饭馆转让协议。随后，陈某找借口不与李某签订转让的饭馆合同，造成李某饭馆卖不出去，最终不得不以低价卖给别人。后来，李某得知了陈某的所作所为，认为自己在饭馆的转让过程中所遭受的损失完全是由陈某造成的，向法院提起诉讼，要求陈某赔偿其低价转让饭馆遭受的损失。

法院该如何认定该事件的性质？

参考答案：陈某的行为，符合《合同法》中列举的缔约过失责任的情形：假借订立合同，恶意进行磋商。所以，陈某应负缔约过失责任，赔偿李某因此而受的损失。

(2) 故意隐瞒与订立合同相关的重要事实或者提供虚假情况。依诚实信用原则，缔约当事人负有如实告知义务：告知自身财务状况和履约能力；告知标的物的真实状况（包括瑕疵、性能、使用方法等）。若违反此义务，即构成欺诈；若因此致对方受到损害，即应承担缔约过失责任。

【例 10.7】 某建筑施工企业隐瞒自身资质等级条件不足的事实，并借用了另一家资质条件合格企业的资质，并以后者名义参加某施工承包项目投标。后评标委员会发现该情况，以招标文件规定没收其投标保证金。该企业应承担的是什么责任？

参考答案：该企业行为属于故意隐瞒与订立合同相关的重要事实或者提供虚假情况，其投标保证金被没收属于承担缔约过失责任。

(3) 其他违背诚实信用原则的行为。主要有：违反有效要约和要约邀请，违反初步协议，未尽保护、照顾、通知、保密等附随义务，违反强制缔约义务等。

【例 10.8】 某建设单位在指定媒体上发布施工承包项目招标文件，某施工企业依据招标文件规定向其递交投标文件，该建设单位以“合格投标人太多”为由拒收，致使该施工企业未能有效递送投标文件。该建设单位应承担什么责任？

参考答案：该施工企业要求该建设单位赔偿因准备投标文件而发生的费用，即属于要求其承担违反有效要约邀请的缔约过失责任。

【例 10.9】 某建筑公司同时向甲、乙、丙、丁四家水泥厂发出 240 元/t 求购 42.5 级普通硅酸盐 100t 的函件。甲向该公司发运 42.5 级水泥 100t。同时，乙、丙水泥厂也已经做好了发货准备。该公司决定接受甲厂水泥，同时通知乙、丙、丁不再接受其水泥。该建筑公司应承担什么责任？

参考答案：乙、丙要求该公司赔偿因准备发货所发生的费用，即属于要求其承担违反有效要约的缔约过失责任。

10.1.6 合同的生效

合同生效是指合同具备生效条件而产生法律效力。所谓产生法律效力是指合同对当事人各方产生法律拘束力，即当事人的合同权利受法律保护，当事人的合同义务具有法律上的强制性。

合同生效的三个要件如下：

(1) 当事人具有相应的民事权利能力和民事行为能力。《合同法》第九条规定，“当事人订立合同，应当具有相应的民事权利能力和民事行为能力。”主体不合格，所订立的合同就不能产生法律效力。

根据《民法通则》及相关民事法律规定，自然人民事行为能力按照如下原则确定：

1）18周岁以上成年人具有完全民事行为能力。

2）16周岁以上不满18周岁的未成年人以自己劳动收入为主要生活来源的，也具有完全民事行为能力。

3）不满10周岁的未成年人和不能辨认自己行为的精神病人是无民事行为能力人。

4）10周岁以上的未成年人和不能完全辨认自己行为的精神病人是限制民事行为能力人，只能实施某些与其年龄、智力状况相适应的民事活动。

5）限制民事行为能力人和无民事行为能力人从事纯获法律上利益而不承担法律义务的行为（如接受奖励、赠予等），他人不得以限制民事行为能力、无民事行为能力为由主张该行为无效。

至于法人权利能力和行为能力，最高人民法院对《合同法》的有关解释中规定：“当事人超越经营范围订立合同，人民法院不因此认定合同无效。但违反国家限制经营、特许经营以及法律、行政法规禁止经营规定的除外。”

（2）意思表示真实。是指表意人的表示行为真实反映其内心的效果意思，即表示行为应当与效果意思相一致。所谓表示行为指行为人将其内在意思以一定的方式表示于外部，并足以为外人所理解的意思要素；所谓效果意思是指行为人内心欲使其表示内容引起法律上效力的内在意思要素。不存在被欺诈、被胁迫等行为使当事人意思表示不真实。

（3）不违反法律或者社会公共利益。有效合同不仅不得违反法律、行政法规的强制性规定，而且不得损害社会公共利益。社会公共利益是一个抽象的概念，内涵丰富，范围宽泛，包含了政治基础、社会秩序、社会公共道德要求，可以弥补法律行政法规明文规定的不足。对于那些表面上虽未违反现行法律明文强制性规定但实质上违反社会的合同行为，具有重要的否定作用。

10.1.7 无效合同

合同无效是相对于合同有效而言的，它是指当事人违反了法律规定的条件而订立的合同，国家不承认其效力，自始、确定、当然不发生效力，这样的合同，称为无效合同。无效合同从订立时起就不具有法律效力。不论合同履行到什么阶段，合同被确认无效后，这种无效的合同的确认要追溯到合同订立时。

10.1.7.1 无效合同的种类

《合同法》第五十二条规定，下列合同为无效合同：

（1）一方以欺诈、胁迫的手段订立合同，损害国家利益。所谓欺诈，是指一方当事人故意告知对方虚假情况，或者故意隐瞒真实情况，诱使对方当事人作出错误意思表示。所谓胁迫，是指以给公民及其亲友的生命、健康、荣誉、名誉、财产等造成损害或者以给法人的荣誉、名誉、财产造成损害为要挟，迫使对方作出违背真实的意思表示。因欺诈、胁迫导致合同无效的构成条件如下：

1）欺诈方或胁迫方有欺诈或胁迫的故意。所谓欺诈的故意，是欺诈一方明知自己告知对方的情况是虚假的且会使对方陷入错误认识，而希望或放任这种情况发生；所谓胁迫的故意，是胁迫者希望通过自己的行为使受胁迫者在心理上产生恐惧，并且希望通过自己的胁迫行为迫使对方与自己订立合同。

2）欺诈方或胁迫方实施了欺诈或胁迫行为。欺诈行为的实施表现为故意陈述虚伪事实或者故意隐瞒真实情况；胁迫行为的实施表现为两种情况：以将来发生的祸害相威胁，已经或者正在发生致害行为。

3）被欺诈方因欺诈行为陷入错误，即欺诈内容与合同内容有密切关系且受害人因此对合同内容发生了错误认识；胁迫行为是非法的。如果一方依法向对方施加某种压力，则不构成胁迫。

4）被欺诈方因错误而作出意思表示，这表明欺诈行为与受害人不真实意思之间有因果关系；受胁迫者因胁迫而订立合同，因受胁迫损害产生的恐惧心理与其订立合同的意思表示之间存在因果关系。

5）欺诈或胁迫行为损害了国家利益。这里的“国家利益”应作严格解释，不应随意扩大化，不应当将民事交易中的国有企业随意上升为国家利益。国有企业作为独立经营的法人，有独立的企业利益，不应在法律上受到特别保护。在法律上，欺诈国有企业与欺诈其他合同当事人是一样的，而不能作为损害国家利益来对待。

没有损害国家利益的欺诈或胁迫合同是可撤销合同。

（2）恶意串通，损害国家、集体或者第三人利益。恶意串通的合同是指当事人共谋，共同订立某种合同，造成国家、集体或者第三人利益损害，在串通行为与损害结果之间具有因果关系。这种无效合同特征如下：

1）当事人出于恶意。恶意是指行为人明知或者应知某种行为将对国家、集体或者第三者造成损害而故意为之。

2）当事人之间相互串通。首先，当事人都具有主观恶意，而不只是一人或者一方具有恶意；共同进行意思联络、沟通；既可以表现为当事人事先达成的合谋，也可表现为一方明确表示意思，另一方与其达成默契进行接受。

3）损害国家、集体或第三人利益。

【例 10.10】 张某准备将自己闲置的一套住房以 50 万元价格出售给孙某，双方在签订合同的时候，张某提出：为了规避过户时候需要缴纳的税费，应该签订一份 30 万元的合同，对外声称价格为 30 万元，实际价格为 50 万元，这样双方均可以节约一笔可观费用。孙某于是同意。

请分析双方签订的房屋买卖合同是否具有法律效力。

参考答案：该合同属于无效合同。《合同法》规定，当事人恶意串通，损害国家、集体或者第三人利益的合同，是无效合同。

（3）以合法形式掩盖非法目的。是指当事人实施的行为在形式上是合法的，但在内容上或者目的上是非法的。需注意的是：以合法形式掩盖非法目的的合同并不要求造成损害后果，即无论造成损害与否，只要符合上述特征，即可构成。

（4）损害社会公共利益。社会公共利益内涵丰富、外延宽泛。在我国有学者认为，违反社会公共利益的合同主要表现为以下几种情况：

1）危害《婚姻法》、损害正常的家庭关系秩序的行为。

2）违反有关收养关系的规定的行为。

3）违反性道德的行为。

4）因赌债偿还合同。

5）贬损人格尊严和限制他人人身自由的合同。

6）限制职业选择自由的合同。

7）违反公平竞争的行为。

8）违反劳动者保护的行为。

9）诱使债务人违约的合同。

10）禁止告发的合同。

（5）违反法律、行政法规的强制性规定。

10.1.7.2　无效合同的处理规则

由于无效合同具有不得履行性，因此不发生当事人所期望的法律效果；但是，并非不产生任何法律效果，而是产生包括返还财产、损害赔偿及其他法定效果。

（1）合同无效的处理原则主要是恢复原状。所谓恢复原状，是恢复到当事人缔约前的状况。因该合同所取得的财产，应当予以返还；不能返还或者没有必要返还的，应当折价补偿。

（2）在主要采取恢复原状的原则下，将辅之以损害赔偿。有过错的一方应当赔偿对方因此所受到的损失，双方都有过错的，应当各自承担相应的责任。

（3）当事人恶意串通，损害国家、集体或第三人利益的，因此取得的财产收归国家所有或者返还集体、第三人。

（4）合同无效，特别是损害国家、集体或者第三人利益以及违反法律、行政法规强制性规定的无效合同，也可以导致合同当事人承担行政责任（如罚款、吊销执照等），甚至刑事责任。

此外，在处理合同无效时，应注意：合同部分无效，不影响其他部分效力的，其他部分仍然有效。

10.1.7.3　施工合同无效的情形

（1）承包人未取得建筑施工企业资质或者超越资质等级的。

（2）没有资质的实际施工人借用有资质的建筑施工企业名义的。

（3）建设工程必须进行招标而未招标或者中标无效的。

（4）应该公开招标的工程没有公开招标。

（5）承包人非法转包建设工程的。

（6）承包人违法分包建设工程的。

（7）肢解发包工程。

10.1.7.4　施工合同无效工程合同的处理

（1）建设工程施工合同无效，但建设工程经竣工验收合格，承包人请求参照合同约定支付工程价款的，应予支持。

（2）建设工程施工合同无效，且建设工程经竣工验收不合格的，按照以下情形分别处理：

1）修复后的建设工程经竣工验收合格，发包人请求承包人承担修复费用的，应予支持。

2）修复后的建设工程竣工验收不合格，承包人请求支付工程价款的，不予支持。因建设工程不合格造成的损失，发包人有过错的，也应承担相应的民事责任。

3）承包人非法转包、违法分包建设工程或者没有资质的实际施工人借用有资质的建筑施工企业名义与他人签订建设工程施工合同的行为无效。人民法院可以收缴当事人已经取得的非法所得。

4）承包人超越资质等级许可的业务范围签订建设工程施工合同，在建设工程竣工前取得相应资质等级，当事人请求按照无效合同处理的，不予支持。

5）具有劳务作业法定资质的承包人与总承包人、分包人签订的劳务分包合同，当事人以转包建设工程违法为由请求确认无效的，不予支持。

10.1.8 效力待定合同

效力待定合同，是指合同成立后，是否具有效力还未确定，有待于其他行为或者事实使之确定的合同。包括以下几种类型：

（1）限制民事行为能力人依法不能独立订立的合同。此种合同经法定代理人追认后，该合同有效。但纯获利益的合同或者与其年龄、智力、精神健康相相适应而订立的合同，不必经法定代理人追认。

【例 10.11】 为庆贺小红的12岁生日，小红的姑姑给她买了一把价值500元的古筝，生日后不久，小红在学校里以古筝交换14岁的同学小杰的价值100元的电动玩具1个。3个月后，小红的母亲知道此事，将电动玩具返还给了小杰，并要求小杰返还古筝，小杰拒不返还。

小红的母亲要求小杰返还古筝的请求能否得到法律的支持？

参考答案：小红与小杰都属于限制民事行为能力人，只能订立与其年龄、智力相应的合同。本案例中，小红与小杰交换的物品价值较大，其订立的合同属于效力待定合同，应征得其法定代理人同意。小红的母亲不同意该交换行为，即表明拒绝追认合同的效力。

（2）无权代理合同（行为人没有代理权、超越代理权、代理权终止后仍以被代理人的名义订立合同）。

对于无权代理合同，《合同法》规定，未经被代理人追认，对被代理人不发生效力，由行为人承担责任。但相对人有理由相信行为人有代理权的，该代理行为有效。

法人或者其他组织的法定代表人、负责人超越权限订立的合同，除相对人知道或者应当知道超越权限的以外，该代表行为有效。

【例 10.12】 张某系甲商贸公司员工，曾长期代表甲商贸公司充当采购员与乙家电生产厂进行购销家电活动。2008年3月，张某因严重违反公司的规章制度被甲商贸公司开除。但是，甲商贸公司并未收回给张某开出的仍在有效期内的介绍信和授权委托书。张某遂凭此介绍信以甲公司的名义，与老合作伙伴乙家电厂签订了10万元的家电购买合同，并约定在交货后一个月内付款。乙家电厂在与张某签订合同时，并不知张某已被开除。乙家电厂向张某交货一个月后，张某仍未付款，也不知其下落。乙家电厂家于是要求甲商贸公司支付10万元货款，甲商贸公司以张某已被开除与其无关为由拒绝支付，双方发生争执。

甲商贸公司有没有责任支付10万元货款？

参考答案：《合同法》规定，行为人没有代理权、超越代理权、代理权终止以为以被代理人名义订立合同，相对人有理由相信代理人有代理权的，代理行为有效。该种代理称为表见代理。本案例中张某的行为即属于表见代理。张某被商贸公司开除，实际上已没有代理权，但商贸公司未收回给张某开出的仍在有效期内的介绍信和授权委托书，致使乙家电厂在善意不知情的情况下签订合同，该合同有效。甲商贸公司应该支付乙家电厂10万元货款。

(3) 无处分权的人处分他人财产的合同。这类合同是指无处分权的当事人以自己的名义对他人的财产进行处分而订立的合同。根据法律规定，财产处分权只能由享有处分权的人行使。

【例10.13】 甲将手机借给乙使用，乙却把手机卖给了丙，乙的出卖手机行为即属于无权处分行为。在此甲为真正权利人，乙为无权处分行为人，丙为相对人。

无权处分合同在以下两种情况下成为有效合同：

1) 无权处分行为经真正权利人的追认。

2) 无权处分行为人事后取得处分权。

参考答案：在上述案例中，甲把手机借给乙使用，乙却把手机卖给了丙，乙的出卖手机行为即属于无权处分行为。此种情况下，如果甲追认了乙的处分行为，或者甲通过赠予、出卖等方式把手机的所有权转移给乙，则乙的出卖手机的行为有效。

10.1.9 可撤销合同

可撤销合同是指虽经当事人协商一致，但因非对方的过错而导致一方当事人意思表示不真实，允许当事人依照自己的意思，使合同效力归于消灭的合同。

10.1.9.1 可撤销合同的类型

(1) 因重大误解订立的合同。重大误解，是指合同当事人在订立合同时，对合同内容的重要事项存在认识上的显著缺陷，也即当事人所表达出来的意思与其本意存在重大差别，并且极大地影响了当事人所应享有的权利或应负担的义务。如果当事人没有这种重大误解，就绝对不会作出这样的意思表示。

【例10.14】 2010年6月，某建筑施工企业从机械厂购买3台搅拌机，在现场使用后，认为性能与施工企业原先购买的2台同厂家同型号的搅拌机不同，有较大差异。施工企业质问购买搅拌机的采购员小方。小方称其购买时是根据原先施工企业购买的搅拌机铭牌上标明的型号，且后购买的3台搅拌机上的铭牌内容与原先购买的一致。施工单位与机械厂进行协商，机械厂认定其所有产品均为合格产品，无质量问题。于是施工企业于2010年10月向法院提起上诉。经法院调查，施工企业购买的搅拌机均为合格产品；原先购买的2台系铭牌上标明的型号弄错，属于机械厂的重大失误，而后购买的3台无任何问题。

请问法院会如何宣判此事件？

参考答案：应判定为可变更、可撤销合同。由于机械厂的原因，使得施工企业购买搅拌机型号的意向出现重大误解，因此，施工企业第二次采购合同享有撤销权或变更权。

（2）在订立时显失公平的合同。所谓显失公平的合同，就是一方当事人在紧迫或者缺乏经验的情况下订立的使当事人之间享有的权利和承担的义务严重不对等的合同。这种合同违反了公平原则，受损害的一方有权利要求撤销或者变更。

【例10.15】 赖某早就打算买部手机，只是一直未挑选到款式、价格都理想的手机。一天，他经过一家刚开业的手机店，几个营业员正忙着往柜台里面摆放货物。赖某看到一款别的商店标价至少1800元的诺基亚手机，这里标价才860元，大喜过望，便跟营业员何某说要买一部。何某说："这是新到的货，要等老板来标好价才能卖。"赖某当即指着该手机说："看，机子下面不是有标价牌吗？没错，860元，我买了。"何某一看，该手机下面确实压有一张标价牌，上面标有"860"，便卖给赖某一部。店主戚某来到店后，发现标价牌放错了，该部手机应该是1890元。于是找到赖某，说营业员放错了标价牌，店方可以优惠130元，赖某只需补交900元即可，如赖某不要，可以全额退款。赖某说搞错型号是商店的过错与买主无关，坚决拒绝戚某的请求。戚其只好诉诸法院，请求判决赖某退还手机或者补足价款。

请问，该合同性质应如何认定？

参考答案：赖某与手机店买卖手机的合同显失公平，属于可撤销可变更的合同。赖某明知该手机的价格远不止860元，而当营业员何某告知该手机是新到货尚未标价，要待标好价好后才能出卖时，赖某却利用错标的价格和营业员对商品价格的不熟悉要求付款取货，并当即支付860元将价值1890元的手机买走。手机店是受损害的一方，有权向法院提出变更或撤销的请求，法院应予支持。

（3）一方以欺诈、胁迫的手段或者乘人之危，使对方在违背真实意思的情况下订立的合同，受损害方有权请求人民法院或者仲裁机构变更或者撤销合同。

欺诈，是指一方当事人故意告知对方虚假情况，或者故意隐瞒真实情况，诱使对方当事人作出错误意思表示的行为。胁迫，是指行为人以将要发生的损害或者以直接实施损害相威胁，使对方当事人产生恐惧而与之订立合同。

根据法律规定，以欺诈、胁迫方式订立的合同，分两种情况处理：损害国家利益的，合同无效；损害当事人一方利益的，合同可变更或撤销，受损害方有权请求人民法院或者仲裁机构予以变更或撤销。

【例10.16】 某建材商店向某建材公司订购一批水泥。建材公司在签订合同时，将该批新品牌水泥谎称为某名牌水泥。建材商店收货时对水泥的生产厂家提出了异议。不久，该新品牌水泥十分畅销，又恰逢建材涨价，建材公司此时想以更高的价格将该批水泥售给别人，遂通知建材商店退货。建材商店见按原价进货仍有利可图，向建材公司表示接受该批水泥，将按原约定支付货款。建材公司提出，如果建材商店要该批水泥，则应按现价付款，否则将水泥退回。双方争执不下。后建材商店将该批水泥出售，只按原价向建材公司支付货款。建材公司多次催促建材商店补交货款未果，诉诸法院，请求法院判决建材商店补足差价。

请问法院应如何判决？

参考答案：本案涉及以欺诈手段订立的合同的效力问题。以欺诈手段订立的合同有两种，一种是损害国家利益，一种是损害当事人一方的利益。前者是无效合同，后者是可撤销可变更合同。本案中，建材公司的行为已构成欺诈。合同是在建材公司制造假相使建材商店不知情的情况下签订的。建材商店可以依法行使撤销权。一旦其行使撤销权，该合同即无效。建材公司不行使撤销权，则合同有效。因此，商店可以按照合同收下水泥并按合同约定的价款支付货款。建材公司要求建材商店按新价格支付货款的要求，不予支持。

（4）乘人之危订立的合同。所谓乘人之危，是指利用他人的危难处境或紧迫需要，强迫对方接受某种明显不公平的条件，致使对方蒙受重大不利。在这种情况下，当事人所订立的合同由于不是真实的内心意志，所以该合同可以依当事人的请求予以变更或撤销。

【例 10.17】 2010 年 10 月，养殖户杨某从县良种场以每头 800 元的价格购得 8 头奶牛。同时，杨某又与本村村民周某达成购买饲料的口头协议。双方商定，杨某以 0.2 元/kg 的价格购买周某的饲料草 4000kg，次年 2 月 10 日交付货款。次年元旦，杨某自家存放的饲料草不慎起火烧尽，杨某便找到周某要求交付购买的饲料草。周某称他现在要牛不要钱，购买 4000kg 饲料草所需的 800 元要以两头良种奶牛来折抵。杨某迫于饲料草供给的艰难，遂同意周某的提议，用两头奶牛换取了 4000kg 饲料草。但次日，杨某又找到周某，表示愿以 1500 元再买回这两头奶牛，周某则予以拒绝。双方争执不下，杨某遂以周某敲诈他为由向法院起诉，要求返还奶牛，周某则称“买卖既做，绝无反悔之理。”

请问法院应如何判决？

参考答案：本案中，双方当事人已达成了购买饲料草的合同，之后杨某由于自存的草料被烧掉，要求周某提前履行，这对于周某实际上并无不利之处；而且，按照诚实信用原则，周某此时应该协助杨某渡过难关。相反，周某却待对方急需饲料草之际提出明显不公平、不合理的要求，强迫对方用两头牛换取自己的 4000kg 饲料草，这就构成了乘人之危。对杨某而言，虽然对方提出的条件明显不合理，但迫于情况紧急，也就不得已答应了对方的要求。一方乘人之危，另一方被迫作出违心的意思表示。作为受害方的杨某完全有权请求法院撤销该合同，返还奶牛。

10.1.9.2 可撤销合同与无效合同的区别

（1）无效合同中受损害的是国家、集体、第三人或社会公共利益，是违法的合同；可撤销合同中受损害的是当事人一方的利益。

（2）可撤销合同的一方当事人有撤销权。如果其行使撤销权，则合同自始无效；如果不行使撤销权，则合同的效力正常继续。无效合同内容违法，自始不发生法律效力。

（3）可撤销合同中具有撤销权的当事人自知道撤销事由之日起一年内没有行使撤销权或者知道撤销事由后明确表示，或者以自己的行为表示放弃撤销权，则撤销权消灭。无效合同从订立之日起无效，不存在期限。

合同被撤销后的法律后果与无效合同的法律后果相同。

10.1.10 当事人名称或法定代表人变更对合同效力的影响

合同生效后，当事人不得因姓名、名称的变更或者法定代表人、负责人、承办人的变动而不履行合同义务。

10.1.11 当事人合并或分立后对合同效力的影响

订立合同后当事人与其他法人或组织合并，合同的权利和义务由合并后的新法人或组织承担，合同仍然有效。

订立合同后分立的，分立的当事人应及时告知对方，并告知合同权利和义务的承担人，双方可以重新协商合同的履行方式。分立后的法人享有连带债权，承担连带债务。

10.1.12 合同的履行

10.1.12.1 合同履行中的抗辩权

所谓抗辩权，就是一方当事人有依法对抗对方要求或否认对方权力主张的权力。抗辩权有以下几种类型：

（1）同时履行抗辩权。当事人互负债务，没有先后履行顺序的，应当同时履行。一方在对方履行之前有权拒绝其履行要求；一方在对方履行债务不符合约定时，有权拒绝其相应的履行要求。

根据建设工程施工一般情况，施工承包人有依约完成承包内容的义务，而发包人有按期支付工程款的义务。这是建设工程施工合同最基本、最核心的一项对等给付义务。如果任何一方未履行到期义务或者未适当履行到期义务，却又要求对方履行到期义务，则被要求的一方可以以同时履行抗辩权为由，拒绝该请求方的要求。

GF－1999－0201《建设工程施工合同》第26.4款规定："发包人不按合同约定支付工程款（进度款），双方又未达成延期付款协议，导致施工无法进行，承包人可停止施工，则发包人承担违约责任。"若出现该款约定的情形，发包人要求承包人复工，而承包人予以拒绝，该拒绝表示即行使的是同时履行抗辩权，应当受到法律保护。

【例10.18】 甲公司与乙饮料厂签订一份买卖纯净水的合同，约定提货时付款。甲公司提货时称公司出纳员突发急病，支票一时拿不出来，要求先提货，过两天再把货款送来，乙饮料厂拒绝了甲公司的要求。乙饮料厂行使的这种权利在法律上称为同时履行抗辩权。

（2）后履行抗辩权。当事人互负债务，有先后履行顺序的，应当先履行的一方未履行时，后履行的一方有权拒绝其对本方的履行要求；应当先履行的一方履行债务不符合规定的，后履行的一方也有权拒绝其相应的履行要求。

【例10.19】 乘客运输合同中，旅客购票是先履行的义务，运输部门运载旅客是后履行的义务。如果乘客不履行购票义务，运输部门就可以行使后履行抗辩权，拒绝乘客上车。

（3）不安抗辩权（又称先履行抗辩权）。合同中约定了履行的顺序，合同成立后发生了应当后履行合同一方财务状况恶化的情况，应当先履行合同一方在对方未履行或者提供担保前有权拒绝先为履行。

应当先履行债务的当事人，有确切证据证明对方有下列情形之一的，可以中止履行：

1）经营状况严重恶化。

2）转移财产、抽逃资金以及逃避债务。

3）丧失商业信誉。

4）有丧失或可能丧失履行债务能力的其他情形。

当事人没有确切证据中止履行的，应当承担违约责任。

【例 10.20】 2010 年年底，某发包人与某施工承包人签订施工承包合同，约定施工到月底结付当月工程进度款。2011 年年初承包人接到开工通知后随即进场施工。2011 年 5 月承包人获悉，发包人已经严重资不抵债。2011 年 6 月 3 日，承包人向发包人发出书面通知："鉴于贵公司工程款支付能力严重不足，本公司决定暂时停止本工程施工，并愿意与贵公司协商解决后续事宜。"

该承包人行使的是什么权利?

参考答案：该承包人行使的是不安抗辩权。符合不安抗辩权的条件：施工承包人应先履行合同，但在履行合同之前发现发包人资不抵债，可能丧失履行合同的能力，为了避免损失，可以暂时中止履行，等对方恢复履行能力或者提供适当担保后再恢复履行。

【例 10.21】 甲为一著名相声表演艺术家，乙为一家演出公司。甲、乙之间签订了一份演出合同，约定甲在乙主办的一场演出中出演一个节目，由乙预先支付给甲演出劳务费 5 万元。后来，在合同约定支付劳务费的期限到来之前，甲因一场车祸而受伤住院。乙通过向医生询问甲的伤情得知，在演出日之前，甲的身体有康复的可能，但也不排除甲的伤情会恶化，以至于不能参加原定的演出。基于上述情况，乙向甲发出通知，主张暂不予支付合同中所约定的 5 万元劳务费。

乙演出公司行使的是什么权利?

参考答案：乙演出公司行使的是不安抗辩权。按合同乙演出公司应先支付甲 5 万元，但在合同履行之前发现甲有可能丧失履行能力，所以可以暂时中止履行，视后期甲的恢复情况再决定履行与否及改变时间。

需要注意：如果对方在收到其中止履行通知后，在合理的期限内提供了适当担保或者恢复了履行能力，则履行顺序在先的当事人应当履行合同。

10.1.12.2　合同不当履行的处理

（1）因债权人致使债务人履行困难的处理。合同生效后，当事人不得因姓名、名称的变更或因法定代表人、负责人、承办人的变动而不履行合同义务。债权人分立、合并或者变更住所应当通知债务人。如果没有通知债务人，会使债务人不知向谁履行债务或者不知在何地履行债务，致使履行债务发生困难。出现这些情况，债务人可以中止履行或者将标的物提存。

中止履行是指债务人暂时停止合同的履行或者延期履行合同。提存是指由于债权人的原因致使债务人无法向其交付标的物，债务人可以将标的物交给有关机关保存以此消灭合同的制度。

（2）提前或者部分履行的处理。提前履行是指债务人在合同规定的履行期限到来之前就开始履行自己的义务。部分履行是指债务人没有按照合同约定履行全部义务而只履行了自己的一部分义务。提前或者部分履行会给债权人行使权力带来困难或者增加费用。

债权人可以拒绝债务人提前或者部分提前履行，由此增加的费用由债务人承担。但不损害债权人利益且债权人同意的情况除外。

(3) 合同的保全措施。为了防止债务人的财产不适当减少而给债权人带来危害，合同法允许债权人为保全其债权的实现采取保全措施。保全措施包括代位权和撤销权。

1) 代位权。因债务人怠于行使其到期债权，对债权人造成损害，债权人可以向人民法院请求以自己的名义代位行使债务人的债权。

【例 10.22】 甲欠乙 10 万元，丙欠甲 10 万元，均已届清偿期；甲一直不行使对丙的 10 万元债权，致使其自身无力向乙清偿 10 万元债务；则乙可以代位行使甲对丙的债权。在本例中，乙为债权人，甲为债务人，丙为次债务人。

2) 撤销权。因债务人放弃其到期债权或者无偿转让财产，对债权人造成损害的，债权人可以请求人民法院撤销债务人的行为。

【例 10.23】 李某欠王某 50 万元，其用以还债的主要财产是一辆宝马轿车，但李某却将轿车无偿赠予了其亲戚。请分析，王某应如何保护自己的权益?

参考答案：王某可以向法院提起撤销权诉讼。李某将轿车无偿赠予其亲戚的行为，损害了王某的利益，王某可以向法律提起撤销权诉讼，请求法院撤销李某的赠予行为。

10.1.13 合同的终止

合同权利义务的终止，简称合同终止，是指因一定事由的产生或出现而使合同权利义务归于消灭，合同关系在客观上不复存在。

合同的终止包括下列情形：合同已经按约定履行；合同解除；债务相互抵销；债务人依法将标的物提存；债权人免除债务；债权债务同归于一人；法律规定或者当事人约定终止的其他情形。

10.1.14 违约责任

违约责任是指合同当事人违反合同约定，不履行义务或者履行义务不符合约定所承担的责任。包括下列承担方式：

(1) 继续履行。继续履行合同要求违约人按照合同的约定，切实履行所承担的合同义务。当事人违反金钱债务，一般不能免除其继续履行的义务。当事人一方不履行金钱债务或者履行金钱债务不符合规定的，对方可以要求履行。但有下列规定之一的情形除外：

1) 法律上或者事实上不能履行。

【例 10.24】 某歌唱家与某演出公司约定于某日去该公司现场演唱，在演出前，该歌唱家因声带疾病永久性无法发声，在此情况下，强制演出义务人实际履行在客观上不可能。

2) 债务的标的不适合强制履行或者履行费用过高。

某些合同，如委托合同、合伙合同，可能是基于能力信任、感情基础、业务互补。当这些基础不存在时，如果强制任务人履行合同，就可能与合同的性质相违背；可能其他违约责任承担方式更为妥当，如损害补偿等。

某些合同出现一方违约后，虽然在客观上可以强制履行，但是强制履行费用过高，造成社会资源浪费和效率损失。

【例 10.25】 在一个工业区里，卖方提供的非标准设备噪声比合同约定的噪声值略高，但是，不会导致噪声污染超标也不影响设备正常使用，而为噪声达标只能更换设备；但是，更换该设备所需要的拆除费、备件报废费用、生产线停运费用、生产线重新调试费用约为190万元，远高于设备本身价值43万元。那么卖方承担违约金等金钱责任，可能比强制卖方更换该设备更符合双主利益和社会利益。

3）债权人在合理期限内未要求履行。根据《合同法》约定，违约方违约后，非违约方要求实际履行，应当在合理期限内提出，否则，其要求将不能获得支持。

（2）采取补救措施。是指当事人在违反合同后，为防止损失发生或扩大，由其依照法律或者合同约定而采取的修理、更换、退货、减少价款或者报酬等措施。采用这一违约责任的方式，主要是发生质量不符合约定的时候。

（3）赔偿损失。当事人一方不履行合同义务或者履行合同义务不符合约定，给对方造成损失的，应当赔偿对方的损失。损失赔偿额应当相当于因违约所造成的损失，包括合同履行后可以获得的利益，但不得超过违反合同一方订立合同时预见或者应当预见的因违反合同可能造成的损失。这是承担违约责任的主要方式。

（4）支付违约金。违约金是指按照当事人的约定或者法律直接规定，一方当事人违约时，应当向另一方支付的金钱。违约金的标的物可以是金钱，也可约定为其他财产。

当事人可以约定一方违约时应当根据违约情况向对方支付一定数额的违约金，也可以约定因违约产生的损失赔偿额的计算方法。在合同实施中，只要一方有不履行合同的行为，就得按合同规定向另一方支付违约金，而不管违约行为是否造成对方损失。

约定的违约金低于违反合同所造成的损失的，当事人可以请求人民法院或者仲裁机构予以增加；若约定的违约金过分高于所造成的损失，当事人可以请求人民法院或仲裁机构予以减少。

（5）定金。当事人可以约定一方向对方给付定金作为债权的担保。债务人履行债务后定金应当抵作价款或者收回。给付定金的一方不履行合同义务的，无权要求返还定金；收受定金的一方不履行合同义务的，应当双倍返还定金。

10.1.15 合同争议处理方式

合同争议，是指当事人双方对合同订阅和履行情况以及不履行合同的后果所产生的纠纷。

合同争议的解决通常有如下几种处理方式：

（1）和解。是指争议的合同当事人，依据有关的法律规定和合同约定，在互谅互让的基础上经过谈判和磋商，自愿对争议事项达成协议，从而解决合同争议的一种方法。

（2）调解。调解是争议当事人在第三方的主持下，通过其劝说引导，在互谅互让的基础上自愿达成协议以解决合同争议的一种方式。

调解不是最终解决方式。调解协议达成后，当事人双方如果反悔，仍可以选择仲裁或者诉讼。

（3）仲裁。发生争议的双方当事人，根据其在争议发生前或争议发生后所达成的协议，自愿将该争议提交中立的第三者进行裁判的争议解决制度和方式。

当事人采用仲裁方式解决纠纷，双方应当自愿，达成仲裁协议。没有仲裁协议，一方申请仲裁的，仲裁委员会不予受理。当事人达成仲裁协议，一方向人民法院起诉的，人民法院不予受理，但仲裁协议无效的除外。

仲裁不实行级别管辖和地域管辖。仲裁实行一裁终局制度。

（4）诉讼。诉讼作为一种合同争议的解决方法，是指人民法院在当事人和其他诉讼参与人参加下，审理和解决民事案件的活动。

注意：仲裁和诉讼这两种争议解决方式只能选择一种，两者的判决结果都具有法律效力。

任务10.2 合同类型

工程承包合同是经济合同的一种，是业主与工程咨询公司、设计、施工单位或其他有关单位之间，以及这些单位之间，为明确在完成项目建设的各种活动中双方责、权、利等经济关系而达成的书面协议。它明确了业主与承包商之间的权利和义务。就其权利义务内容不同将合同分为以下几种情况。

10.2.1 合同的类型

按照工程价款的结算方式不同，可分为总价合同、单价合同、实际成本加酬金合同和混合型合同四个类型。前两种又称固定价格合同。

10.2.1.1 总价合同

总价合同是普遍采用的一种合同类型。即业主与承包人按议标和投标标价，经过谈判签订。承包人负责按合同总价完成合同规定的全部工程。其特点是承包商签订总价合同，要承担全部风险，不管实际支出，只能按总价结算工程价款，发包人也同意按合同总价付款而不管承包人遭受巨大损失或是取得异乎寻常的超额利润。

总价合同适用于工期不长，物价变幅不会太大，设计深度满足精确计算工程量要求，施工条件稳定，建设工程的型式、规模、内容都很典型的工程；或是业主为了省事，愿意以较大富裕度价格发包的工程。

10.2.1.2 单价合同

单价合同是水利土木工程中广泛采用的一种合同类型。承包人以合同确定的施工项目的工程单价向业主承包，负责完成施工任务，然后按实际发生的工程量和合同中规定的工程单价结算工程价款。单价合同又有纯单价合同与估计工程量单价合同之分。前者无论实际工程量变化多大，其单价不变。后者系发包人按估计工程量让投标人报价，当实际工程量与估计工程量相差过大，超过规定的幅度时，允许调整单价以补偿承包人因施工力量不足或过剩所造成的损失。

单价合同适用于招标时尚无详细图纸或设计内容尚不十分明确，只是结构型式已经确定，工程量还不够准确的情况。当采用总承包合同时，可以一部分项目采用总价合同，另一部分项目采用单价合同，水利水电工程的主体施工项目，一般采用单价合同。

10.2.1.3 实际成本加酬金合同

实际成本加酬金合同的基本特点是以工程实际成本加上商定的酬金来确定工程总造

价。这种合同方式主要适用于开工前对工程内容尚不十分确定的情况。例如设计未全部完成就要求开工，或工程内容估计有很大变化，工程量及人工材料用量有较大出入，质量要求高或采用新技术的施工项目等，这种合同方式，承包商不承担任何风险，因为工程费用实报实销，所以获利也最小，但有保证。在实践中有以下四种不同的具体作法：

（1）实际成本加固定百分数酬金合同。工程造价为实际成本，再加上按实际成本的百分数（一般为5%）付给承包人的酬金。

这种计价方式，酬金随工程成本水涨船高，显然不能鼓励承包人不顾一切地降低成本或缩短工期，这对业主是不利的，现在已较少采用。

（2）实际成本加固定酬金合同。工程成本实报实销，但酬金是事先按预算成本的一定百分比计算的。这种合同方式虽不能鼓励承包人降低造价，但为尽快取得酬金，承包人将会努力缩短工期。这是它的可取之处，为了鼓励承包商更好地工作，也有在固定酬金之外，再根据工程质量、工期和成本情况另外再加奖金的。在这种情况下，奖金所占比例的上限可大于固定酬金，可以起很大的激励作用。

（3）实际成本加浮动酬金合同。这种合同方式要事先商定工程预算成本和酬金的预期金额，如果实际成本恰好等于预计成本，工程造价就是实际成本加固定酬金；如果实际成本低于预算成本，则增加酬金；如果实际成本高于预算成本，即减少酬金。酬金增减部分，可以是一个百分数，也可以是固定数。

采用这种方式通常规定，当实际成本超支而减少酬金时，以原定的固定酬金为减少的最高限度。也就是在最坏的情况下，承包人将得不到任何酬金，但也不承担赔偿超支的责任。这种方式对承发包双方都没有太多风险，又能促使承包人关心降低成本和缩短工期。

（4）目标成本加奖罚合同。在仅有初步设计和工程说明书迫切要求开工的情况下，可根据粗略估算的工程量和适当的单价表编制概算，作为目标成本，另外规定一个百分数作为酬金：最后结算时，如果实际成本高于目标成本并超过事先商定的界限（例如5%），或低于目标成本（也有一个幅度）时，承包人应按商定比例承担超支或分享节余。此外还可另加工期奖励。

这种合同方式可以促使承包人关心降低成本和缩短工期。而且目标成本是随设计工作进展而加以调整才确定下来的，故承发包双方都不会承担多大的风险。

以上几种实际成本加酬金合同，都是按实际成本报销，所不同的只是酬金的计算方式不同，为的是使承包人关心降低成本和缩短工期。所以，支付酬金的方式是多种多样的，不限于上述四种方式。保证最高成本加固定酬金合同也是常用的另一种方式，这种方式先定预计成本和酬金，再定保证最高成本金额。当实际成本超过最高限额时，超过部分全部由承包人承担，不仅要用预定酬金充抵，甚至要用承包人自有资金充抵。当实际成本低于预定成本时，节余部分由承包人与业主按规定比例分享。

10.2.1.4　混合型合同

混合型合同有部分固定价格、部分实际成本合同和阶段转换合同方式两种。前者是对重要的设计内容已具体化的项目采用固定价格合同；而对次要的，设计还未具体化的项目采用实际成本加酬金合同；后者则是指在一个项目的前阶段和后阶段采取不同的结算方式，如开始采用实际成本加酬金合同，等项目进行了一段时间，情况比较明朗时，改用固定价格合同。

10.2.2 合同类型的选择

合同是约束业主与承包商的书面文件，它直接影响双方的自身利益，选择一个有效的合同形式就显得非常重要。合同结算类型的选择，取决于下列因素：

(1) 业主的意愿。有的业主宁愿多出钱，一次以总价合同包死，以免以后为加强对承包人的监督而带来的麻烦。

(2) 工程设计的具体、明确程度。如果承包合同不能规定得比较明确，双方都不会同意采用固定价格合同，只能订立实际成本加酬金合同。

(3) 项目的规模及其复杂程度。规模大而复杂的项目，承包风险较大，不易估算准确，不宜采用固定价格合同。即使采用限额成本加酬金或目标成本加酬金也困难，故以实际成本加固定酬金再加奖励为宜，或者有把握的部分采用固定价格合同，估算不准的部分采用实际成本加酬金合同。

(4) 施工项目技术先进性程度。若属新技术开发项目，甲乙方过去都没有这方面的经验，一般以实际成本加酬金为宜，不宜采用固定价格合同。

(5) 承包人的意愿和能力。有的施工项目对承包人来说已有相当的建设经验，如果要它建设这种类似的施工项目，只要项目不太大，它是愿意也有能力采用固定价格合同来承包工程的。因为总价合同可以取得更多的利润。然而有的承包人在总包项目建设时，考虑到自己的承担风险能力有限，决定一律采用实际成本加酬金合同，不采用固定价格。

(6) 工程进度的紧迫程度。招标过程是费时间的，对工程设计要求也高，所以工程进度太紧，一般不宜采用固定价格合同，可以采用实际成本加酬金的合同方式。选择有信誉有能力的承包人提前开工。

(7) 市场情况。如果只有一家承包人参加投标，又不同意采用固定价格合同，那么业主只能采用实际成本加酬金合同。如果有好几家承包人参加竞标，业主提出的要求承包人均愿意考虑。当然如果承包人技术、管理水平高，信誉好，愿意采取什么合同，业主也会考虑。

(8) 甲方的工程监督力量如果比较弱，最好将工程由承包人以固定价格合同总承包。如果采用实际成本加酬金合同，就要求甲方有足够的合格监督人员，对整个工程实行有效的控制。

(9) 外部因素或风险的影响。政治局势，通货膨胀，物价上涨，恶劣的气候条件等都会影响承包工程的合同结算方式。如果业主和承包人对工程建设期间这些影响无法估计，乙方一般不愿采用固定价格合同，除非业主愿意承担在固定价格中附加一笔相当大的风险费用。

一个项目究竟应该采取哪种合同形式不是固定不变的。有时候一个项目中各个不同的工程部分，或不同阶段就可能采取不同形式的合同。业主在制定项目分包合同规划时，必须根据实际情况，全面反复地权衡各种利弊，作出最佳决策，选定本项目的分项合同种类和形式。

任务10.3 水利水电土建施工合同条件简介

GF－2000－0208《水利水电土建工程施工合同条件》由通用合同条款、专用合同条款和通用合同条款使用说明三部分组成。

通用条款是根据《合同法》、《建筑法》、《建设工程施工合同管理办法》等法律、法规对承发包双方的权利、义务作出的规定，除双方协商一致对其中的某些条款作了修改、补充或取消，双方都必须履行。它是将建设工程施工合同中共性的一些内容抽象出来编写的一份完整的合同文件。通用条款具有很强的通用性，基本适用于各类水利水电土建工程。

10.3.1 合同条件内容

通用条款共22部分60条。这22部分内容是：

(1) 词语涵义。

(2) 合同条件。

(3) 双方的一般义务和责任。

(4) 履约担保。

(5) 监理人和总监理工程师。

(6) 联络。

(7) 图纸。

(8) 转让和分包。

(9) 承包人的人员及管理。

(10) 材料和设备。

(11) 交通运输。

(12) 工程进度。

(13) 工程质量。

(14) 文明施工。

(15) 计量与支付。

(16) 价格调整。

(17) 变更。

(18) 违约。

(19) 争议的解决。

(20) 风险和保险。

(21) 完工与保修。

(22) 其他。

考虑到水利水电土建工程的内容各不相同，工期、造价也随之变动，承包、发包人各自的能力、施工现场的环境和条件也各不相同，通用条款不能完全适用于各个具体工程，因此，配之以专用条款对其作必要的修改和补充，使通用条款和专用条款成为双方统一意愿的体现。专用条款的条款号与通用条款相一致，但主要是空格，由当事人根据工程的具体情况予以明确或对通用条款进行修改和补充。

10.3.2 通用条款——各方义务和责任

10.3.2.1 业主

(1) 遵守法律、法规和规章。发包人应在其实施本合同的全部工作中遵守与本合同有关的法律、法规和规章，并应承担由于其自身违反上述法律、法规和规章的责任。

(2) 发布开工通知。发包人应委托监理人按合同规定的日期向承包人发布开工通知。

(3) 安排监理人及时进点实施监理。发包人应在开工通知发布前安排监理人及时进入工地开展监理工作。

(4) 提供施工用地。发包人应按专用合同条款规定的承包人用地范围和时限，办清施工用地范围内的征地和移民，按时向承包人提供施工用地。

(5) 提供部分施工准备工程。发包人应按合同规定，完成由发包人承担的施工准备工程，并按合同规定的时限提供承包人使用。

(6) 提交测量基准。发包人应按有关规定，委托监理人向承包人提交现场测量基准点、基准线和水准点及其有关资料。

(7) 办理保险。发包人应按合同规定负责办理由发包人投保的保险。

(8) 提供已有的水文和地质勘探资料。发包人应向承包人提供已有的与本合同工程有关的水文和地质勘探资料，但只对列入合同文件的水文和地质勘探资料负责，不对承包人使用上述资料所作的分析、推断和推论负责。

(9) 及时提供图纸。发包人应委托监理人在合同规定的时限内向承包人提供应由发包人负责提供的图纸。

(10) 支付合同价款。发包人应按规定支付合同价款。

(11) 统一管理工程的文明施工。发包人应按国家有关规定负责统一管理本工程的文明施工，为承包人实现文明施工目标创造必要的条件。

(12) 治安保卫和施工安全。发包人应按有关规定履行其治安保卫和施工安全职责。

(13) 环境保护。发包人应按环境保护的法律、法规和规章的有关规定统一筹划本工程的环境保护工作，负责审查承包人按规定所采取的环境保护措施，并监督其实施。

(14) 组织工程验收。发包人应按规定主持和组织工程的完工验收。

(15) 其他一般义务和责任。发包人应承担专用合同条款中规定的其他一般义务和责任。

10.3.2.2 承包商

(1) 遵守法律、法规和规章。承包人应在其负责的各项工作中遵守与本合同工程有关的法律、法规和规章，并保证发包人免于承担由于承包人违反上述法律、法规和规章的任何责任。

(2) 提交履约担保证件。承包人应按规定向发包人提交履约担保证件。

(3) 及时进点施工。承包人应在接到开工通知后及时调遣人员和调配施工设备、材料进入工地，按施工总进度要求完成施工准备工作。

(4) 执行监理人指示，按时完成各项承包工作。承包人应认真执行监理人发出的与合同有关的任何指示，按合同规定的内容和时间完成全部承包工作。除合同另有规定外，承包人应提供为完成本合同工作所需的劳务、材料、施工设备、工程设备和其他物品。

(5) 提交施工组织设计、施工措施计划和部分施工图纸。承包人应按合同规定的内容和时间要求，编制施工组织设计、施工措施计划和由承包人负责的施工图纸，报送监理人审批，并对现场作业和施工方法的完备和可靠负全部责任。

(6) 办理保险。承包人应按合同规定负责办理由承包人投保的保险。

(7) 文明施工。承包人应按国家有关规定文明施工，并应在施工组织计划中提出施工全过程的文明施工措施计划。

(8) 保证工程质量。承包人应严格按施工图纸和合同《技术条款》中规定的质量要求完成各项工作。

(9) 保证工程施工和人员的安全。承包人应按有关规定认真采取施工安全措施，确保工程和由其管辖人员、材料、设施和设备的安全，并采取有效措施防止工地附近建筑物和居民的生命财产遭受损害。

(10) 环境保护。承包人应遵守环境保护的法律、法规和规章，并应按规定采取必要措施保护工地及其附近的环境，免受因其施工引起的污染、噪声和其他因素所造成的环境破坏和人员伤害及财产损失。

(11) 避免施工对公众利益的损害。承包人在进行本合同规定的各项工作时，应保障发包人和其他人的财产和利益以及使用公用道路、水源和公共设施的权利免受损害。

(12) 为他人提供方便。承包人应按监理人的指示为其他人在本工地或附近实施与本工程有关的其他各项工作提供必要的条件。除合同另有规定外，有关提供条件的内容和费用应在监理人的协调下另行签订协议。若达不成协议，则由监理人作出决定，有关各方遵照执行。

(13) 工程维护和保修。工程未移交发包人前，承包人应负责照管和维护；移交后承包人应承担保修期内的缺陷修复工作。若工程移交证书颁发前尚有部分未完工程需在保修期内继续完成，则承包人还应负责该未完工程的照管和维护工作，直至完工后移交给发包人为止。

(14) 完工清场和撤退。承包人应在合同规定的期限内完成工地清理并按期撤退人员、施工设备和剩余材料。

(15) 其他一般义务和责任。承包人应承担专用合同条款中的其他一般义务和责任。

10.3.2.3 监理工程师

(1) 监理工程师应履行本合同规定的职责。

(2) 监理工程师可以行使合同规定和合同中隐含的权力，但若发包人要求监理工程师在行使某权力之前必须得到发包人批准，则应在专用合同条款中予以规定，否则监理工程师行使这种权力应视为已得到发包人的事先批准。

(3) 除合同中另有规定外，监理工程师无权免除合同中规定的承包人或发包人的义务、责任和权利。

10.3.3 通用条款——违约责任

10.3.3.1 承包商

(1) 违约情况。在履行合同过程中，承包方发生下述行为之一者属承包方违约：

1）承包方无正当理由未按开工通知的要求及时进点组织施工和未按签署协议书时商定的进度计划有效地开展施工准备，造成工期延误。

2）承包方违反规定私自将合同或合同的任何部分或任何权利转让给其他人，或私自将工程或工程的一部分分包出去。

3）未经监理单位批准，承包方私自将已按合同规定进入工地的工程设备、施工设备、临时工程设施或材料撤离工地。

4）承包方违反规定使用不合格的材料和工程设备，或拒绝按规定处理不合格的工程、材料和工程设备。

5）由于承包方原因未按合同进度计划及时完成合同规定的工程或部分工程，而又未按规定采取有效措施赶上进度，造成工期延误。

6）承包方在保修期内未按规定和工程移交证书中所列的缺陷清单内容进行修复，或经监理单位检验认为修复质量不合格而承包方拒绝再进行修补。

7）承包方否认合同有效或拒绝履行合同规定的承包方义务，或由于法律、财务等原因导致承包方无法继续履行或实质上已停止履行本合司的义务。

（2）业主对策。

1）对承包方违约发出警告。承包方发生违约行为时，监理单位应及时向承包方发出书面警告，限令其在收到书面警告后的28天内予以改正。承包方应立即采取有效措施认真改正，并尽可能挽回由于违约造成的延误和损失。由于承包方采取改正措施所增加的费用应由承包方承担，由于承包方违约引起的工期延误应由承包方按规定支付逾期完工违约金。

2）责令承包方停工整顿。承包方在收到书面警告后的28天内仍不采取有效措施改正其违约行为，继续延误工期或严重影响工程质量，危及工程安全，监理单位可暂停支付工程价款，并按规定暂停其工程或部分工程施工，责令其停工整顿，并限令承包方在14天内提交整改报告报送监理单位。

3）解除合同。监理单位发出停工整顿通知14天后，承包方继续无视监理单位的指示，仍不提交整改报告，亦不采取整改措施，则发包方可通知承包单位解除合同并抄送监理单位，并在发出通知14天后派员进驻工地直接监管工程，使用承包方设备、临时工程和材料，另行组织人员或委托其他承包人施工，但发包方的这一行动并不免除承包方按合同规定应负的责任。

4）解除合同后的估价。因承包方违约解除合同后，监理单位应尽快通过调查取证并与发包方和承包方协商后确定，并证明：在解除合同时，承包方根据合同实际完成的工作已经得到或应得到的金额；未用或已经部分使用的材料、承包方设备和临时工程等的估算金额。

5）解除合同后的付款。

a. 若因承包方违约解除合同，则发包方应暂停对承包方的一切付款，并应在解除合同后发包方认为合适的时间委托监理单位查清以下付款金额，并出具付款证书报送发包方审批后支付：承包方按合同规定已完成的各项工作应得的金额和其他应得的金额；承包方已获得发包方的各项付款金额；承包方按合同规定应支付的逾期完工违约金和其他应付金额；由于解除合同承包方应合理赔偿发包方损失的金额。

b. 监理单位出具上述付款证书前，发包方可不再向承包方支付合同规定的任何金额。此后，承包方有权得到按本款①中第一项减去后三项的余额，若上述后三项相加的金额超过第一项的金额时，则承包方应将超出部分付还给发包方。

10.3.3.2 业主

(1) 违约情况。发包方发生下述行为之一者属发包方违约：

1) 发包方未能按合同规定的内容和时间提供施工用地、测量基准和应由发包方负责的部分准备工程等承包方施工所需的条件。

2) 发包方未能按合同规定的时限向承包方提供应由发包方负责的施工图纸。

3) 发包方未能按合同规定的时间支付各项预付款或合同价款，或阻挠、拒绝批准任何支付凭证，导致付款延误。

4) 由于法律、财务等原因导致发包方已无法继续履行或实质上已停止履行本合同的义务。

(2) 承包商对策。

1) 暂停施工。

若发生上述第1)、2)项的违约时，承包方应及时向发包方和监理单位发出通知，要求发包方采取有效措施限期提供上述条件和图纸，并有权要求延长工期和补偿额外费用。监理单位收到承包方通知后，应立即与发包方和承包方共同协商补救办法，由此增加的费用和工期延误责任由发包方承担。发包方收到承包方通知后的28天内仍未采取措施改正上述违约行为，则承包方有权暂停施工，并通知发包方和监理单位，由此增加的费用和工期责任由发包方承担。

若发生第3)项的违约时，发包方应按规定加逾期付款违约金，逾期28天仍不支付，则承包方有权暂停施工，并通知发包方和监理单位，由此增加的费用和工期延误责任由发包方承担。

2) 发包方违约解除合同。若发生第3)、4)项的违约时，承包方已按规定发出通知，并采取了暂停施工的行动后，发包方仍不采取有效措施纠正其违约行为，承包方有权向发包方提出解除合同的要求，并抄送监理单位。发包方在收到承包方书面要求后的28天内仍不答复承包方，则承包方可立即采取行动解除合同并撤走其人员和设备。

3) 解除合同后的付款。若因发包方违约解除合同，则发包方应在解除合同后28天内向承包方支付合同解除日以前所完成工程的价款和以下费用（应减去已支付给承包方的金额）：

a. 即将交付承包方的，或承包方依法应予接收的为该工程合理订购的材料、工程设备和其他物品的费用，发包方一经支付此项费用，该材料、工程设备和其他物品即成为发包方的财产。

b. 已合理开支的、确属承包方为完成工程所发生的而发包方未支付过的费用。

c. 承包方设备运回规定地点的合理费用。

d. 承包方雇用的所有从事工程施工或与工程有关的职员和工人在合同解除后的遣返费和其他合理费用。

e. 由于解除合同应合理补偿承包方损失的费用和利润。

f. 在合同解除日前按合同规定应支付给承包方的其他费用。

发包方除应按本款规定支付上述费用外，亦有权要求承包方偿还未扣完的全部预付款余额以及按合同规定应由发包方向承包方收回的其他金额。本款规定的任何应付金额应由监理单位与发包方和承包方协商后确定，监理单位应将确定的结果通知承包方，并抄送发包方。

【例 10.26】 某水闸施工项目，建设单位与施工单位经公开招标后签订了工程施工承包合同，施工承包合同规定：水闸的启闭机设备由建设单位采购，其他建筑材料由施工单位采购。同时，建设单位与监理单位签订了施工阶段监理合同。

建设单位为了确保水闸施工质量，经与设计单位商定，在设计文件中标明了水泥的规格、型号等技术指标，并指定了生产厂家。施工单位在工程中标后，与生产厂家签订了购货合同。

为了在汛期来临之前完成水闸的基础工程施工，施工单位采购的水泥进场时，未经监理机构许可就擅自投入施工使用。监理机构在对浇筑而成的第一块闸底板检查时，发现水泥的指标达不到要求，监理机构就通知施工单位该批水泥不得使用。施工单位要求水泥厂家将不合格的水泥退换，厂家认为水泥质量没有问题，若要退货，施工单位应支付退货运费，施工单位不同意支付，厂家要求建设单位在施工单位的应付工程款中扣除上述费用。

（1）问题。

1）建设单位能否指定水泥的规格和型号？

2）施工单位采购的水泥进场，未经监理机构许可就擅自投入使用，此做法是否正确？为什么？

3）施工单位要求退换该批水泥是否合理？为什么？

4）水泥生产厂家要求施工单位支付退货费用，建设单位代扣退货运费款是否合理？水泥退货的经济损失应由谁负担？为什么？

（2）参考答案。

1）建设单位指定水泥的规格、型号是合理的。因为《建设工程质量管理条例》明确规定应当指定建筑材料的规格、型号。

2）施工单位采购的水泥进场，未经监理机构许可就擅自投入使用，此做法不正确。正确的做法是：施工单位运进水泥前，应向监理机构提交《工程材料报审表》，并附有材料合格证、技术说明书、按规定要求进行送检的检查报告，经监理机构审查并确认合格后，方可进场使用。

3）施工单位要求退换该批水泥是合理的。因为供货厂家提供的水泥质量不符合合同要求。

4）水泥生产厂家要求施工单位支付退货费用是不合理的，因为退货是生产厂家违约引起的，应由生产厂家承担退货费用。建设单位代扣退货运费也不合理，因为水泥购货合同是施工单位与水泥生产厂家签订的，与建设单位无关。应由水泥生产厂家负担退货的经济损失。

10.3.4 通用条款——索赔

10.3.4.1 施工索赔的含义

施工索赔，是指施工合同当事人在合同实施过程中，根据法律、合同规定及惯例，对并非由于自己的过错，而是由于应当由合同对方承担责任的情况造成的实际损失向对方提出给予补偿的要求。可以是费用补偿或时间延长。

10.3.4.2 索赔的处理程序

(1) 承包人提出索赔申请。索赔事件发生28天内，向工程师发出索赔意向通知。逾期申报时，工程师有权拒绝承包人的索赔要求。

(2) 发出索赔意向通知后28天内，向工程师提交正式的索赔报告。索赔报告应包括事件的详细原因、对其权益影响的证据资料、索赔的依据。

(3) 工程师审核承包人的索赔申请。工程师收到承包人递交的索赔报告和有关资料后，于28天内给予答复，或要求承包人进一步补充索赔理由和证据。28天内未予答复或未对承包人作进一步要求，视为该项索赔已经认可。

(4) 当该索赔事件持续进行时，承包人应当阶段性地向工程师发出索赔意向，在索赔事件终了后28天内，向工程师提供索赔的有关资料和最终索赔报告。

10.3.4.3 索赔的期限

(1) 承包方按规定提交了完工付款申请单后，应认为已无权再提出在本合同工程移交证书颁发前所发生的任何索赔。

(2) 承包方按规定提交的最终付款申请单中，只限于提出本合同工程移交证书颁发后发生的新的索赔。提交最终付款申请单的时间是终止提出索赔的期限。

【例10.27】 某引水渠工程，渠道断面为梯形开敞式，用浆砌石衬砌，全长10km。业主与承包商签订了单价合同，合同条件采用GF-2000-0208《水利水电土建工程施工合同条件》。合同开工日期为2011年3月1日。合同工程量清单中土方开挖工程量为10万m^3，单价为10元/m^3。合同规定工程量清单中项目的工程量增减变化超过20%时，属于变更。在合同实施过程中发生下列事项：

(1) 项目法人采用专家建议并通过专题会议论证，拟采用现浇混凝土板衬砌方案。承包人通过其他渠道得到消息后，在未得到监理人指示的情况下对现浇混凝土板衬砌方案进行了一定的准备工作，并对原有工作（如石料采购、运输、工人招聘等）进行了一定的调整。但是，由于其他原因现浇混凝土板衬砌方案最终未予正式采用实施。承包人在分析了由此造成的费用损失和工期延误基础上，向监理人提交了索赔报告。

(2) 合同签订后，承包人按规定时间向监理人提交了施工总进度计划并得到监理人的批准。但是，由于6～9月为当地雨季，降雨造成了必要的停工、工效降低等，实际施工进度比原施工进度计划缓慢。为保证工程按照合同工期完工，承包人增加了挖掘、运输设备和衬砌工人。由此，承包人向监理人提交了索赔报告。

(3) 渠线某段长500m为深槽明挖段。实际施工中发现，地下水位比招标资料提供的地下水位高3.10m（属于发包人提供资料不准），需要采取降水措施才能正常施工。据此，承包人提出了降低地下水位措施并按规定程序得到监理人的批准。同时，承包人提出了费用补偿要求，但未得到发包人的同意。发包人拒绝补偿的理由是：地下水位变化属于正常现象，属于承包人风险。在此情况下，承包人采取了暂停施工的做法。

（4）在合同实施中，承包人实际完成并经监理人签认的土方开挖工程量为 12 万 m^3，经合同双方协商，对超过合同规定百分比的工程量按照调整单价 9 元/m^3 结算。工程量的变化未发生第 39.6 款规定的施工组织和进度计划调整引起的价格调整。

问题：

（1）所述情况，监理人是否应同意承包人的索赔？

（2）所述情况，监理人是否应同意承包人的索赔？

（3）所述情况，承包人是否有权得到费用补偿？承包人的行为是否符合合同约定？

（4）所述情况，承包人是否有权延长工期？承包人有权得到土方开挖多少价款？

参考答案：

（1）监理人不应同意承包人的索赔。合同条件规定，未经监理人指示，承包人不得进行任何变更。承包人自行安排造成工期延误和费用增加应由承包人承担。

（2）监理人应拒绝承包人提出的索赔。合同条件规定，非异常气候引起的工期延误属于承包人风险。一个有经验的承包商应能预计到当地雨季对工程的影响。

（3）属于发包人提供资料不准确造成的损失，承包人有权得到费用补偿。但是，承包人的行为不符合合同约定。依据合同原则，承包人不得因索赔处理未果而不履行合同义务。

（4）土方实际完成工程量 12 万 m^3，虽然比工程量清单中的估计工程量 10 万 m^3 多，但未超过 10 万 m^3 ×（1＋20％）＝12 万 m^3。因此，不构成变更。因此，承包人无权延长工期。承包人有权得到土方开挖价款为：10 元/m^3 ×12 万 m^3 ＝120 万元。

10.3.5 通用条款——计量与支付

10.3.5.1 计量

（1）工程量。本合同工程量清单中开列的工程量是招标时的估算工程量，不是承包方为履行合同应当完成的和用于结算的实际工程量。结算的工程量应是承包方实际完成的并按本合同有关计量规定计量的工程量。

（2）完成工程量的计量。

1）承包方应按合同规定的计量办法，按月对已完成的质量合格的工程进行准确计量，并在每月末随同月付款申请单，按工程量清单的项目分项向监理单位提交完成工程量月报表和有关计量资料。

2）监理单位对承包方提交的工程量月报表有疑问时，可以要求承包方派员与监理单位共同复核，并可要求承包方按规定进行抽样复测。此时，承包方应积极配合和指派代表协助监理单位进行复核并按监理单位的要求提供补充的计量资料。

3）若承包方未按监理单位的要求派代表参加复核，则监理单位复核修正的工程量应被视为该部分工程的准确工程量。

（3）计量单位。除合同另有规定外，均应采用国家法定的计量单位。

（4）总价承包项目的分解。承包方应将工程量清单中的总价承包项目进行分解，并在签署协议书后的28天内将该项目的分解表提交监理单位审批。分解表应标明其所属子项或分阶段的工程量和需支付的金额。

10.3.5.2 预付款

（1）工程预付款。

1）工程预付款的总金额为合同价格的10%～20%，分两次支付给承包方。第一次预付的金额应不低于工程预付款的50%。工程预付款总金额的额度和分次付款比例应根据工程的具体情况由发包方通过编制本合同资金流计划予以测定，并在专用合同条款中规定。工程预付款专用于本合同工程。

2）第一次预付款应在协议书签署后21天内，并在承包方向发包方提交了经发包方认可的预付款保函后支付。发包方应在支付前将上述预付款保函复印件送监理单位，由监理单位出具付款证书交发包方作为支付凭证。预付款保函在预付款被发包方扣回前一直有效，保函金额为本次预付款金额，但可根据以后预付款扣回的金额相应递减。

3）第二次预付款需待承包方主要设备进入工地后，其估算价值已达到本次预付款金额时，由承包方提出书面申请，经监理单位核实后出具付款证书提交给发包方，发包方收到监理单位出具的付款证书后的14天内支付给承包方。

4）工程预付款由发包方从月进度付款中扣回。在合同累计完成金额达到专用合同条款规定的数额时开始扣款，直至合同累计完成金额达到专用合同条款规定的数额时全部扣清。在每次进度付款时，累计扣回的金额按下列公式计算：

$$R=\frac{A(C-F_1S)}{(F_2-F_1)S} \tag{10.1}$$

式中 R——每次进度付款中累计扣回的金额；

A——工程预付款总金额；

S——合同价格；

C——合同累计完成金额；

F_1——按专用合同条款规定开始扣款时合同累计完成金额达到合同价格的比例；

F_2——按专用合同条款规定全部扣清时合同累计完成金额达到合同价格的比例。

（2）永久工程的材料预付款。

1）专用合同条款中规定的形成本合同永久工程的主要材料到达工地并满足以下条件后，承包方可向监理单位提交材料预付款支付申请单，要求给予材料预付款。

a. 材料应符合技术条款的要求。

b. 材料已到达工地，并以承包方和监理单位共同验点入库。

c. 承包方应按监理单位的要求提交材料的订货单、收据或价格证明文件。

d. 到达工地的材料应由承包方保管，若发生损坏、遗失或变质，应由承包方负责。

2）预付款金额为经监理单位审核后的实际材料价的90%，在月进度付款中支付。

3）预付款从付款月后的6个月内在月进度付款中每月按该预付款金额的1/6平均扣还。

10.3.5.3 工程进度款

（1）月进度款申请。单承包方应在每月末按监理单位规定的格式提交月进度付款申请单（一式4份），并附有第31.2款规定的完成工程量月报表。该申请单应包括以下内容：

1）已完成的工程量清单中永久工程及其他项目的应付金额。

2）经监理单位签认的当月计日工支付凭证标明的应付金额。

3）永久工程材料预付款金额。

4）价格调整金额。

5）根据合同规定承包方应有权得到的其他金额。

6）扣除按规定应由发包方扣还的工程预付款和永久工程材料预付款金额。

7）扣除按规定应由发包方扣留的保留金金额。

8）扣除按合同规定由承包方应付给发包方的其他金额。

（2）月进度付款证书。监理单位在收到月进度付款申请单后的14天内进行核查，并向发包方出具月进度付款证书，提出他认为应当到期支付给承包方的金额。

（3）工程进度付款的修正和更改。监理单位有权通过对以往历次已签证的月进度付款证书的汇总和复核中发现的错、漏或重复进行修正或更改；承包方亦有权提出此类修正或更改，经双方复核同意的此类修正或更改应列入月进度付款证书中予以支付或扣除。

（4）支付时间。发包方收到监理单位签证的月过度付款证书并审批后支付给承包方，支付时间不应超过监理单位收到月进度付款申请单后28天。若不按期支付，则应从逾期第一天起按专用合同条款中规定的逾期付款违约金加付给承包方。

（5）总价承包项目的支付。工程量清单中的总价承包项目应按第31.5款规定的总价承包项目分解表统计实际完成情况，确定分项应付金额列入第33.1款第（1）项内进行支付。

10.3.5.4 保留金

（1）监理单位应从第一个月开始在给承包方的月进度付款中扣留按专用合同条款规定百分比的金额作为保留金（其计算额度不包括预付款和价格调整金额），直至扣留的保留金额达到专用合同条款规定的数额为止。

（2）在签发本合同工程移交证书后14天内由监理单位出具保留金付款证书，发包方将保留金总额的一半支付给承包方。在签发单位工程或部分工程的临时移交证书后将其相应的保留金总额的一半在月进度付款中支付给承包方。

（3）监理单位在本合同全部工程的保修期满时出具为支付剩余保留金的付款证书，发包方应在收到上述付款证书后14天内将剩余的保留金支付给承包方。若保修期满时尚需承包方完成剩余工作，则监理单位有权在付款证书中扣留与剩余工作所需金额相应的保留金余额。

10.3.5.5 完工结算

（1）完工付款申请单。在本合同工程移交证书颁发后的28天内，承包方应按监理单位批准的格式提交一份完工付款申请单（一式4份），并附有下述内容的详细证明文件：

1）至移交证书注明的完工日期止，根据合同所累计完成的全部工程价款金额。

2）承包方认为根据合同应支付给他的追加金额和其他金额。

（2）完工付款证书及支付时间。监理单位应在收到承包方提交的完工付款申请单后的28天内完成复核，并与承包方协商修改后在完工付款申请单上签字和出具完工付款证书报送发包方审批。发包方应在收到上述完工付款证书后的42天内审批后支付给承包方。若发包方不按期支付，则应按规定相同办法将逾期付款违约金支付给承包方。

10.3.5.6 最终结清

（1）最终付款申请单。

1）承包方在收到按规定颁发的保修责任终止证书后的28天内，按监理单位批准的格式向监理单位提交一份最终付款申请单（一式4份），该申请单位应包括以下内容，并附有关的证明文件：①按合同规定已经完成的全部工程价款金额；②按合同规定应付给承包方的追加金额；③承包方认为应付给他的其他金额。

2）若监理单位对最终付款申请单中的某些内容有异议时，有权要求承包方进行修改和提供补充资料，直至向监理单位正式提交经监理单位同意的最终付款申请单为止。

（2）结清单。承包方向监理单位提交最终付款申请单的同时，应向发包方提交一份结清单，并将结清单的副本提交监理单位。该结清单应证实最终付款申请单的总金额是根据合同规定应付给承包方的全部款项的最终结算金额。但结清单只在承包方收到退还履约担保证件和发包方已付清监理单位出具的最终付款证书中应付的金额后才生效。

（3）最终付款证书和支付时间。

监理单位收到最终付款申请单和结清单副本后的14天内，向发包方出具一份最终付款证书提交发包方审批。最终付款证书应说明：

1）按合同规定和其他情况应最终支付给承包方的合同总金额。

2）发包方已支付的所有金额以及发包方有权得到的全部金额。

发包方审查监理单位提交的最终付款证书后，若确认还应向承包方付款，则应在收到该证书后的42天内支付给承包方。若确认承包方应向发包方付款，则发包方应通知承包方，承包方应在收到通知后的42天内付还发包方。不论是发包方或承包方，若不按期支付，均应按第33.4款规定的相同办法将逾期付款违约金加付给对方。

若承包方和监理单位未能就最终付款的内容和额度取得一致意见，监理单位应对双方已同意的部分内容和额度出具临时付款证书报送发包方审批后支付。但承包方有权将尚未取得一致的付款内容按规定提交争议评审组评审。争议评审组有权要求承包方进行修改和提供补充资料，直至向监理单位正式提交经监理单位同意的最终付款申请单为止。

【例10.28】 根据GF-2000-0208《水利水电土建工程施工合同条件》，发包人与承包人签订了混凝土重力坝浇筑工程施工合同。合同中有如下约定：

（1）合同中混凝土工程量为20万m^3，单价为300元/m^3，合同工期为10个月。

（2）工程开工前，按合同价的10%支付预付款，自开工后第一个月起按当月工程进度款的20%逐月扣回，扣完为止。

（3）保留金自开工第一个月起按当月工程款的5%逐月扣留。

（4）当实际完成工程量超过合同工程量15%时，对超过部分进行调价，调价系数为0.9。

施工期各月计划工程量和实际完成工程量见表10.1。

表 10.1 混凝土工程量计划与实际统计表

时间/月	1	2	3	4	5	6	7	8	9	10
计划工程量/万 m^3	1.5	1.5	2.0	2.0	2.0	3.0	3.0	2.0	2.0	1.0
实际完成工程量/万 m^3	1.5	1.5	2.5	2.5	3.0	3.5	3.5	3.0	2.0	1.0

问题：

（1）计算第 5 个月的工程进度款、预付款扣回额、保留金扣留额、发包人当月应支付的工程款。（单位：万元。有小数点的，保留小数点后两位。下同。）

（2）计算第 10 个月的工程进度款、预付款扣回额、保留金扣留额、发包人当月应支付的工程款。

（3）在第 11 个月进行完工结算时，计算承包人应得的工程款总额以及发包人应支付的工程款总额。

参考答案：

本工程合同价为：20 万 m^3×300 元/m^3＝6000 万元

预付款总额：6000 万元×10%＝600 万元

预付款全部扣回时工程进度款为：600 万元÷20%＝3000 万元

此时完成的工程量为：3000 万元÷300 元/m^3＝10 万 m^3

（1）第 5 个月进度款为：3 万 m^3×300 元/m^3＝900 万元

前 4 个月累计完成工程量为 8 万 m^3；前 5 个月累计完成工程量为 11 万 m^3，超过全部扣回时对应的工程量。

前 4 个月预付款扣回额为：8 万 m^3×300 元/m^3×20%＝480 万元

第 5 个月预付款扣回额：600 万元－480 万元＝120 万元

第 5 个月保留金扣留额：900 万元×5%＝45 万元

发包人当月应支付的工程款：900 万元－120 万元－45 万元＝735 万元

（2）第 10 个月工程进度款为：1.0 万 m^3×300 元/m^3＝300 万元

预付款已于第 5 个月扣回完毕，所以本月无预付款扣回额。

保留金扣留额：300 万元×5%＝15 万元

第 10 个月应支付工程款：300 万元－15 万元＝285 万元

（3）第 11 个月完工结算时，因累计实际完成工程量 24 万 m^3＞20（1＋15%）＝23 万 m^3，对超过部分要进行调价，按 300 元/m^3×0.9＝270 元/m^3 计算。

承包人应得的工程款总额为：23 万 m^3×300 元/m^3＋1 万 m^3×270 元/m^3＝7170 万元

扣除预付款：600 万元

扣除保留金：7170 万元×5%＝358.5 万元

发包人应支付的工程款总额为：7170 万元－600 万元－358.5 万元＝6211.5 万元

任务 10.4 变更与索赔

变更与索赔是合同管理中的重要内容。从业主角度讲，应尽量减少变更，以控制施工阶段的工程造价；从承包商角度讲，应尽量利用变更和索赔的机会，以弥补低价中标可能带来的亏损。

10.4.1　施工合同变更

施工合同变更是指合同成立后，在尚未履行或尚未完全履行时，当事人双方经过协商或按照合同约定、法律法规规定，对合同内容进行的修订。合同当事人可通过合同变更，对原合同的部分条款进行修改、补充或增加新的条款，以适应客观事物的变化。合同变更是合同内容的变更，也即合同当事人权利和义务的变更。

合同变更是水利水电工程施工合同实施中十分普遍的管理工作，应纳入正常的合同管理范畴。在签订合同以前，尽管已对工程进行了大量的规划、勘测、设计工作，但不可能绝对做到对工程情况的全面、准确了解和完美无缺的设计，很难预计到未来合同执行期间情况的变化，特别是对那些规模大、工期长、地质条件复杂的工程建设项目，以后发生设计改变、材料替换、施工条件变化、恶劣自然条件干扰等情况是完全可能的。

10.4.2　引起工程变更的原因

引起工程变更的原因很多，一般来说主要有下列方面：

（1）施工现场条件的变化。在水电工程施工中，施工现场条件变化是经常发生的。其主要原因是：

1）从客观上讲，大型土建工程规模大，工期长，地形、地貌、地质诸条件的变化对工程影响较大。例如：在进行地下施工时，由于开挖深度和范围很大，极可能遇到特殊的不利条件。

2）从主观上讲，可能由于项目前期工作对施工区域的勘测工作深度不够，在招标文件中没有准确反映实际条件，尤其是不利的地质条件。

（2）设计变更。工程开工后，发包人根据施工现场条件的改变，工程使用意图的改变，或者政府部门对工程建设要求的改变，有可能提出设计变更；监理人、设计单位也可根据现场情况、原设计不合理之处提出设计变更；承包人也可根据现场施工条件提出设计变更请求，有时在合同中设有所谓“价值工程”的条款，鼓励承包人提出设计变更合理化建议。

（3）工程范围发生变化（新增项目）。因工程范围发生变化，出现了合同范围以外的工作项目，称为新增项目，这使施工项目的合同管理工作增加了新的内容。

（4）进度协调引起监理人发出变更指令。监理人在考虑承包人之间的进度协调或发包人工程设备供应、资金供应、图纸供应、场地提供等要求，对某承包人的施工进度作出的调整，也属于工程变更。

10.4.3　变更的类型

在履行合同过程中，监理人可根据工程的需要和合同的授权，指示承包人进行以下各种类型的变更。没有监理人的指示，承包人不得擅自变更。《水利水电土建工程施工合同条件》第39.1款规定的工程变更类型为：

（1）增加或减少合同中任何一项工作内容。

（2）增加或减少合同中关键项目的工程量超过专用合同条款规定的百分比（一般为±20%～±25%）。

（3）取消合同中任何一项工作（但被取消的工作不能转由发包人或其他承包人实施）。

（4）改变合同中任何一项工作的标准或性质。

（5）改变工程建筑物的形式、基线、标高、位置或尺寸。

（6）改变合同中任何一项工程的完工日期或改变已批准的施工顺序。

（7）追加为完成工程所需的任何额外工作。

10.4.4 变更的费用处理原则

（1）变更需要延长工期时，应按合同有关规定办理；若变更使合同工作量减少，监理人认为应予提前变更项目的工期时，由监理人和承包人协商确定。

（2）变更需要调整合同价格时，按以下原则确定其单价或合价：

1）工程量清单中有适用于变更工作的项目时，应采用该项目单价或合价。

2）工程量清单中无适用于变更工作的项目时，则可在合理的范围内参考类似项目的单价或合价作为变更估价的基础，由监理人与承包人协商确定变更后的单价或合价。

3）工程量清单中无类似项目的单价或合价可供参考，则应由监理人与发包人和承包人协商确定新的单价或合价。

（3）若变更引起本合同工程或部分工程的施工组织和进度计划发生实质性变动，以致影响本项目和其他项目的单价或合价时，发包人和承包人均有权要求调整本项目和其他项目的单价或合价，监理人应与发包人和承包人协商确定。

（4）若合同规定的项目变更情形未引起工程施工组织和进度计划发生实质性变动和不影响其原定的价格时，不予调整该项目单价和合价，也不发变更指示。

10.4.5 变更指示

监理人在发包人的授权范围内，对确定的变更项目，可按下列程序发布变更指示：

（1）监理人应在发包人授权范围内，并按合同规定及时向承包人发出变更指示。变更指示的内容应包括变更项目的详细变更内容、变更工程量和有关文件图纸以及监理人按合同规定指明变更处理原则。

（2）监理人在向承包人发出任何图纸和文件前，应仔细检查其中是否存在合同规定的变更情形。若存在变更，监理人应按合同规定授权，发出变更指示。

（3）承包人收到监理人发出的图纸和文件后，经检查后认为其中存在第1条所述的变更而监理人未发出变更指示，则应在收到上述图纸和文件后14天内或在开始执行前（以日期早者为准）通知监理人，并提供必要的依据。监理人应在收到承包人通知后14天内答复承包人。若同意作为变更，应补发变更指示；若不同意作为变更，亦应在上述时限内答复承包人。若监理人未在14天内答复承包人，则视为监理人已同意承包人提出的作为变更的要求。

10.4.6 变更的费用调整程序

变更项目的费用调整按下列程序进行：

（1）承包人收到监理人发出的变更指示后28天内，应向监理人提交一份变更报价书，并抄送发包人。变更报价书的内容应包括承包人确认的变更处理原则和变更工程量及其变更项目的报价单。监理人认为必要时，可要求承包人提交重大变更项目的施工措施、进度计划和单价分析等。

（2）承包人对监理人提出的变更处理原则持有异议时，可在收到变更指示后7天内通知监理人，监理人则应在收到通知后7天内答复承包人。

（3）监理人应在收到承包人变更报价书后28天内对变更报价书进行审核后作出变更决定，并通知承包人，抄送发包人。

（4）发包人和承包人未能就监理人的决定取得一致意见，则监理人可暂定他认为合适的价格和需要调整的工期，并应将其暂定的变更处理意见通知承包人，抄送发包人，此时承包人应遵照执行。对已实施的变更，监理人可将其暂定的变更费用列入合同规定的月进度付款中。但发包人和承包人均有权在收到监理人变更决定后的28天内要求按合同规定提请争议评审组评审，若在此时限内双方均未提出上述要求，则监理人的变更决定即为最终决定。

10.4.7 索赔的种类

索赔的分类方法很多。最重要的分类是按索赔的目的不同进行分类，可以分为工期索赔和费用索赔两种。

工期索赔是指承包人对一个事件的索赔要求是延长完工时间，费用索赔则是要求经济赔偿。

10.4.8 引起索赔的原因

工程实践中常见的索赔，其原因大致可以从以下几方面进行分析。

10.4.8.1 合同文件引起的索赔

（1）合同文件的组成问题引起索赔。有些合同文件是在投标后通过讨论修改拟定的，如果在修改时已将投标前后承包人与发包人的往来函件澄清后写入合同补遗文件中并签字，则应说明正式合同签字以前的各种往来文件均已不再有效。有时发包人因疏忽，未宣布其来往的信件是否有效，此时，如果信件内容与合同内容发生矛盾时，就容易引起双方争执并导致索赔；有时发包人发出的中标函写明“接受承包人的投标书和标价”，但又未注意到投标书中某处附有的说明性条款，这些说明就有可能被视为索赔的依据。

（2）合同缺陷引起的索赔。合同缺陷是指合同文件的规定不严谨甚至前后有矛盾、合同中的遗漏或错误。它不仅包括合同条款中的缺陷，也包括技术规程和图纸中的缺陷。监理人有权对此作出解释，但如果承包人执行监理人的解释后引起成本增加或工期延误，则有权提出索赔。

10.4.8.2 因不可抗力引起的索赔

不可抗力是指不能预见、不能避免并不能克服的客观情况，包括自然灾害、社会和政治事件等，如地震、台风、海啸、战争、暴乱、罢工等。《水利水电土建工程施工合同条件》规定：由于发包人和承包人均不能预见、不能避免并不能克服的自然灾害以及战争、动乱等社会因素等造成的工程（包括材料和工程设备）损失和损坏，属于发包人的风险。

（1）不利自然条件。不利自然条件是指即使是有经验的承包人在招标阶段根据标书中提供的资料和现场勘察，都无法合理预见到的施工条件，如地下水、地质断层、溶洞、沉陷等，但其中不包括气候条件（异常恶劣天气条件除外）。遇到不利自然条件，承包人受到损失或增加额外支出，经过监理人确认，承包人可获得经济补偿和批准工期顺延的天数。但如监理人认为承包人在提交标书前已根据介绍的现场情况、地质勘探资料确认了现场的形式和性质，承包人不应误解或误释这些资料，出现的意外情况承包人在作标时理应予以考虑，因此不同意索赔时，这就可能导致双方医持不同看法而产生争议。

（2）施工中遇到地下文物或构筑物。在挖方工程中，如发现图纸中未注明的文物（不管是否有考古价值）或人工障碍（如公共设施、隧道、旧建筑物等），承包人应立即报告监理人到现场检查，共同讨论处理方案。如果新施工方案导致工程费用增加，如原计划的机械开挖改为人工开挖等，承包人都有权提出费用索赔和工期索赔。

10.4.8.3 设计图纸或工程量表中的错误引起索赔

交付给承包人的标书中图纸或工程量清单，难免会出现错误。对于明显的错误，承包人应在投标时向发包人提出，取得发包人的解释。如果由于施工中改正这些错误而使施工费用增加或工期延长，承包人有权提出索赔。

（1）设计图纸与工程量清单不符。例如设计图纸上某段混凝土的强度等级为C25，而工程量表上则为C20混凝土。如果在投标阶段没有澄清，承包人按工程量表计算了工程价格，且在标书中予以注明。如果按图纸施工就会导致成本增加，承包人在施工中应对这一问题及时请示监理人。若监理人书面指示按图纸标号施工，则承包人随后即应列出清单，计算出两种标号计算单价的差异提出索赔。

（2）设计图纸不适合现场条件。例如在地下水位较高的沙基上进行大面积基础开挖，设计边坡为1：0.75，实际施工时由于这一边坡不能稳定而不得不放缓开挖边坡，因而使工程量增大很多。

10.4.8.4 发包人违约引起的索赔

项目实施过程中，有时会出现发包人违约或推定某些事件的发生发包人也应承担部分责任时，会招致承包人提出索赔要求。

（1）拖延提供施工场地及通道。因自然灾害影响或施工现场的搬迁工作进展不顺利等原因，发包人没能如期向承包人移交合格的、可以直接进行施工的现场，会导致承包人提出误工的费用索赔和工期索赔。

（2）拖延支付工程款。合同中均有支付工程款的时间限制，如果发包人不能按时支付工程进度款，承包人可按合同规定向发包人索付利息。严重拖欠工程款而使得承包人资金周转困难时，承包人除向发包人提出索赔要求外，还有权放慢施工进度，甚至有可能解除合同。

（3）指定分包商违约。指定分包商违约常常表现为未能按分包合同规定完成应承担的工作而影响了总包商的施工。从理论上讲，总包商应该对包括指定分包商在内的分包商的行为向发包人负责。但是实际情况往往并不那么简单，因为指定分包商是承包人应发包人或监理人的要求而接受归他统一协调管理的分包商，特别是发包人把承包人接受某一指定分包商作为授予合同的前提条件之一时，发包人不可能对指定分包商的不当行为不负任何责任。例如，地下电厂的通风竖井由指定分包商负责施工，因其管理不善而拖延了工程进度影响到总包商的施工。总包商除根据与指定分包商签订的合同索赔窝工损失外，还有权向发包人提出延长工期的索赔要求。

（4）发包人提前占有部分永久工程。工程实践中，往往会出现发包人从经济效益方面考虑使部分单项工程提前投入使用，或从其他方面考虑提前占有部分单项工程。如果不是按照合同规定提前占用了部分工程，提前使用永久工程的单项工程或分部工程所造成的损坏，责任应由发包人承担；另外，提前占有工程影响了承包人的后续工程施工，影响了承包人的施工组织计划，增加了施工困难，则承包人有权提出索赔。

（5）发包人要求赶工。一项工程遇到不属于承包人责任的各种情况，或发包人改变了部分工程的施工内容而必须延长工期。但是发包人又坚持要按原工期完工，这就迫使承包人赶工，并投入更多的机械、人力来完成工程，从而导致成本增加。承包人可以要求赔偿赶工措施费用，例如加班工资、新增设备租赁费和使用费、增加的管理费用、分包的额外成本等。

10.4.8.5 监理人工作过失引起的索赔

（1）延误发给图纸或拖延审批图纸。对于分批发给施工详图的工程，或承包人提供详图交监理人审批后施工的工程，如果因延误而影响到施工进度，承包人不仅可以进行工期索赔，还可对延误导致的窝工损失，以及后来监理人下令追赶工程进度的“赶工费”进行索赔。

（2）其他承包人的干扰。大型水电工程往往会有多个承包人同时在现场施工。由于各承包人之间没有合同关系，他们只是各自与发包人存在合同关系，监理人有责任组织协调好各承包人之间的工作，否则就会给整个工程和各承包人的工作带来严重影响，引起承包人索赔。如某承包人不能按期完成他的那份工作，其他承包人的相应工作也会因此而推迟。在这种情况下，被迫延迟的承包人就有权提出索赔。在其他方面，如场地使用、现场交通等，各承包人之间都有可能发生相互间的干扰问题。

（3）各种额外的试验和检查。监理人为了对工程的施工质量进行严格控制，除了要进行合同中规定的检查试验外，还有权要求进行合同规定之外的试验和检查，例如对承包人的材料进行多次抽样试验，或对已施工的工程进行部分拆卸或挖开检查，以及监理人要求的在现场之外，或在被试验材料和设备的制造厂、加工、制备地之外的地方进行的试验等。如果这些检查或试验表明其质量未达到技术规范所要求的标准，则试验费用应由承包人承担；如检查或试验后证明确实符合合同要求，则承包人除了可向发包人提出偿付这些检查费用和修复费用外，还可以对由此引起的其他损失，如工期延误、工人窝工等要求赔偿。

（4）工程质量要求过高。合同中的技术规范对工程质量，包括材料质量、设备性能和工艺要求等，均作了明确规定。但在施工过程中，现场监理人有时可能不认可某种材料，而迫使承包人使用比合同文件规定的标准更高的材料，或者提出更高的工艺要求，则承包人可就此要求对其损失进行补偿或重新核定单价。

(5) 对承包人的施工进行不合理干预。合同条款规定，承包人有权采取任何可以满足合同规定的进度和质量要求下最为经济的施工顺序和方法。如果监理人不是采取建议的方式，而是对承包人的施工顺序及施工方法进行不合理的干预，甚至正式下达指令要承包人执行，则承包人可以就这种干预所引起的费用增加提出索赔。

(6) 暂停施工。项目实施过程中，监理人有权根据承包人违约或破坏合同的情况，或者因现场气候条件不利于施工，以及为了工程的合理进行（如某分项工程或工程任何部位的安全）而有必要停工时，下达暂停施工的指令。如果该暂停施工的指令是因承包人的责任而引起的，发包人将要求承包人赔偿其损失。如果这种暂停施工的命令并非因承包人的责任或原因所引起的，则承包人有权要求工期赔偿，同时可以就其停工损失获得合理的额外费用补偿。

(7) 提供的数据或基准有差错。由提供的数据或基准有差错而引起的损失或费用增加，承包人可要求索赔。如果数据无误，而是承包人在解释和运用上所引起的损失，则应由承包人自己承担责任。

10.4.8.6 价格调整引起的索赔

对于有调价条款的合同，在物资劳务价格上涨时，发包人应对承包人利益所受到的损失给予补偿。它的计算不仅涉及价格变动的依据，还存在着对不同时期已购买材料的数量和涨价后所购材料数量的核算，以及未及早订购材料的责任等问题的处理。在签订这类调价合同条款时，应由双方商定一个简便可行的计算方法，以降低这类索赔的难度。

10.4.8.7 法规变化引起的索赔

合同规定，如果在投标截止日期前的28天后，国家的法律、行政法规或国务院有关部门的规章和工程所在地的省、自治区、直辖市的地方法规和规章发生更改或增删，由此引起了承包人施工费用的额外增加，例如车辆养路费的提高、水电费涨价、工作日的减少（6天工作制改为5天工作制）、国家税率增加或提高等，承包人有权提出索赔，监理人应与发包人协商后，将会增加的费用加到合同价格中去，或在月支付时给以补偿，并通知承包人和发包人。

10.4.9 索赔报告的编写

10.4.9.1 索赔报告的内容

索赔报告的具体内容，随该索赔事件的性质和特点而有所不同。但从报告的必要内容与文字结构方面而论，一个完整的索赔报告应包括以下四个部分：

(1) 总论部分。一般包括以下内容：①序言；②索赔事项概述；③具体索赔要求；④索赔报告编写及审核人员名单。文中首先应概要地论述索赔事件的发生日期与过程；承包人为该索赔事件所付出的努力和附加开支；承包人的具体索赔要求。

(2) 根据部分。本部分主要是说明自己具有的索赔权利，这是索赔能否成立的关键。根据部分的内容主要来自该施工项目的合同文件，并参照施工项目发包人所在国的法律规定。该部分中承包人应引用合同中的具体条款，说明自己理应获得经济补偿或工期延长。

根据部分的篇幅可能很大，其具体内容随各个索赔事件的特点而不同。一般地说，根据部分应包括以下内容：

1）索赔事件的发生情况。

2）已递交索赔意向书的情况。

3）索赔事件的处理过程。

4）索赔要求的合同根据。

5）所附的证据资料。

在结构上，按照索赔事件发生、发展、处理和最终解决的过程编写，并明确全文引用有关的合同条款，使发包人和监理人能历史地、逻辑地了解索赔事件的始末，并充分认识该项索赔的合理性和合法性。

(3) 计算部分。索赔计算的目的，是以具体的计算方法和计算过程，说明自己应得到的经济补偿的款额或延长时间。如果说根据部分的任务是解决索赔能否成立，则计算部分就是决定应得到多少索赔款额和工期。前者是定性的，后者是定量的。

承包人应注意采用合适的计价方法。至于采用哪一种计价法，应根据索赔事件的特点及自己所掌握的证据资料等因素来确定。其次，应注意每项开支款的合理性，并指出相应的证据资料的名称及编号。切忌采用笼统的计价方法和不实的开支款额。

(4) 证据部分。证据部分包括该索赔事件所涉及的一切证据资料，以及对这些证据的说明。证据是索赔报告的重要组成部分，没有翔实可靠的证据，索赔是不能成功的。

索赔证据资料的范围很广，具体可进行如下分类：

1）工程所在国政治经济资料。包括：重大新闻报道记录，如罢工、动乱、地震以及其他重大灾害等；重要经济政策文件，如税收决定、海关规定、外币汇率变化、工资调整等；政府官员和工程主管部门领导视察工地时的讲话记录；权威机构发布的天气和气温预报，尤其是异常天气的报告等。

2）施工现场记录报表及来往函件。包括：监理人的指令；与发包人或监理人的来往函件和电话记录；现场施工日志；每日出勤的工人和设备报表；完工验收记录；施工事故详细记录；施工会议记录；施工材料使用记录；施工质量检查记录；施工进度实况记录；施工图纸收发记录；工地风、雨、温度、湿度记录；索赔事件的详细记录或摄像；施工效率降低的记录等。

3）施工项目财务报表。包括：施工进度款月报表及收款记录；索赔款月报表及收款记录；工人劳动计时卡及工资表；材料、设备及配件采购单；付款收据；收款单据；工程款及索赔款迟付记录；迟付款利息报表；向分包商付款记录；现金流动计划报表；会计日报表；会计总账；财务报告；会计来往信件及文件；通用货币汇率变化表等。

10.4.9.2　编写索赔报告的一般要求

索赔报告是具有法律效力的正规的书面文件，对重大的索赔，最好在律师或索赔专家的指导下进行。编写索赔报告的一般要求有以下几方面：

(1) 索赔事件应该真实。索赔报告中所提出的干扰事件，必须有可靠的证据来证明。对索赔事件的叙述，必须明确、肯定，不包含任何估计和猜测。

（2）责任分析应清楚、准确、有根据。索赔报告应仔细分析事件的责任，明确指出索赔所依据的合同条款或法律条文，且说明承包人的索赔是完全按照合同规定程序进行的。

（3）充分论证事件造成承包人的实际损失。索赔的原则是赔偿由事件引起的承包人所遭受的实际损失，所以索赔报告中应强调由于事件影响，使承包人在实施工程中所受到干扰的严重程度，以致工期拖延、费用增加；并充分论证事件影响与实际损失之间的直接因果关系。报告中还应说明承包人为了避免和减轻事件影响和损失已尽了最大的努力，采取了所能采用的措施及其成果。

（4）索赔计算必须合理、正确。要采用合理的计算方法和数据，正确地计算出应取得的经济补偿款额或工期延长。计算中应力求避免漏项或重复，不出现计算上的错误。

（5）文字要精练，条理要清楚，语气要中肯。索赔报告必须简洁明了、条理清楚、结论明确、有逻辑性。索赔证据和索赔值的计算应详细和清晰，没有差错而又不显繁琐。语气措辞应中肯，在论述事件的责任及索赔根据时，所用词语要肯定，忌用“大概”、“一定程度”、“可能”等词汇；在提出索赔要求时，语气要恳切，忌用强硬或命令式的口气。

10.4.10　索赔计算

10.4.10.1　费用索赔

（1）费用索赔的概念。从理论上讲，确定承包人可以索赔什么费用及索赔多少，有两条主要原则：

1）所发生的费用应该是承包人履行合同所必需的，即如果没有该费用支出，就无法合理履行合同，无法使工程达到合同要求。

2）给予补偿后，应该使承包人处于与假定未发生索赔事项情况下的同等有利或不利地位（承包人自己在投标中所确立的地位），即承包人不因索赔事项的发生而额外受益或额外受损。

索赔仅仅是承包人要求对实际损失或额外费用给予补偿。承包人究竟可以就哪些损失提出索赔，这取决于合同规定和有关适用法律。无论损失的金额有多大，也无论是什么原因引起的，合同规定都是决定这种损失是否可以得到补偿的最重要的依据。

（2）常见的索赔项目。无论对承包人还是监理人（发包人），根据合同和有关法律规定，事先列出一个将来可能索赔的损失项目的清单，这是索赔管理中的一种良好做法，可以防止遗漏或多列某些损失项目。下面列举了常见的损失项目。

1）人工费。人工费在工程费用中所占的比重较大，人工费的索赔，也是施工索赔中数额最多者之一，一般包括：①额外劳动力雇佣；②劳动效率降低；③人员闲置；④加班工作；⑤人员人身保险和各种社会保险支出。

2）材料费。材料费的索赔关键在于确定由于发包人方面修改工程内容，而使工程材料增加的数量，这个增加的数量，一般可通过原来材料的数量与实际使用的材料数量的比较来确定。材料费一般包括：①额外材料使用；②材料破损估价；③材料涨价；④运输费用。

3）设备费。设备费是除人工费外的又一大项索赔内容，通常包括：①额外设备使用；②设备使用时间延长；③设备闲置；④设备折旧和修理费分摊；⑤设备租赁实际费用；

⑥设备保险。

4）低值易耗品。一般包括：①额外低值易耗品使用；②小型工具；③仓库保管成本。

5）现场管理费。一般包括：①工期延长期的现场管理费；②办公设施；③办公用品；④临时供热、供水及照明；⑤保险；⑥额外管理人员雇佣；⑦管理人员工作时间延长；⑧工资和有关福利待遇的提高。

6）总部管理费。一般包括：①合同期间的总部管理费超支；②延长期中的总部管理费。

7）融资成本。一般包括：①贷款利息；②自有资金利息。

8）额外担保费用。

9）利润损失。

（3）不可索赔的费用。一般情况下，下列费用是不允许索赔的：

1）承包人的索赔准备费用。毫无疑问，对每一项索赔，从预测索赔机会、保持原始记录、提交索赔意向通知、提交索赔账单、进行成本和时间分析，到提交正式索赔报告、进行索赔谈判，直至达成索赔处理协议，承包人都需要花费大量的精力进行认真细致的准备工作。有时，这个索赔的准备和处理过程还会比较长，而且发包人也可能提出许多这样那样的问题，承包人可能需要聘请专门的索赔专家来进行索赔的咨询工作。所以，索赔准备费用可能是承包人的一项不小的开支。但是，除非合同另有规定，通常都不允许承包人对这种费用进行索赔。从理论上说，索赔准备费用是作为现场管理费的一个组成部分得到补偿的。

2）工程保险费用。由于工程保险费用是按照工程（合同）的最终价值计算和收取的，如果合同变更和索赔的金额较大，就会造成承包人保险费用的增加。与索赔准备费用一样，这种保险费用也是作为现场管理费的一个组成部分得到补偿的，不允许单独索赔。当然，也有的合同会把工作保险费用作为一个单独的工作项目在工程量表中列出。在这种情况下，它就不包括在现场管理费中，可以单独索赔。

3）因合同变更或索赔事项引起的工程计划调整、分包合同修改等费用。这类费用也是包括在现场管理费中得到补偿的，不允许单独索赔。

4）因承包人的不适当行为而扩大的损失。如果发生了有关索赔事项，承包人应及时采取适当措施防止损失的扩大，如果没有及时采取措施而导致损失扩大的，承包人无权就扩大的损失要求赔偿。承包人负有采取措施减少损失的义务，这是一般的法律要求。这种措施可能包括保护未完工程，合理及时地重新采购器材，及时取消订货单，重新分配施工力量（人员和材料、设备），等等。

5）索赔金额在索赔处理期间的利息。索赔的处理总是有一个过程的，有时甚至是一个比较长的过程。一般合同中对索赔的处理时间没有严格的限制，但监理人作为公正的合同实施监督者，应该在合理的时间内作出处理，不得有意拖延。

（4）索赔的计算方法。索赔款额的计算方法很多，每个施工项目的索赔款计价方法也往往视具体情况而有所不同。

1）总费用法。总费用法即总成本法。它是在发生多次索赔事件以后，重新计算该工程的实际总费用，实际总费用减去投标报价时的估算总费用，即为索赔金额，即

索赔金额＝实际总费用－投标报价估算费用

对这种计价原则，不少人持批评态度，因为实际发生的总费用中，可能包括了由于承包商的原因（如组织不善、工效太低，或材料浪费等）而增加的费用，同时，投标报价时的估算费用因为了中标而过低。因此，按照总费用法计算索赔款，往往遇到较多困难。

2）修正总费用法。修正总费用法是对总费用法进行了相应的修改和调整，使其更合理。其修正事项主要是：

a. 计算索赔款的时段仅局限于受到外界影响的时期，而不是整个施工工期。

b. 只计算受影响时段内某项工作所受影响的损失，而不是计算该时段内所有施工工作所受的损失。

c. 在所影响时段内的受影响的某项施工中，使用的人工、设备、材料等资源均有可靠的记录资料，如监理人的监理日志、承包人的施工日志等现场施工记录。

d. 与该项工作无关的费用，不列入总费用中。

e. 对投标后报价时估算费用重新进行核算；按受影响时段期间该项工作的实际单价进行计算，乘以实际完成的该项工作的工程量，得出调整后的报价费用。

根据上述调整、修正后的总费用，基本上准确地反映出实际增加的费用，作为给承包人补偿的款额。据此，按修正后的总费用法支付索赔款的公式是：

索赔金额＝某项工作调整后的实际总费用－该项工作调整后报价费用

3）实际费用法。实际费用法亦称实际成本法。它是以承包人为某项索赔工作所支付的实际开支为根据，分别分析计算索赔值的方法，故亦称分项法。

实际费用法是承包人以索赔事项的施工引起的附加开支为基础，加上应付的间接费和利润，向发包人提出索赔款的数额。其特点是：

a. 它比总费用法复杂，处理起来困难。

b. 它反映实际情况，比较合理、科学。

c. 它为索赔报告的进一步分析评价、审核，双方责任的划分，双方谈判和最终解决提供方便。

d. 应用面广，人们在逻辑上容易接受。

10.4.10.2 工期索赔

（1）工期索赔的概念。形成工程拖延的原因，往往是多方面的，有时甚至是十分复杂的。工程量改变、设计改变、新增施工项目、发包人和监理人迟发指示、不利的自然因素、发包人不应有的干扰、承包人管理不善等，都最终反映在工期拖延上。在招标承包实践中，根据具体情况，将工期拖延分为可原谅的和不可原谅的两大类。

1）可原谅的拖期。凡不是由于承包人一方的原因而引起的工程拖期，都属于可原谅的拖期。因此，发包人及监理人应该给承包人延长施工时间，即满足其工期索赔的要求。

造成可原谅的拖期的原因很多，如异常的天气、罢工、人力不可抗拒的天灾、发包人改变设计、发包人未及时提供施工进场道路、地质条件恶劣、施工顺序改变等。

确定某项拖期是否属于可原谅的拖期，还有一个条件，就是该项工作是否在施工进度的关键路线上。因为只有处于关键路线上的关键施工项目的拖期，才能直接导致原定的竣工日期拖后。如果拖后的工作项目不在关键路线上，则不会影响完工日期，即不给予工期索赔。

作为是否应给承包人延长工期的前提，进一步将可原谅的拖期分成两种：

a. 可原谅并应给予补偿的拖期。这种拖期的原因，纯属发包人造成。如发包人没有按时提供进场道路、场地、测量网点，或应由发包人提供的设备和材料到货拖延等。在这些情况下，发包人不仅应满足承包人的工期索赔要求，并应支付承包人合理的经济索赔要求。

b. 可原谅但不给予补偿的拖期。这种拖期的原因，责任不在承包合同的任何一方，而纯属自然灾难，如人力不可抗拒的天灾、流行性传染病等。一般规定，对这种拖期，发包人只给承包人延长工期，一般不予经济赔偿。但在一些合同中，将这类拖期原因命名为“特别风险”，并规定这种风险造成的损失，其费用由发包人和承包人双方分别承担。

2）不可原谅的拖期。这是指由于承包人的原因而引起的工期延误，如施工组织协调不好、人力不足、设备晚进场（指规定由承包人提供的设备）、劳动生产率低、工程质量不符合施工规程的要求而造成返工等。

出现不可原谅的拖期时，承包人非但没有工期索赔和经济索赔的权利，反而要向发包人赔偿“违约罚款”（有时称拖期罚款，即因竣工日期拖后的罚款）。

（2）工期索赔计算。

1）网络分析法。网络分析法是进行工期分析的首选方法，它适用于各种干扰事件的工期索赔，并可以利用计算机软件进行网络分析和计算。

2）比例分析法。对于新增工作计算索赔的工期，可以按新增工作占原合同价的比例，等比例计算索赔的工期，公式为：

$$\text{总工期索赔}=\frac{\text{新增工程合同价}}{\text{原合同价}}\times\text{原合同总工期}$$

思　考　题

（1）什么是合同？合同的要素有哪些？

（2）工程合同的类型有哪些？

（3）施工合同文件一般由哪些部分组成？

（4）甲企业（下称“甲”，买方）向乙企业（下称“乙”，卖方）发出传真订货，该传真列明了货物的种类、数量、质量、供货时间、交货方式等，并要求乙在10日内报价。乙接受甲发出传真列明的条件并按期报价，亦要求甲在10日内回复；甲按期复电同意其价格，并要求签订书面合同。乙在未签订书面合同的情况下按甲提出的条件发货，货款价值18450元。甲收货后未提出异议，亦未付货款。后因市场发生变化，该货物价格下降。甲遂向乙提出，由于双方未签订书面合同，买卖关系不能成立，故乙应尽快取回货物。乙不同意甲的意见，要求其偿付货款。随后，乙发现甲放弃其对关联企业的到期债权，并向其关联企业无偿转让财产，可能使自己的货款无法得到清偿，遂向人民法院提起诉讼。请回答：

1）甲传真订货、乙报价和甲回复报价行为的法律性质如何？

2）该买卖合同是否成立？为什么？

3）对甲放弃债权、无偿转让财产的行为，乙可采取什么措施？该措施有无法律上的期间限制？

（5）某果品公司因市场上苹果紧俏，向陕西某公司发出一份传真“我公司想要购买大量苹果，不知贵方能否供应。如有充足货源，我公司欲购100t。望能及时回电与我公司联系。”因当地苹果大丰收，价格非常低廉，很多果农正愁没有销路。接到传真后，陕西某公司喜出望外，立即组织100t货物给果品公司发云，并随即回电“100t的货物已发出，请注意查收”。在果品公司发出传真后，陕西某公司回电前，山东产的苹果大量涌入，价格骤然下跌。接到陕西某公司回电后，果品公司立即回电：“因市场发生变化，贵方发来的货我公司不能接收，望能通知承运方立即停发。”但因货物已经起运，陕西某公司不能改卖他人。为此，果品公司拒收，陕西某公司指责果品公司违约，并向法院起诉。请回答：

1）某果品公司向陕西某公司发出的传真是什么性质的行为？说明理由。

2）某果品公司与陕西某公司之间的合同成立吗？为什么？

项目11 施 工 组 织 协 调

知识目标：通过本项目学习，学生应了解组织协调的内容、方法、要求，以及项目中比较重要的沟通形式。

能力目标：通过本项目学习，学生能够初步具备对工程中的各方进行协调的能力。

项目导航：某工程在原项目经理领导下，项目组织或项目经理部经常出现混乱，而项目经理无法调解争执或无法解释。造成项目经理部中存在或散发出不安全、气愤、绝望的气氛。于是集团总部对项目经理进行了人员更换。

请思考：

(1) 出现这些问题的原因有哪些?

(2) 如何解决这些问题?

(3) 项目组织中常见的沟通方式。

任务11.1 项目组织协调基础知识

11.1.1 项目组织协调

项目组织协调是项目管理的一项重要工作，一个项目的实施要取得成功，组织协调具有重要作用。组织协调可使矛盾中的各个方面居于统一体中，解决它们的界面问题，解决它们之间的不一致和矛盾，使系统结构均衡，使项目实施和运行过程顺利。在项目实施过程中，项目经理是协调的中心和沟通的桥梁。

在整个项目的目标规划、项目定义、设计和计划以及实施控制等工作中有着各式各样的协调工作，例如项目目标因素之间的协调，项目各子系统内部、子系统之间、子系统与环境之间的协调，各专业技术方面的协调，项目实施过程的协调，各种管理方法、管理过程的协调，各种管理职能如成本、合同、工期、质量等的协调，项目参加者之间的组织协调等。所以，协调作为一种管理方法已贯穿于整个项目和项目管理的全过程。

在各种协调中，组织协调具有独特的地位，它是其他协调有效性的保证，只有通过积极的组织协调才能实现整个系统全面协调的目的。

现代项目中参加单位非常多，形成了非常复杂的项目组织系统，各单位有不同的任务、目标和利益，它们都企图指导、干预项目实施过程。项目中组织利益的冲突比企业中各部门的利益冲突更为激烈和不可调和，而项目管理者必须使各方面协调一致、齐心协力地工作，这就越发显示出组织协调的重要性。

11.1.2 沟通

11.1.2.1 沟通的概念

沟通就是信息的交流。在项目的实施过程中，信息交流主要是人与人之间和组织之间的交流。人与人之间的沟通是将信息由一个人传递到另一个人，如下级人员与项目经理之间，这主要是人们带着一定的动机、目的、态度通过各种途径传递信息、情感、思想、观点等。在这个过程中，可能会有阻碍有效沟通的因素，如不同的人对同一信息的理解程度受其知识结构、经历、职业、价值观的不同影响，从而产生不同的看法和不同的理解。组织之间的沟通是指组织之间的信息传递。

11.1.2.2 沟通的作用

对于项目来说，要科学地组织、指挥、协调和控制项目的实施过程，就必须进行项目的信息沟通，良好的信息沟通对项目的发展和人际关系的改善都有促进作用。具体来说，沟通的作用如下：

（1）为项目决策和计划提供依据。来自项目内外部的准确、完整、及时的信息，有利于项目领导班子作出正确的决策。

（2）为组织和控制管理过程提供依据和手段。项目班子只有在掌握项目的各方面信息之后才能有效地提高组织效能。

（3）有利于建立和改善人际关系。信息沟通、意见交流将许多独立的个人、团体、组织贯通起来，成为一个整体。信息沟通还是人的一种重要的心理需要，是人们用以表达思想感情与态度、寻求同情与友谊的重要手段。畅通的信息沟通，可以减少人与人的冲突，改善人与人、人与项目班子之间的关系。

（4）为项目经理的成功领导提供重要手段。项目经理依赖于各种途径将意图传递给下级人员并使下级人员理解和执行，如果没有畅通的信息交流，下级人员就不能正确、及时地理解和执行上级指示，项目就不能按经理的意图进行．最终导致项目混乱甚至项目失败。

11.1.3 施工项目组织协调的内容和要求

11.1.3.1 施工项目组织协调的内容

施工项目组织协调的内容主要包括人际关系、组织关系、供求关系、协作配合关系和约束关系等方面的协调。这些协调关系广泛存在于施工项目组织的内部、近外层和远外层。

（1）施工项目内部关系协调。

1）施工项目经理部内部关系协调的内容与方法见表11.1。

表11.1　施工项目经理部内部关系协调

协调关系		协调内容与方法
人际关系	项目经理与下层关系 职能人员之间的关系 职能人员与作业人员之间 作业人员之间	坚持民主集中制，执行各项规章制度 以各种形式开展人际间交流、沟通，增强了解、信任和亲和力 运用激励机制．调动人的积极性，用人所长，奖罚分明 加强政治思想工作，做好培训教育，提高人员素质 发生矛盾，重在调节、疏导，缓和利益冲突

续表

协调关系		协调内容与方法
组织关系	纵向层次之间、横向部门之间的分工协作和信息沟通关系	按职能划分，合理设置机构 以制度形式明确各机构之间的关系和职责权限 制定工作流程图，建立信息沟通制度 以协调方法解决问题，缓冲、化解矛盾
供求关系	劳动力、材料、机械设备、资金等供求关系	通过计划协调生产要求与供应之间的平衡关系 通过调度体系，开展协调工作，排除干扰 抓住重点、关键环节，调节供需矛盾
经济制约关系	管理层与作业层之间	以合同为依据，严格履行合同 管理层为作业层创造条件，保护其利益 作业层接受管理层的指导、监督、控制 定期召开现场会，及时解决施工中存在的问题

2）施工项目经理部与企业本部关系协调的方法内容见表11.2。

表11.2　施工项目经理部与企业本部关系的协调

协调关系及协调对象			协调内容与方法
党政管理	与企业有关的主管领导	上下级领导关系	执行企业经理、党委决议，接受其领导 执行企业有关管理制度
业务管理	与企业相应的职能部、室	接受其业务上的监督指导关系	执行企业的工作管理制度，接受企业的监督、控制 项目经理部的统计、财务、材料、质量、安全等业务纳入企业相应部门的业务系统管理
	水、电、运输、安装等专业公司	总包与分包的合同关系	专业公司履行分包合同 接受项目经理部监督、控制，服从其安排、调配 为项目施工活动提供服务
	劳务分公司	劳务合同关系	履行劳务合同，依据合同解决纠纷、争端 接受项目经理部监督、控制，服从其安排、调配

（2）施工项目外部关系协调。

1）施工项目经理部与近外层关系协调的内容与方法见表11.3。

表11.3　施工项目经理部与近外层关系协调

协调关系及协调对象		协调内容与方法
发包人	甲乙双方合同关系 （项目经理部是施工项目的施工承包人的代理人）	双方洽谈、签订施工项目承包合同 双方履行施工承包合同约定的责任，保证项目总目标实现 依据合同及有关法律解决争议纠纷，在经济问题、质量问题、进度问题上达到双方协调一致
监理工程师	监理与被监理关系 （监理工程师是项目施工监理人，与业主有监理合同关系）	按《建设工程监理规范》的规定，接受监督和相关的管理 接受业主授权范围内的监理指令 通过监理工程师与发包人、设计人等关联单位经常协调沟通 与监理工程师建立融洽的关系
设计人	平等的业务合作配合关系 （设计人是施工项目设计承包人，与业主有设计合同关系）	项目经理部按设计图纸及文件制定项目管理实施规划，按图施工 与设计单位搞好协作关系，处理好设计交底、图纸会审、设计洽商变更、修改、隐蔽工程验收、交工验收等工作

续表

协调关系及协调对象		协 调 内 容 与 方 法
供应人	有供应合同者为合同关系	双方履行合同，利用合同的作用进行调节
	无供应合同者为市场买卖、需求关系	充分利用市场竞争机制、价格调节和制约机制、供求机制的作用进行调节
分包人	总包与分包的合同关系	选择具有相应资质等级和施工能力的分包单位 分包单位应办理施工许可证，劳务人员有就业证 双方履行分包合同，按合同处理经济利益、责任，解决纠纷 分包单位接受项目经理部的监督、控制
公用部门	相互配合、协作关系 相应法律、法规约束关系 （业主施工前应去公用部门办理相关手续并取得许可证）	项目经理部在业主取得有关公用部门批准文件及许可证后，方可进行相应的施工活动 遵守各公用部门的有关规定，合理、合法施工 项目经理部应根据施工要求向有关公用部门办理各类手续 到交通管理部门办理通行路线图和通行证 到市政管理部门办理街道临建审批手续 到自来水管理部门办理施工用水设计审批手续 到供电管理部门办理施工用电设计审批手续等 在施工活动中主动与公用部门密切联系，取得配合与支持，加强计划性，以保证施工质量、进度要求 充分利用发包人、监理工程师的关系进行协调

2）施工项目经理部与远外层关系协调的内容与方法见表11.4。

表 11.4　　施工项目经理部与远外层关系协调

关系单位或部门	协 调 内 容 与 方 法
政府建设行政主管部门	接受政府建设行政主管部门领导、审查，按规定办理好项目施工的一切手续 在施工活动中，应主动向政府建设行政主管部门请示汇报，取得支持与帮助 在发生合同纠纷时，政府建设行政主管部门应给予调解或仲裁
质量监督部门	及时办理建设工程质量监督通知单等手续 接受质量监督部门对施工全过程的质量监督、检查，对所提出的质量问题及时改正 按规定向质量监督部门提供有关工程质量文件和资料
金融机构	遵守金融法规，向银行借贷，委托、送审和申请，履行借贷合同 以建筑工程为标的向保险公司投保
消防部门	施工现场有消防平面布置图，符合消防规范，在办理施工现场消防安全资格认可证审批后方可施工 随时接受消防部门对施工现场的检查，对存在问题及时改正 竣工验收后将有关文件报消防部门，进行消防验收，若存在问题，立即返修
公安部门	进场后应向当地派出所如实汇报工地性质、人员状况，为外来劳务人员办理暂住手续 主动与公安部门配合，消除不安定因素和治安隐患
安全监察部门	按规定办理安全资格认可证、安全施工许可证、项目经理安全生产资格证 施工中接受安全监察部门的检查、指导，发现安全隐患及时整改、消除
公证鉴证机构	委托合同公证、鉴证机构进行合同的真实性、可靠性的法律审查和鉴定
司法机构	在合同纠纷处理中，在调解无效或对仲裁不服时，可向法院起诉

续表

关系单位或部门	协调内容与方法
现场环境单位	遵守公共关系准则，注意文明施工，减少环境污染、噪声污染，搞好环卫、环保、场容场貌、安全等工作 尊重社区居民、环卫环保单位意见，改进工作，取得谅解、配合与支持
园林绿化部门	因建设需要砍伐树木时，须提出申请，报市园林主管部门批准 因建设需要临时占用城市绿地和绿化带，须办理临建审批手续，经城市园林部门、城市规划部门、公安部门同意，并报当地政府批准
文物保护部门	在文物较密集地区进行施工，项目经理部应事先与省市文物保护部门联系，进行文物调查或勘探工作，若发现文物要共同商定处理办法 施工中发现文物，项目经理部有责任和义务，妥善保护文物和现场，并报政府文物管理机关，及时处理

11.1.3.2 施工项目组织协调的要求

组织协调应坚持动态工作原则。在施工项目实施过程中，随着运行阶段的不同，所存在的关系和问题都有所不同，比如项目进行的初期主要是供求关系的协调，项目进行的后期主要是合同和法律、法规约束关系的协调。

（1）内部关系的组织协调。

1）内部人际关系的协调应依靠各项规章制度，通过做好思想工作，加强教育培训，提高人员素质等方法实现。

2）项目经理部与企业管理层关系的协调应依靠严格执行“项目管理目标责任书”；项目经理部与作业层关系的协调应依靠履行劳务合同及执行“项目管理实施规划”。

3）项目经理部进行内部供求关系的协调时要做好需求计划的编制、平衡，并认真执行计划；充分发挥调度系统和调度人员的作用，加强调度工作，排除障碍。

（2）近外层关系和远外层关系的组织协调。

1）项目经理部进行近外层关系和远外层关系的组织协调必须在企业法定代表人的授权范围内实施。

2）项目经理部与发包人之间的关系协调应贯穿于施工项目管理的全过程。协调的目的是搞好协作，协调的方法是执行合同，协调的重点是资金、质量和进度。

3）项目经理部在施工准备阶段应要求发包人按规定的时间履行合同约定的义务，保证工程顺利开工。项目经理部应在规定时间内承担合同约定的义务，为开工后连续施工创造条件。

4）项目经理部应及时向发包人或监理机构提供有关的生产计划、统计资料、工程事故报告等。发包人应按规定时间向项目经理部提交技术资料。

5）项目经理部应按GB 50319—2013《建设工程监理规范》的规定和施工合同的要求，接受监理单位的监督和管理，搞好协作配合。

6）项目经理部应在设计交底、图纸会审、设计洽商变更、地基处理、隐蔽工程验收和交工验收等环节与设计单位密切配合，同时应接受发包人和监理工程师对双方的协调。

7）项目经理部与材料供应人应依据供应合同，充分运用价格机制、竞争机制和供求机制搞好协作配合。

8）项目经理部与公用部门有关单位的关系应通过加强计划性和通过发包人或监理工程师进行协调。

9）项目经理部与分包人关系的协调应按分包合同执行，正确处理技术关系、经济关系，正确处理项目进度控制、质量控制、安全控制、成本控制、生产要素管理和现场管理中的协作关系。项目经理部还应对分包单位的工作进行监督和支持。

10）处理远外层关系必须严格守法，遵守公共道德，并充分利用中介组织和社会管理机构的力量。

任务11.2 项目中几种重要的协调

任何组织的管理只有通过沟通才能实现，所以，一个组织内部沟通的效果是测定组织管理效果的最好尺度。

沟通是组织协调的手段，是解决组织成员间障碍的基本方法。组织协调的程度和效果常常依赖于各项目参加者之间沟通的程度。通过沟通，不但可以解决各种问题，如在技术、过程、逻辑、管理方法和程序中的矛盾、困难和不一致，而且可以解决各参加者心理和行为的障碍与争执。

11.2.1 内部人际关系的协调

项目经理所领导的项目经理部是项目组织的领导核心。通常，项目经理不直接控制资源和具体工作，而是由项目经理部中的职能人员具体实施控制，这就使得项目经理和职能人员之间及以各职能人员之间存在界面和协调。

（1）项目经理与技术专家的沟通。技术专家往往对基层的具体施工了解较少，只注意技术方案的优化，注重数字，对技术的可行性过于乐观，而不注重社会和心理方面的影响。项目经理应积极引导，发挥技术人员的作用，同时注重全局、综合和方案实施的可行性。

（2）建立完善、实用的项目管理系统，明确各自的工作职责。许多项目经理对管理程序寄予很大的希望，认为只要建立科学的管理程序，要求大家按程序工作，职责明确，就可以比较好地解决组织沟通问题。实践证明，这是不全面的。因为：

1）管理程序过细，并过于依赖它容易使组织僵化。

2）项目具有特殊性，实际情况千变万化，项目管理工作很难定量评价，它的成就还主要依靠管理者的能力、职业道德、工作热情和积极性。

3）过于程序化容易造成组织效率低下、组织摩擦大、管理成本高、工期长。

（3）建立项目激励机制。由于项目的特点，项目经理更应注意从心理学、行为科学的角度激励各个成员的积极性。虽然项目工作富有创造性，有吸引力，但也应有自己的激励措施。

1）采用民主的工作作风，不独断专行。在项目经理部内放权，让组织成员独立工作，充分发挥各自的积极性和创造性，使他们对工作有成就感。

2）改进工作关系，关心各个成员，礼貌待人。

3）公开、公平、公正地处理事务。

4）在向上级和职能部门提交报告中，应包括对项目组织成员的评价和鉴定意见，项目结束时应对成绩显著的成员进行表彰。

（4）形成比较稳定的项目管理队伍。以项目作为经营对象的企业，如承包公司、监理公司等，应形成比较稳定的项目管理队伍，这样尽管项目是一次性的、常新的，但项目小组却相对稳定，各成员之间相互熟悉，彼此了解，可大大减小组织摩擦。

（5）职能人员应双重忠诚。项目经理部是个临时性的管理组织，特别在矩阵式的组织中，项目成员在原职能部门保持其专业职位，可能同时为许多项目提供管理服务。所以，应鼓励项目组织成员对项目和对职能部门都忠诚，这是项目成功的必要条件。

（6）考核评价工作。建立公平、公正的考评工作业绩的方法、标准，并定期客观、慎重地对成员进行业绩考评，在其中排除偶然、不可控制和不可预见等因素。

11.2.2 项目经理部与企业管理层关系的协调

项目经理部与企业管理层关系的协调依靠严格执行"项目管理目标责任书"，在党务、行政和生产管理上，根据企业党委和经理的指令以及企业管理制度来进行。项目经理部受企业有关职能部、室的指导，两者既是上下级行政关系，又是服务与服从、监督与执行的关系，即企业层次生产要素的调控体系要服务于项目层次生产要素的优化配置，同时项目生产要素的动态管理要服从于企业主管部门的宏观调控。

企业要对项目管理全过程进行必要的监督调控，项目经理部要按照与企业签订的责任状，尽职尽责、全力以赴地抓好项目的具体实施。在经济往来上，根据企业法人与项目经理签订的"项目管理目标责任书"，严格履约，按实结算，建立双方平等的经济责任关系；在业务管理上，项目经理部作为企业内部项目的管理层，接受企业职能部、室的业务指导和服务。一切统计报表，包括技术、质量、预算、定额、工资、外包队的使用计划及各种资料都要按系统管理和有关规定准时报送主管部门。

（1）计划统计。项目管理的全过程、目标管理与经济活动，必须纳入计划管理。项目经理部除每月（季）度向企业报送施工统计报表外，还要根据企业经理与项目经理签订的"项目管理目标责任书"所定工期，编制单位工程总进度计划、物资计划、财务收支计划。坚持月计划、旬安排、日检查制度。

（2）财务核算。项目经理部作为公司内部一个相对独立的核算单位，负责整个项目的财务收支和成本核算工作。整个工程施工过程中，不论项目经理部班子成员如何变动，其财务系统管理和成本核算责任不变。

（3）材料供应。施工项目所需三大主材、地材、钢木门窗及构配件、机电设备，由项目经理部按单位工程用料计划报公司供应，公司实行加工、采购、供应、服务一条龙。凡是供应到现场的各类物资必须在项目经理部调配下统一建库、统一保管、统一发放、统一加工，按规定结算。栋号工程按施工预算定额发料，运用材料成本票据结算。

（4）周转料具供应。工程所需机械设备及周转材料，由项目经理部上报计划，公司组织供应。设备进入工地后由项目经理部统一管理调配。

（5）预算及经济洽商签证。预算合同经营管理部门负责项目全部设计预算的编制和报批，选聘到项目经理部工作的预算人员负责所有工程施工预算的编制，包括经济洽商签证和增减账预算的编制报批。各类经济洽商签证要分别送公司预算管理部门、项目经理部和作业队存档，作为审批和结算增收的依据。

（6）质量、安全、行政管理、测试计量等工作，均通过业务系统管理，实行从决策到贯彻实施，从检测控制到信息反馈全过程的监控、检查、考核、评比和严格管理。

（7）项目经理部与水电、运输、吊装分公司之间的关系，是总包与分包之间的关系。在公司协调下，通过合同明确总分包关系，各专业服从项目经理部的安排和调配，为项目经理部提供专业施工服务，并就工期、服务态度、服务质量等签订分包合同。

11.2.3　项目经理内部供求关系的协调

内部供求关系涉及面广，关系比较复杂，协调工作量相对较大，而且存在很大的随机性。这就要求组织内部制定明确、具体的资源需求计划，并对照计划提前部署，严格执行。在实施过程中应充分加强调度工作，做到资源分配的平衡。

项目经理部进行内部供求关系的协调应做好以下工作：

（1）做好供求计划的编制平衡，并认真执行计划。项目经理部进行内部劳务、原材料、设备等资源的供求协调是比较重要的一环，如果供求关系不畅或供求失调，将直接影响项目的实施进度和技术质量，影响项目总体目标的实现。因此，为了确保供求关系的和谐，要求供应部门根据实际需求认真编制供应计划，提前做好采购和准备工作；使用部门也应及时与供应部门联系，协助供应部门做好计划，并提前予以提示。在计划实施过程中，供求双方应该严格执行计划，如果实际需求与供应计划出现偏差，应以项目管理的总目标和供需合同为原则认真做好使用平衡工作，确保目标不受影响，同时应积极准备或积极处理，尽快纠正偏差。

（2）充分发挥调度系统和调度人员的作用，加强调度工作，排除障碍。在供求关系的协调工作中，调度工作是关键环节。供求关系出现问题时，对供和求的合理调整与平衡工作由调度人员来进行。调度人员应充分了解使用环节的必需性和可缓性，认真分析施工作业的关键因素，提前做好预测，及时准备。另外，调度人员也应充分了解市场，预测市场的波动，对计划供求的资源提前做好准备；如果由企业内部市场供应，则应提前与市场管理部门联系，做好准备。

11.2.4　项目经理部与发包人之间的协调

（1）项目经理首先要理解总目标和发包人的意图，反复阅读合同或项目任务文件。对于未能参加项目决策过程的项目经理，必须了解项目构思的基础、起因、出发点，了解目标设计和决策背景，否则可能对目标及完成任务有不完整的甚至无效的理解，会给工作造成很大的困难。如果项目管理和实施状况与最高管理层或发包人的预期要求不同，发包人将会干预，将要改变这种状态。所以，项目经理必须花很大气力来研究发包人的意图，研究项目目标。

（2）让发包人一起投入项目全过程，而不仅仅是给他一个结果（竣工的工程）。尽管有预定的目标，但项目实施必须执行发包人的指令，使发包人满意。发包人通常是其他专业或领域的人，可能对项目懂得很少，解决这个问题比较好的办法是：

1）使发包人理解项目和项目实施的过程，减少非程序干预。特别应防止发包人内部其他部门人员随便干预和指令项目，或将发包人内部矛盾、冲突带入到项目中。培养发包人成为工程管理专家，让他投入项目实施过程，使他理解项目和项目的实施过程，学会项目管理方法，以减少非程序干预和越级指挥。

2）项目经理作出决策时要考虑到发包人的期望，经常了解发包人所面临的压力，以及发包人对项目关注的焦点。

3）尊重发包人，随时向发包人报告情况。在发包人作决策时，提供充分的信息，让其了解项目的全貌、项目实施状况、方案的利弊得失及对目标的影响。

4）加强计划性和预见性，让发包人了解承包商和非程序干预的后果。

（3）发包人委托项目管理任务后，应将项目前期策划和决策过程向项目经理作全面的说明和解释，提供详细的资料。

（4）项目经理有时会遇到发包人所属的其他部门或合资者各方同时来指导项目的情况，这是非常棘手的。项目经理应很好地倾听这些人的忠告，对他们作耐心的解释和说明，但不应当让他们直接指导实施和指挥项目组织成员。否则，会有严重损害整个工程实施效果的危险。

项目经理部协调与发包人之间关系的有效方法是执行合同。

11.2.5 项目经理部与监理机构关系的协调

项目经理部应及时向监理机构提供有关生产计划、统计资料、工程事故报告等，应按《建设工程监理规范》的规定和施工合同的要求，接受监理单位的监督和管理，搞好协作配合。项目经理部应充分了解监理工作的性质、原则，尊重监理人员，对其工作积极配合，始终坚持双方目标一致的原则，并积极主动地工作。在合作过程中，项目经理部应注意现场签证工作，遇到设计变更、材料改变或特殊工艺以及隐蔽工程等应及时得到监理人员的认可，并形成书面材料，尽量减少与监理人员的摩擦。项目经理部应严格组织施工，避免在施工中出现敏感问题。

与监理人员意见不一致时，双方应以进一步合作为前提，在相互理解、相互配合的原则下进行协商，项目经理部应尊重监理人员或监理机构的最后决定。

11.2.6 项目经理部与设计单位关系的协调

项目经理部应在设计交底、图纸会审、设计洽商与变更、地基处理、隐蔽工程验收和交工验收等环节与设计单位密切配合，同时应接受发包人和监理工程师对双方的协调。项目经理部应注重与设计单位的沟通，对设计中存在的问题应主动与设计单位磋商，积极支持设计单位的工作，同时也争取设计单位的支持。项目经理部在设计交底和图纸会审工作中应与设计单位进行深层次交流，准确把握设计，对设计与施工不吻合或设计中的隐含问题应及时予以澄清和落实；对于一些争议性问题，应巧妙地利用发包人和监理工程师的职能，避免正面冲突。

11.2.7 项目经理部与材料供应人关系的协调

项目经理部与材料供应人应依据供应合同，充分利用价格招标制、竞争机制和供求机制，搞好协作配合。项目经理部应在项目管理实施规划的指导下，认真做好材料需求计划，并认真调查市场，在确保材料质量和供应的前提下选择供应人。为了保证双方的顺利合作，项目经理部应与材料供应人签订供应合同，并力争使得供应合同具体、明确。为了减少资源采购风险，提高资源利用效率，供应合同应就供应数量、规格、质量、时间和配套服务等事项进行明确。

项目经理部应有效利用价格机制和竞争机制与材料供应人建立可靠的供求关系，确保材料质量和使用服务。

11.2.8 项目经理部与分包人关系的协调

项目经理部与分包人关系的协调应按分包合同执行，正确处理技术关系、经济关系，正确处理项目进度控制、质量控制、安全控制、成本控制、生产要素管理和现场管理中的协作关系。项目经理部还应对分包单位的工作进行监督和支持。项目经理部应加强与分包人的沟通，及时了解分包人的情况，发现问题及时处理，并以平等的合同双方的关系支持承包人的活动，同时加强监管力度，避免问题的复杂化和扩大化。

11.2.9 项目经理部与其他单位关系的协调

项目经理部与其他公用部门有关单位的协调应通过加强计划性和通过发包人或监理工程师进行协调。

(1) 项目经理部要求作业队伍到建设行政主管部门办理分包队伍施工许可证，到劳动管理部门办理劳务人员就业证。

(2) 隶属于项目经理部的安全监察部门应办理企业安全资格认可证、安全施工许可证、项目经理安全生产资格证等手续。

(3) 隶属于项目经理部的安全保卫部门应办理施工现场消防安全资格认可证，到交通管理部门办理通行证。

(4) 项目经理部应到当地户籍部门办理劳务人员暂住手续。

(5) 项目经理部应到当地城市管理部门办理街道临建审批手续。

(6) 项目经理部应到当地政府质量监督管理部门办理建设工程质量监督通知单等手续。

(7) 项目经理部应到市容监察部门审批运输不遗洒、污水不外流、垃圾清运、场容与场貌等的保证措施方案和通行路线图。

(8) 项目经理部应配合环保部门做好施工现场的噪声检测工作，及时报送厕所、化粪池、道路等有关环节的现场平面布置图、管理措施及方案。

(9) 项目经理部因建设需要砍伐树木时必须提出申请，报市园林主管部门审批。

(10) 现有城市公共绿地和城市总体规划中确定的城市绿地及道路两侧的绿化带，如有特殊原因确需临时占用时，需经城市园林部门、城市规划管理部门及公安部门同意并报当地政府批准。

（11）大型项目施工或者在文物较密集地区进行施工，项目经理部应事先与市文物部门联系，在施工范围内有可能埋藏文物的地方进行文物调查或者勘探工作，若发现文物，应共同商定处理办法。在开挖基坑、管沟或其他挖掘中，如果发现古墓葬、古遗址或其他文物，应立即停止作业，保护好现场，并立即报告当地政府文物管理机关。

（12）项目经理部持建设项目批准文件、地形图、建筑总平面图、用电量资料等到城市供电管理部门办理施工用电报装手续。委托供电部门进行方案设计的应办理书面委托手续。

（13）供电方案经城市规划管理部门批准后即可进行供电施工设计。外部供电图一般由供电部门设计，内部供电设计主要指变配电室和控制室的设计，可由供电部门设计，也可由具备资格的设计人员设计，并报供电管理部门审批。

（14）项目经理部在建设地点确定并对项目的用水量进行计算后，即应委托自来水管理部门进行供水方案设计，同时应提供项目批准文件、标明建筑红线和建筑物位置的地形图、建设地点周围自来水管网情况、建设项目的用水量等资料。

（15）自来水供水方案经城市规划管理部门审查通过后，应在自来水管理部门办理报装手续，并委托其进行相关的施工图设计，同时，应准备建设用地许可证、地形图、总平面图、基础平面图、施工许可证、供水方案批准文件等资料。由其他设计人员进行的自来水工程施工图设计，应送自来水管理部门审查批准。

项目经理部与远外层关系的协调应在严格守法、遵守公共道德的前提下，充分利用中介组织和社会管理机构的力量。远外层关系的协调主要应以公共原则为主，在确保自己工作合法性的基础上，公平、公正地处理工作关系，提高工作效率。如果有些环节不好协调，项目经理部应充分利用中介机构和社会管理机构，及时疏通关系，加强沟通。

任务11.3　项目沟通中的问题及原因

11.3.1　项目沟通中的问题

在项目实施过程中，由于协调职能不力或协调工作不到位，常常使得组织工作出现混乱，影响整个项目的实施效果，具体列举如下：

（1）项目组织或项目经理部中出现混乱，总体目标不明确，不同部门和单位的兴趣与目标不同，各人有各人的打算和做法，甚至尖锐对立，而项目经理无法调解争执或无法解释。

（2）项目经理部经常讨论不重要的事务性问题，协调会议经常被一些言非正传的职能部门领导打断、干扰或偏离了议题。

（3）信息未能在正确的时间内以正确的内容和详细程度传达到正确位置，人们抱怨信息不够，或太多，或不及时，或不着要领。

（4）项目经理部中没有应有的争执，但它在潜意识中存在，人们不敢或不习惯将争执提出来公开讨论。

（5）项目经理部中存在或散布着不安全、绝望等气氛，特别是在项目遇到危机、上层系统准备对项目作重大变更、对项目组织作调整或项目即将结束时更显突出。

（6）实施中出现混乱，人们对合同、指令、责任书理解不一或不能理解，特别在国际工程及国际合作项目中，由于不同语言的翻译造成理解的混乱。

（7）项目得不到职能部门的支持，无法获得资源和管理服务，项目经理花大量的时间和精力周旋于职能部门，与外界不能进行正常的信息交流。

11.3.2 沟通障碍产生的原因

（1）项目开始时或当某些参加者介入项目组织时，缺少对目标、责任、组织规则和过程的统一认识和理解。在项目制定计划方案、作决策时，未听取基层实施者的意见，项目经理自认为经验丰富，武断决策，不了解实施者的具体能力和情况等，致使计划不符合实际。在制订计划时及制订计划后，项目经理没有和相关职能部门协商，就指令技术人员执行。此外，项目经理与发包人之间缺乏了解，对目标和项目任务有不完整的甚至无效的理解。项目前期沟通太少，如在招标阶段给承包商编制投标文件的时间太短。

（2）目标之间存在矛盾或表达上有矛盾，而各参加者又从自己的利益出发加以解释，由此导致混乱。项目管理者没能及时作出统一解释，使目标透明。

项目的许多投资者进行非程序干预，形成实质上的多业主状况。参加者来自不同的国度、不同的专业领域、不同的部门，有不同的习惯、不同的概念和理解，甚至不同的法律参照系，而在项目初期没有统一解释文本。

（3）对项目组织成员的工作缺乏明确的结构划分和定义，人们不清楚他们的职责范围。项目经理部内工作含混不清，职责冲突，缺乏授权。在企业中，同期的项目之间优先等级不明确，导致项目之间资源争执。

（4）管理信息系统设计功能不全，信息渠道、信息处理有故障，没有按层次、分级、分专业进行信息优化和浓缩。

（5）项目经理的领导风格和项目组织的运行风气不正，发包人或项目经理独裁，不允许提出不同意见和批评，内部言路堵塞；由于信息封锁，信息不畅，上层或职能部门人员故弄玄虚或存在幕后问题；项目经理部中有强烈的人际关系冲突，项目经理和职能经理之间互不信任、互不接受；不愿意向上司汇报坏消息，不愿意听那些与自己事先形成的观点不同的意见，采用封锁的办法处理争执和问题，相信问题会自行解决；项目成员兴趣转移，不愿承担义务；将项目管理看作办公室的工作，作计划和决策仅依靠报表和数据，不注重与实施者直接面对面的沟通；经常以领导者的居高临下的姿态出现在成员面前，不愿多作说明和解释，喜欢强迫命令，对承包商经常动用合同处罚或以合同处罚相威胁。

（6）协调会议主题不明，项目经理权威性不强，或不能正确引导；与会者不守纪律，使协调会议成为聊天会；有些职能部门领导过强（年龄过大、工龄长、经验丰富、资格老）或个性放纵，存在不守纪律、没有组织观念的现象，甚至拒绝任何批评和干预，而项目经理无力指责和干预。

（7）有人滥用分权和计划的灵活性原则，下层单位或子项目随便扩大它的自由处置权，过于注重发挥自己的创造性，这些均违背或不符合总体目标，并容易与其他同级部门造成摩擦，与上级领导产生权力争执。

(8) 使用矩阵式组织，但人们并没有从直线式组织的运作方式上转变过来。由于组织运作规则设计得不好，项目经理与企业职能经理的权力、责任界限不明确。一个新的项目经理要很长时间才能被企业、管理部门和项目组织接受和认可。

(9) 项目经理缺乏管理技能、技术判断力或缺少与项目相应的经验，没有威信。

(10) 发包人或企业经理不断改变项目的范围、目标、资源条件和项目的优先等级(即顺序)。

11.3.3　组织争执

组织协调不顺利或协调工作不成功常常会导致组织争执。项目组织是多争执的组织，这是由项目和项目组织的特殊性决定的。争执在项目中普遍存在，常见的争执有：

(1) 目标争执。项目组织成员各有自己的目标和打算，对项目的总目标缺乏了解或共识；项目的目标系统存在矛盾，例如同时要求压缩工期、降低成本、提高质量标准等。

(2) 专业争执。例如对工艺方案、设备方案、施工方案存在不一致，建筑造型与结构之间存在矛盾。

(3) 角色争执。例如企业任命总工程师作为项目经理，他既有项目工作，又有原部门的工作，常常以总工程师的立场和观点看待项目、解决问题。

(4) 过程争执。如决策、计划、控制之间对问题处理的方式和方法的矛盾。

(5) 项目组织间的争执。例如组织间利益争执、行为的不协调、合同中存在矛盾和漏洞，以及权力的争执和互相推卸责任，项目经理部与职能部门之间的界面争执。

11.3.4　组织争执的解决措施

在实际工程中，组织争执普遍存在，不可避免。在项目实施的整个过程中，项目经理要花大量的时间处理争执并进一步解决，这已成为项目经理的日常工作。

组织争执是一个复杂的问题，它会导致关系紧张和意见分歧。通常，争吵是争执的表现形式，若产生激烈的争执，以致形成尖锐的对立，这就会造成组织摩擦、能量损耗和低效率。

正确的处理方法不是宣布不许争执或让争执自行消亡，而是通过争执发现问题，暴露矛盾，从而获得新的信息，然后通过积极的引导和沟通达成一致，化解矛盾。

对争执的处理首先决定于项目管理者的性格及对争执的认识程度。领导者要有效地管理争执，有意识引起争执，通过争执引起讨论和沟通；通过详细的协商，以求平衡和满足各方面的利益，达到项目目标的最优解决。

通常情况下，对于不影响项目整体大局的争执，领导者应采取策略引导双方回避争执，或者说服双方向对方适当妥协或作非原则让步。对于涉及双方共同利益的争执，可采取互谦互让、加大合作面，形成利益互补或利益共同体，从而化解争执。有的争执属于非原则性争执，双方应通过协商进一步达成共识，消除争执。对于利益冲突性争执，如果不能通过双方协调解决，则应交由上级领导出面裁决，使得争执双方都独立于利益体之外，从而尽快解决争执，保证组织工作的顺利进行。如果争执问题比较突出，而且双方对待争执都比较敏感，在采用协商、调解的方式都无法解决的情况下，则应当机立断采用行政裁决甚至采用法律手段来解决。

任务 11.4 项目沟通方式与渠道

11.4.1 沟通的方式

11.4.1.1 正式沟通与非正式沟通

正式沟通是组织内部的规章制度所规定的沟通方法，主要包括组织系统正式发布的命令、指示、文件，组织召开的正式会议，组织正式颁布的法令规章、手册、简报、通知、公告，组织内部上下级之间和同事之间因工作需要而进行的正式接触。正式沟通的优点是沟通效果好，比较严肃而且约束力强，易于保密，可以使信息沟通保持权威性。缺点是沟通速度慢。

非正式沟通指在正式沟通渠道之外进行的信息传递和交流，是一类以社会关系为基础，与组织内部明确的规章制度无关的沟通方式。它的沟通对象、时间及内容等方面都是未经计划和难辨别的。因为非正式沟通是组织成员的感情和动机上的需要而形成的，所以其沟通渠道是通过组织内的各种社会关系，这种社会关系超越了部门、单位及层次。非正式沟通的优点是沟通方便，沟通速度快，且能提供一些正式沟通中难以获得的信息。缺点是容易失真。

在很多情况下，来自非正式沟通的信息反而易于获得接收者的重视，因为这种沟通一般是采取口头方式，有许多在正式沟通中不便于传递的信息却可以在非正式的沟通中透露。

11.4.1.2 上行沟通、下行沟通和平行沟通

上行沟通是指下级的意见向上级反映，即自下而上的沟通。项目经理应采取某些措施鼓励向上沟通，例如情况调查、征求意见座谈会、意见箱等。只有上行沟通渠道畅通，项目经理才能掌握全面情况，作出符合实际的决策。上行沟通有两种形式：一是层层传递，即依据一定的组织原则和组织程序逐级向上反映；二是越级反映，它指的是减少中间层次，让项目最高决策者与一般员工直接沟通，信息技术的发展为越级反映提供了条件。

下行沟通是指领导者对员工进行的自上而下的信息沟通。一般以命令方式传达上级组织或上级所确定的政策、计划等。这种沟通方式的目的是明确项目的目标，传达工作方面的指示，提供项目进展情况，反馈其本身工作的绩效。

平行沟通是指组织中部门之间的信息交流。斜向沟通是指信息在不同层次的不同部门之间流动时的沟通。这两种沟通都跨越了部门、脱离了正式的指挥系统，但只要在进行沟通前先得到直接领导者的允许，并在沟通后把任何值得肯定的结果及时向直接领导汇报，这种沟通便值得积极提倡。

11.4.1.3 单向沟通与双向沟通

单向沟通是指发送者和接收者之间的地位不变（单向传递），一方只发送信息，另一方只接收信息。双方无论是在情感上还是在语言上都不需要信息反馈，如作报告、发布指

令等。这种沟通的速度快，信息发送者的压力小，但是接收者没有反馈意见的机会，不能产生平等感和参与感，不利于增加接收者的自信心和责任心，不利于建立双方的感情。

与单向沟通相对应，双向沟通中发送者和接收者之间的位置不断交换，且发送者是以协商和讨论的姿态面对接收者，信息发出以后还需及时听取反馈意见，必要时双方可进行多次重复商谈，直到双方共同明确和满意为止，如交谈、谈判等。双向沟通的优点是沟通信息准确性较高，接收者有反馈意见的机会，产生平等感和参与感，增加自信心和责任心，有助于建立双方的感情，但是沟通的速度较慢。

11.4.1.4　书面沟通和口头沟通

书面沟通是指用通知、文件、报刊、备忘录等书面形式所进行的信息传递和交流。其优点是可以作为资料长期保存，反复查阅，沟通显得正式和严肃。

口头沟通就是运用口头表达，如谈话、游说、演讲等进行信息交流活动。其优点是传递消息较为准确，沟通比较灵活、速度快，双方可以自由交换意思。

11.4.1.5　言语沟通和体语沟通

言语沟通是利用语言、文字、图画、表格等形式进行的。体语沟通是利用动作、表情姿态等非语言方式（形体）进行的。一个动作、一个表情、一个姿势都可以向对方传递某种信息；不同形式、丰富多彩的“身体语言”也在一定程度上起着沟通的作用。

11.4.2　沟通的渠道

沟通渠道分正式与非正式两种。

11.4.2.1　正式沟通渠道

在大多数沟通中，信息发送者并非直接把信息传给接收者，中间要经过某些人的转接，这就产生了不同的沟通渠道。不同的沟通渠道产生的信息交流效率是不同的。正式沟通的渠道通常分为以下五种：

（1）链式沟通渠道。在项目组织系统中，链式沟通渠道相当于一个纵向沟通渠道，信息按高低层次逐级传递，信息可以自上而下也可以自下而上地交流。在这种模式中，有的层次较多，居于两端的传递者只能与内侧的每一个传递者相联系，居中的则可以分别与上下互通信息，各个信息传递者所接收的信息差异较大。链式沟通渠道的优点是信息传递速度快，适用于班子庞大，实行分层授权控制的项目信息传递及沟通。但是，在这种模式中，信息经层层传递、筛选，容易失真，各个信息传递者接收的信息差异很大。

（2）轮式沟通渠道。在轮式沟通渠道模式中，有一个信息的汇集点和传递中心，只有处于领导地位的主管人员了解全面情况，并由他向下属发出指令，而下级部门和基层公众之间没有沟通联系，他们只分别掌握本部门的情况。这种方式集中化程度高，解决问题的速度快，中心人员的预测程度高，而沟通的渠道少，组织成员满意程度低，士气低落。

（3）环式沟通渠道。环式沟通渠道中的成员依次联络沟通。这种模式大多产生于一个多层次的组织系统之中。该种沟通模式有利于提高群体成员的士气。

（4）Y式沟通渠道。Y式沟通模式表示在四个层次的逐级沟通中，两位领导通过一个人或一个部门进行沟通，这个人或部门成为沟通的中心。这种沟通模式集中化程度高，解决问题的速度快，但组织中成员的平均满意程度较低，易于造成信息曲解或失真。

(5) 全通道式沟通渠道。这是一个开放式的信息沟通系统，其中每一个成员之间都有一定的联系，彼此十分了解。这种沟通模式有利于建立浓厚的民主气氛和合作精神。

11.4.2.2 非正式沟通渠道

在一个组织中，除正式沟通渠道外，还存在着非正式的沟通渠道，有些信息往往是通过非正式渠道传播的，其中包括小道消息的传播。国外一些管理专家如戴维斯经过调查研究，把非正式沟通渠道分为四种形式：

(1) 单线式。信息由A通过一连串的人传播给最终的接收者。

(2) 饶舌式，又称闲谈传播式。是由A主动地把信息传播给其他人。

(3) 随机式，又称机遇传播式。信息由A按偶然的机会传播给他人，他人又按偶然机遇传播，并无一定的路线。

(4) 集束式，又称群集传播式。它是将信息由A有选择地告诉自己的朋友或有关的人，使有关的人也照此办理的信息沟通方式。这种沟通方式最为普遍。

思 考 题

(1) 什么是沟通？有什么作用？

(2) 施工项目组织协调包含哪些内容？

(3) 施工项目沟通过程中有哪些问题？是什么原因造成的？

项目12 施工项目信息管理

知识目标： 通过本项目学习，学生应了解工程信息管理的基本概念、系统结构和功能；了解施工项目文档管理的任务和建立方法。

能力目标： 通过本项目学习，学生具备建立施工项目管理信息系统的能力。

项目导航： 工程的施工阶段是大量的信息发生、传递和处理的阶段，施工项目信息管理工作主要集中在这一阶段；施工期间的信息收集内容。

请回答：

（1）施工期间的信息收集内容有哪些？

（2）如何对收集的信息进行加工整理？

任务12.1 信息管理基础知识

12.1.1 信息管理的概念

信息管理是指对信息的收集、整理、处理、储存、传递与应用等一系列工作的总称。信息管理的目的就是通过有组织的信息流通，使决策者能及时、准确地获得相应的信息。为了达到信息管理的目的，就要把握好信息管理的各个环节，并要做到：

（1）了解和掌握信息来源，对信息进行分类。

（2）掌握和正确运用信息管理的手段，如计算机。

（3）掌握信息流程的不同环节，建立信息管理系统。

12.1.2 项目信息管理的基本任务

项目管理人员承担着项目信息管理的任务，负责收集项目实施情况的信息，进行各种信息处理工作，并向上级、向外界提供各种信息。项目信息管理的任务主要包括：

（1）组织项目基本情况信息的收集并系统化，编制项目手册。项目管理的任务之一是按照项目的任务、实施要求，设计项目实施和项目管理中的信息和信息流，确定它们的基本要求和特征，并保证项目实施过程中信息顺利流通。

（2）遵循项目报告及各类资料的规定，例如资料的格式、内容、数据结构要求。

（3）按照项目实施、项目组织、项目管理工作过程建立项目管理信息系统，在实际工作中保证系统正常运行，并控制信息流。

（4）文件档案管理工作。

有效的项目管理需要更多的施工项目信息，信息管理影响项目组织和整个项目管理系统的运行效率，是人们沟通的桥梁，项目管理人员应引起足够的重视。

12.1.3 施工项目信息管理工作的原则

对于大型项目，建设工程产生的信息数量巨大，种类繁多。为便于信息的收集、处理、储存、传递和利用，建设工程信息管理应遵循以下基本原则：

（1）标准化原则。要求在项目的实施过程中对有关信息的分类进行统一，对信息流程进行规范，产生的控制报表力求做到格式化和标准化，通过建立健全的信息管理制度，从组织上保证信息生产过程的效率。

（2）有效性原则。项目管理人员所提供的信息应根据不同层次管理者的要求进行适当加工，针对不同管理层提供不同要求和不同浓缩程度的信息。例如，对于项目的高层管理者而言，提供的决策信息应力求精练、直观，尽量采用形象的图表来表达，以满足其战略决策的信息需要。这一原则有利于保证信息产品对于决策支持的有效性。

（3）定量化原则。建设工程产生的信息不是项目实施过程中产生数据的简单记录，而是经过信息处理人员的比较与分析的结果。采用定量工具对有关数据进行分析和比较是十分必要的。

（4）时效性原则。考虑施工项目决策过程的时效性，建设工程的成果也应具有相应的时效性。建设工程的信息都有一定的生产周期，如月报表、季度报表、年度报表等，这都是为了保证信息产品能够及时服务于决策。

（5）高效处理原则。通过采用高性能的信息处理工具（如建设工程信息管理系统），尽量缩短信息在处理过程中的延迟，项目管理人员的主要精力应放在对处理结果的分析和控制措施的制定上。

（6）可预见原则。建设工程产生的信息作为项目实施的历史数据，可以用于预测未来的情况，项目管理者应通过采用先进的方法和工具为决策者制定未来目标和行动规划提供必要的信息。

12.1.4 施工项目信息管理的基本条件

为了更好地进行施工项目信息管理，必须利用计算机技术。项目经理部要配备必要的计算机硬件和软件，应设项目信息管理员，使月和开发项目信息管理系统。项目信息管理员必须经有资质的培训单位培训并考核合格，方可上岗。

项目经理部负责收集、整理、管理本项目范围内的信息。实行总分包的项目分包人负责分包范围的信息收集整理，承包人负责汇总、整理各分包人的全部信息。

随工程的进展，按照施工项目信息管理的要求，及时整理、录入施工项目信息。信息资料必须真实、准确，收集到的信息应经项目经理部有关负责人审核签字后方可录入计算机信息系统，以确保信息的真实性。

12.1.5 施工项目基本信息

项目的信息包括项目经理部在项目管理过程中的各种数据、表格、图纸、文字、音像资料等。项目实施过程中应积累以下项目基本信息：

（1）公共信息。包括法规和部门规章制度，市场信息，自然条件信息。

（2）单位工程信息。包括工程概况、施工记录、施工技术资料、工程协调、工程进度计划及资源计划、成本、商务、质量检查、安全文明施工及行政管理、交工验收等信息。

12.1.6 施工项目信息的目录结构

为了方便计算机项目管理，可采用如图12.1所示的施工项目信息结构。

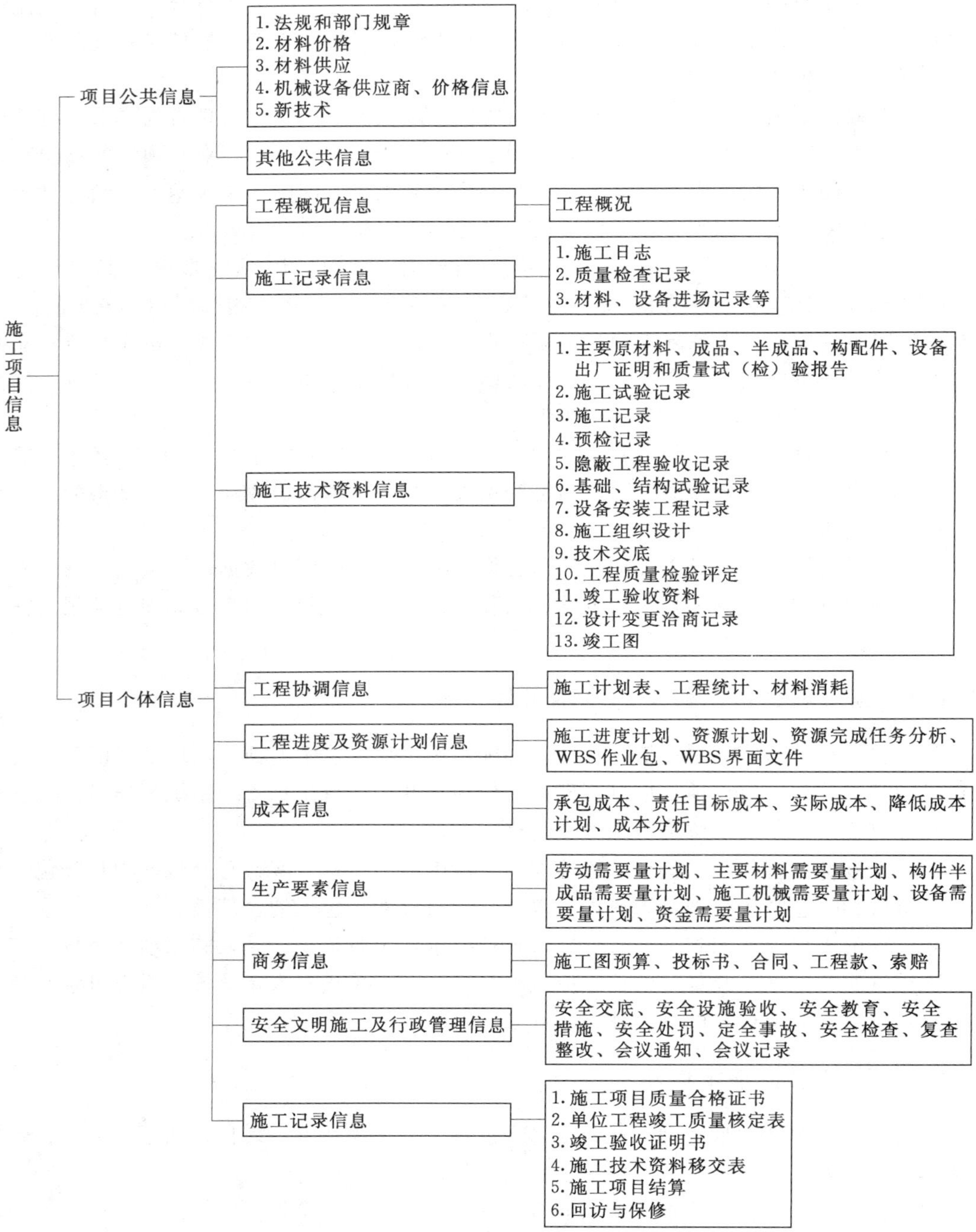

图12.1 施工项目信息结构

任务 12.2 施工项目报告系统

12.2.1 施工项目报告的种类

（1）作为决策的依据。通过报告所反映的内容，可以使人们对项目计划和实施状况、目标完成程度等有比较清楚的了解，从而使决策简单化，提高准确度。

（2）用来评价项目，评价过去的工作及阶段成果。

（3）总结经验，分析项目中的问题。每个项目结束时都应有一个内容详细的分析报告。

（4）通过报告去激励各参加者，让大家了解项目的成就。

（5）提出问题，解决问题，安排后期的工作。

（6）预测将来情况，提供预警信息。

（7）作为证据和工程资料。施工项目报告便于保存，能提供工程的永久记录。

12.2.2 施工项目报告的作用

（1）与目标一致。报告的内容和描述必须与项目目标一致，主要说明目标的完成程度和围绕目标存在的问题。

（2）符合特定的要求。这里包括各个层次的管理人员对项目信息需要了解的程度，以及各个职能人员对专业技术工作和管理工作的需要。

（3）规范化、系统化。管理信息系统中应完整地定义报告系统的结构和内容，对报告的格式、数据结构进行标准化。在项目中要求各参加者采用统一形式的报告。

（4）处理简单化，内容清楚，便于理解。

（5）报告要有侧重点。施工项目报告通常包括概况说明和重大的差异说明，主要的活动和事件的说明，而不是面面俱到。它的内容较多地考虑实际效用，而不是考虑信息的完整性。

12.2.3 施工项目报告的要求

项目初期，在建立项目管理系统时必须包括项目的报告系统。主要解决两个问题：①罗列项目实施过程中应有的各种报告，并系统化；②确定各种报告的形式、结构、内容、数据、采集和处理方式，并标准化。

建立报告目录表，见表12.1。

表12.1　　报告目录表

报告名称	报告时间	提供者	接收者			
			A	B	C	D

编制工程计划时，应考虑需要的各种报告及其性质、范围和频率，并在合同或项目手册中确定。

原始资料应一次性收集，以保证同一信息的来源相同。收入报告中的资料应进行可信度检查，并将计划值引入以便对比。

施工项目报告应从基层做起，资料最基础的来源是工程活动，上层的报告应在基层报告的基础上，按照项目结构和组织结构层层归纳、总结，并作出分析和比较得到，形成金字塔形的报告系统。

项目月报是最重要的项目总体情况报告，其内容通常包括：

（1）施工项目概况。

1）简要说明本报告中施工项目及主要活动的状况，如设计工作、批准过程、招标、施工及验收状况等。

2）计划总工期与实际总工期的对比，可以采用不同颜色的图例，或采用前锋线方法。

3）总的趋向分析。

4）成本状况和成本曲线，包括整个项目总结报告、各专业范围或各合同、各主要部门等层次。其中，需要分别说明原预算成本、工程量调整的结算成本、预计最终总成本、偏差原因及责任、工程量完成情况、支出等内容。可以采用对比分析表、柱形图、直方图、累计曲线加以描述。

5）项目形象进度。用图示的方法描述建筑和安装工程的进度。

6）对质量问题、工程量偏差、成本偏差、工期偏差的主要原因进行说明。

7）说明下一报告期的关键活动。

8）下一报告期必须完成的工作包。

9）工程状况照片。

（2）项目进度详细说明。

1）按分部工程列出成本状况、实际和计划进度曲线的对比。

2）按每个单项工程列出：控制性工期实际和计划工期对比，其中关键性活动的实际和计划工期对比，实际和计划成本状况对比，工程状态，各种界面的状态，目前关键问题及解决的办法，特别事件说明等。

（3）预计工期计划。包括下阶段控制性工期计划，下阶段关键活动范围内详细的工期计划，以后几个月内关键工程活动表。

（4）按部分工程列出各负责的施工单位。

（5）项目组织状况说明。

任务12.3 施工项目信息管理系统

12.3.1 施工项目信息管理系统的含义

施工项目信息管理系统也称项目规划和控制信息系统，它是一个针对施工项目的计算应用软件系统，通过及时地提供施工项目的有关信息，支持项目管理人员确定项目规划，在项目实现过程中控制项目目标，即费用目标、进度目标、质量目标和安全目标。

施工项目信息管理系统是以施工项目为目标系统，利用计算机辅助施工项目管理的信息系统。

12.3.2　施工项目信息管理系统的内容

12.3.2.1　施工项目信息管理系统的特点

施工项目信息管理系统是以计算机技术为主要手段，以项目管理为对象，通过收集、存储和处理有关数据为项目管理人员提供信息，作为项目管理规划、决策、控制和检查的依据，保证项目管理工作顺利实施，是项目管理系统的重要组成部分。通常，该系统应具有如下特点：

（1）可靠性。管理系统的信息收集、输出应真实可靠，使信息接收者对系统信任；只有项目管理人员相信系统的可靠性，才会采用该系统输出的信息。GB/T 50326—2006《建设工程项目管理规范》对收集、录入信息的真实性进行了规定。

（2）安全性。系统的安全直接影响项目管理人员的使用，系统必须保证正常使用的安全性，同时应有权限设置，保证不同使用人员根据不同权限对信息进行相应的处理。

（3）及时性。任何信息都具有时间性，系统必须能够及时处理有关数据，并及时提供给管理人员所需信息，以便项目管理人员进行实时控制。

（4）适用性。信息系统必须满足项目管理人员的不同需要；从系统得到的信息，必须能使信息需求者理解，并能为其决策提供帮助。信息系统还应具有可扩充性，以满足项目需求的变化及不同项目管理系统的需要。

（5）界面友好，操作方便。

12.3.2.2　施工项目信息管理系统的功能要求

（1）方便项目信息输入、整理与存储。

（2）有利于用户提取信息。

（3）及时调整数据、表格与文档。

（4）能灵活补充、修改与删除数据。

（5）信息种类与数量应能满足项目管理的全部需要。

（6）能使设计信息、施工准备阶段的管理信息、施工过程项目管理各专业的信息、项目结算信息、项目统计信息等有良好的接口。

（7）能连接项目经理部各职能部门、项目经理与各职能部门、项目经理与作业层、项目经理部与企业各职能部门、项目经理与企业法定代表人、项目经理部与发包人和分包人、项目经理部与监理机构等，使项目管理层与企业管理层及作业层信息收集渠道畅通、信息资源共享。

12.3.3　施工项目信息管理系统的开发

施工项目信息管理系统的开发是一项非常复杂的工作，它的开发周期长，耗资巨大，投入高，风险大。它以施工项目的管理系统为环境，所涉及的专业多，且专业需求程度高，所以项目管理专业人员在研制过程中起着重要的作用。施工项目信息管理系统的设计和实现，是对项目管理思想、组织、方法和手段的提升，它能深化项目管理的基本理论，强化项目管理的基础工作，改进管理组织和管理方法。

施工项目信息管理系统的开发由系统规划、系统分析、系统设计、系统实施和系统评价等阶段组成。

（1）系统规划。系统规划需要提出系统开发的需求，通过实地现场调查和可行性研究，确定项目管理信息系统的目标及系统的主要结构，制订系统开发的整体计划，由此来指导信息管理系统研制的实施工作。

（2）系统分析。系统分析包括对项目任务的详细了解和分析，在此基础上，收集数据、分析数据、确定系统数据流程图等，制定最优的系统方案。

（3）系统设计。系统设计包括确定系统总体结构、系统流程图和系统配置，进行模块设计、系统编码设计、数据库设计、输入输出设计、文件设计和程序设计等。

（4）系统实施。系统实施包括机器的购置、安装，程序的调试，基础数据的准备，系统文档的准备，各类人员的培训及系统的运行与维护等。

（5）系统评价。系统建成及投入运行以后，必须对系统进行评价，估计系统的工作性能和技术性能，检查是否达到预期目标，其功能是否符合设计要求，进而对系统的应用价值、经济效益和社会效益作出综合评价。

12.3.4　施工项目信息流

施工项目信息流反映了各参加部门、各单位及各施工阶段之间的关系。为了建设工程的顺利完成，必须使施工项目信息在上下级之间、内部组织与外部环境之间流动。

（1）自上而下的信息流。是指主管单位、主管部门、业主、施工项目负责人、检查员、班组工人之间由上级向其下级逐级流动的信息，即信息源在上，接收信息者是其下属。这些信息主要是指建设目标、工作条例、命令、办法及规定、业务指导意见等。

（2）自下而上的信息流。是指由下级向上级流动的信息，即信息源在下，接收信息者在上。主要指项目实施中有关目标的完成量、进度、成本、质量、安全、消耗、效率等情况，此外，还包括上级部门关注的意见和建议等。

（3）横向间的信息流。指项目管理工作中，同一层次的工作部门或工作人员之间相互提供和接收的信息。这种信息一般是由不同工作部门各自产生的，但为了共同的目标又需要相互协作、互通有无或相互补充，以及特殊、紧急情况下为节省信息流动时间而需要横向提供的信息。

（4）以信息管理部门为集散中心的信息流。信息管理部门为项目决策作准备的过程中，既需要大量信息，又可以作为有关信息的提供者，它是汇总信息、分析信息、分散信息的部门，同时又必须帮助工作部门进行信息管理规划、任务检查、对有关专业技术问题进行咨询。因此，各项工作部门不仅要向上级汇报，而且应当将信息传递给信息管理部门，以利于信息管理部门为决策做好充分准备。

（5）施工项目内部与外部环境之间的信息流。施工项目的业主、承建商、监理单位、设计单位、建设银行、质量监督主管部门、有关国家管理部门和业务部门，都不同程度地需要信息交流，既要满足自身的需要，又要满足与环境的协作要求，或按国家规定的要求相互提供信息。

上述几种信息流都应有明晰的流线，并都要畅通。

12.3.5　施工项目信息的收集

12.3.5.1　施工项目建设前期的信息收集

施工项目在正式开工之前，需要进行大量的工作，这些工作将产生大量包含丰富内容的文件，工程建设单位应当了解和掌握这些内容，包括收集可行性研究报告及其有关资料、设计文件及有关资料的收集、招标投标合同文件及其有关资料的收集。收集这方面资料通常包括：

（1）社会调查情况。建设地区的工农业生产、社会经济、地区历史、人民生活水平及自然灾害等调查情况。

（2）工程技术勘测调查情况。收集建设地区的自然条件资料，如河流、水文、资源、地质、地形、地貌、气象等资料。

（3）技术经济勘察调查情况。主要收集工程建设地区的原材料、燃料来源，水电供应和交通运输条件，劳动力来源、数量和工资标准等资料。

项目建设前期除以上各个阶段产生的各种资料外，上级关于项目的批文和有关指示，有关征用土地、迁建赔偿等协议式批准文件等，均是十分重要的资料。

12.3.5.2　施工期间的信息收集

工程的施工阶段是大量的信息发生、传递和处理的阶段，施工项目信息管理工作主要集中在这一阶段。施工期间的信息收集内容如下：

（1）收集业主提供的信息。业主作为施工项目建设的组织者，要按照合同文件规定提供相应的条件，要不时表达对工程各方面的意见和看法，下达某些指令，因此，应及时收集业主提供的信息。当业主负责某些材料的供应时，需收集提供材料的品种、数量、质量、价格、提货地点、提货方式等信息。施工项目负责人应及时收集这些信息资料，同时应收集对项目进度、质量、投资、合同等方面的意见和看法。

（2）收集承建商的信息。现场发生的各种情况承建商必须掌握和收集，施工项目负责人也必须掌握和收集，并汇集成相应的信息资料。承建商在施工中经常向有关单位，包括上级部门、设计单位、业主及其他方面发出某些文件，传达一定的内容，如向业主报送施工组织设计、各种计划、单项工程施工措施、月支付申请表、各种项目自检报告、质量问题报告、有关意见等，项目负责人应全面系统地收集这些信息资料。

（3）收集建设项目的施工现场记录。此记录是驻地工程师的记录，主要包括工程施工历史记录、工程质量记录、工程计量、工程款记录和竣工记录等。

1）现场管理人员的日报。主要包括：现场每日的天气记录、当天的施工内容、参加施工的人员、施工用的机械（名称、数量等）、发现的施工质量问题、施工进度与计划施工进行的比较（若发生施工进度拖延，应说明原因）、当天的综合评论及其他说明（应注意的事项）等。

2）驻施工现场管理负责人的日记。主要包括：当天所作的重大决定、对施工单位所作的主要指示、发生的纠纷及解决办法，该施工项目总负责人施工现场谈及的问题，当天与该施工项目总负责人的口头谈话摘要，对驻施工现场管理工程师的指示、与其他人达成的任何主要协议，或对其他人的主要指示等。

3）驻施工现场管理负责人的月报。驻施工现场管理负责人应每月向总负责人及业主汇报工地施工进度状况，工程款支付情况，工程进度拖延的原因分析，工程质量情况，工程进展中主要困难与问题，如施工中的重大差错，重大索赔事件，材料、设备供货及组织、协调方面的困难，异常的天气情况等。

4）驻施工现场管理负责人对施工单位的指示。主要包括：正式发出的重大指示，日常指示，在每日工地协调会中发出的指示，在施工现场发出的指示等。

5）补充图纸。设计单位给施工单位的各种补充图纸。

6）工地质量记录。主要包括试验结果记录及样本记录。

（4）收集工地会议记录。工地会议是施工项目管理的一种重要方法，会议中包含着大量的信息，要求项目管理工程师必须重视工地会议，并建立一套完善的会议制度，以便于会议信息的收集。会议制度包括会议的名称、主持人、参加人、举行会议的时间、会议地点等，每次工地会议都应有专人记录，会后应有工作会议纪要等。

1）第一次工地会议。第一次工地会议由甲方主持，主要内容是介绍业主、工程师、承建商的职员，澄清组织，检查承建商的动员情况（履约保证金、进度计划、保险、组织、人员、现场准备情况等），检查业主对合同的履行情况（如资金、投保，确定工地、图纸等），管理工程师动员阶段的工作情况（如提交水准点、图纸、职责分工等），检查为管理工程师提供设备的情况（如住宿、试验、通信、交通工具、水电等条件），明确例行程序，包括填报支付报表。

2）经常性工地会议。经常性工地会议由承建商主持，一般每月召开一次。会议有施工项目负责人员、承建商、监理方、业主代表参加。会议主要内容：确定上次工地会议纪要，当月进度总结，进度预测，技术事宜，变更事宜，财务事宜，管理事宜，索赔和延期，下次工地会议及其他事项。工地会议确定的事情视为合同文件的一部分，承建商必须执行。工地会议记录忠实于会议发言人，确保记录的真实性。

12.3.5.3 工程竣工阶段的信息收集

工程竣工并按要求进行竣工验收时，需要大量与竣工验收有关的各种资料信息。这些信息一部分是在整个施工过程中长期积累形成的，一部分是在竣工验收期间，根据积累的资料整理分析而形成的。完整的竣工资料应由承建商编制，经施工项目负责人和有关方面审查后，移交业主并通过业主移交管理部门。

12.3.6 信息的加工整理

12.3.6.1 信息处理的要求和方法

（1）信息处理的要求。要使信息能有效地发挥作用，在信息处理的过程中就必须符合及时、准确、适用、经济的要求。

（2）信息处理的方法。从收集的大量信息中，找出信息与信息之间的关系和运算公式；从收集的少量信息中，得到大量的输出信息。信息处理包括收集、加工、输入计算机、传输、存储、计算、检索、输出等内容。

12.3.6.2　信息的分类

施工项目信息管理中，对收集来的资料进行加工整理后，按其加工整理的深度可分为如下几个类型：

（1）对资料和数据进行简单整理和滤波。

（2）对信息进行分析、概括综合后能产生辅助决策的信息。

（3）通过应用数学模型统计推断可以产生决策的信息。

施工项目负责人依据施工过程中收集到的信息所作的决策或决定，见表12.2。

表12.2　　施工项目负责人决策一览表

序号	决　策	具　体　做　法
1	依据进度控制信息，对施工进度状态的意见和指示	施工项目负责人每月、每季度都要对工程进度进行分析对比并作出综合评价，包括当月整个工程各方面，实际完成数量与合同规定的计划数量之间的比较。如果某一部分拖后，应分析其主要原因。对存在的主要困难和问题，要提出解决的意见
2	依据质量控制信息，对工程质量情况的意见和指示	施工项目负责人应当系统地将当月施工中的各种质量情况，包括现场检查中发现的各种问题、施工中出现的重大事故，对各种情况、问题、事故的处理情况，除在月报、季报中进行阶段性的归纳和评价外，如有必要，可进行专门的质量定期情况报告
3	依据投资控制信息，对工程结算情况的意见和指示	工程价款结算一般按月进行，要对投资完成情况进行统计、分析，并在此基础上做一些短期预测，以便对业主在组织资金方面提供咨询意见
4	依据合同信息，对索赔的处理意见	在工程施工中，甲方的原因或客观条件使乙方遭受损失，乙方可提出索赔要求；乙方违约使工程遭受损失，甲方可提出索赔要求；施工项目负责人应对索赔提出处理意见

任务12.4　施工项目文档管理

项目管理信息大部分是以文档资料的形式出现的，因此项目文档资料管理是日常信息管理工作的一项主要内容。施工项目文档资料是有形的，是信息或数据的载体，它以记录的方式存在，具有集中、归档的性质。对项目文档资料进行科学系统的管理，能使项目实施过程规范化、正规化，提高项目管理的工作效率，确保项目归档文件材料的完整性和可靠性。项目文档资料管理是具体的，它的工作主要包括文档资料传递流程的确定，文档资料登录和编码系统的建立，文档资料的收集积累、加工整理、检索保管、归档保存和提供利用服务等。

施工项目文档资料包括各类文件、项目信件、设计图纸、合同书、会议纪要，各种报告、通知、记录、鉴证、单据、证明、书函等文字、数值、图表、图片及音像资料。

12.4.1　施工项目文档资料的传递流程

确定项目文档资料的传递流程是要研究文档资料的流转通道及方向，研究资料的来源、使用者和保存节点，规定传输方向和目标。项目管理班子中的信息管理人员是文档资料传递渠道的中枢，所有文档资料都应统一归口传递至信息管理者，进行集中收发和管理，以避免散落和遗失。信息管理人员将接收到的文档资料经加工整理、归类保存后，再按信息规划规定的传递渠道传递给文档资料的接收者。同时，信息管理人员也应按照文档资料的内容，有目的地把有关信息传递给其他相关的接收者。当然，项目管理人员根据需要随时都可自行查阅经整理分类后的文档资料。

负责项目文档资料的管理人员必须熟悉各项项目管理的业务，通过研究分析项目文档资料的特点和规律对其进行科学管理，使文档资料在项目管理中得到充分利用，提供有效服务。除此之外，管理人员还应全面了解和掌握项目建设的进展情况和项目管理工作开展的实际情况，结合对文档资料的整理分析，对重要信息资料进行摘要综述，编制相关工程报告。

12.4.2　施工项目文档资料的登录和编码

信息分类和编码是文档资料科学管理的重要手段。任何接收或发送的文档资料均应予以登记，建立信息资料的完整记录。对文档资料进行登录，把它们列为项目管理单位的正式资源和财产，可以有据可查，便于归类、加工和整理，并通过登录掌握归档资料及其变化情况，有利于文档资料的清点和补缺。

为便于登录和归类，利用计算机对项目文档进行管理时，需对文档资料进行统一编码，建立编码系统，确定分类归档存放的基本框架结构。

为文档资料所赋予独特的识别符号如字符和数字等，就可给出信息资料的编码，而编码结构则是表示文档资料的组成方式和相互间的关系。对项目信息进行编码的基本原则是：

（1）唯一性。虽然一个编码对象可有多个名称，也可按不同方式进行描述，但是在一个分类编码标准中，每个编码对象仅有一个代码，每个代码唯一表示一个编码对象。

（2）合理性。项目信息编码结构应与项目信息分类体系相适应。

（3）可扩充性。项目信息编码必须留有适当的后备容量，以适应不断扩充的需要。

（4）简单性。项目信息编码结构应尽量简单，以提高信息处理的效率。

（5）适用性。项目信息编码应能反映项目信息对象的特点，便于记忆和使用。

（6）规范性。在同一个项目的信息编码标准中，代码的类型、结构及编写格式都必须统一。

12.4.3　施工项目文档资料的存放

为使文档资料在项目管理中得到有效的利用和传递，需要按科学方法将文档资料存放与排列。随着工程建设的进程，信息资料的逐步积累，数量会越来越多，如果随意存放，需要时必然查找困难，且极易丢失。存放与排列可以编码结构的层次编码作为标识，将文档资料一件件、一本本地排列在书架上，位置应明显，易于查找。

为做好项目建设档案资料的管理工作，全面、完整地反映工程建设和项目管理的工作活动和成果，客观地记录项目建设的整个历史过程，充分发挥档案资料在项目建设、项目建成以后的使用管理，以及项目维护中的作用，应将文档资料整理归档、立卷、装订成册。施工项目信息资料经过科学系统地组合与排列，才能成为系统的、完整的文档，为项目管理服务，同时作为归档保存的项目文件。水利工程建设项目文件材料归档范围与保管期限表见附录2。

任务12.5 项目管理中的软信息

12.5.1 软信息的概念

前面所述的在项目系统中运行的一般都是可定量化的、可量度的信息，如工期、成本、质量、人员投入、材料消耗、工程完成程度等，它们可以用数据表示，可以写入报告中，通过报告和数据即可获得信息，了解情况。但另有许多信息是很难用上述信息形式表达和通过正规的信息渠道沟通的，这主要是反映项目参加者的心理行为，项目组织状况的信息。

12.5.2 软信息的特点

（1）软信息尚不能在报告中反映或完全正确的反映，缺少表达方式和正常的沟通渠道，只有管理人员亲临现场，参与实际操作和小组会议时才能发现并收集到。

（2）由于软信息无法准确地描述和传递，所以它的状况只能由人领会，仁者见仁，智者见智，不确定性很大，这便会导致决策的不确定性。

（3）由于很难表达，不能传递，很难进入信息系统沟通，所以软信息的使用是局部的。真正有决策权的上层管理者（如业主、投资者）由于不具备条件（不参与实际操作），无法获得和使用软信息，因而容易造成决策失误。

（4）软信息目前主要通过非正式沟通来影响人们的行为。例如人们对项目经理的专制作风的意见和不满，互相诉说，以软抵抗对待项目经理的指令、安排。

（5）软信息只能通过人们的模糊判断，通过人们的思考做信息处理，常规的信息处理方式是不适用的。

12.5.3 软信息的获取

软信息的获取方式通常有：

（1）观察。通过观察现场及人们的举止、行为、态度，分析他们的动机，分析组织状况。

（2）正规的询问，征求意见。

（3）闲谈、非正式沟通。

（4）要求下层提交的报告中必须包括软信息内容并定义说明范围，这样上层管理者才能获得软信息，同时让各级管理人员建立软信息的概念并重视它。

思 考 题

(1) 施工项目管理的基本任务是什么?

(2) 施工项目管理的原则是什么?

(3) 施工项目管理系统有哪些特点?

(4) 施工期间信息收集包含哪些内容?

附 录 1

附表 1.1　　水利水电工程混凝土单元工程质量评定表

单位工程名称			单元工程量		
分部工程名称			施工方		
单元工程名称、部位			评定日期		
项次	工 序 名 称			工序质量等级	
1	基础面或混凝土施工缝处理				
2	模板				
3	△钢筋				
4	止水、伸缩缝和排水管安装				
5	△混凝土浇筑				
评 定 意 见					单元工程质量等级
工序质量全部合格，主要工序——钢筋、混凝土浇筑两工序质量 ，工序质量优良率为 %					
施工单位	年 月 日		建设（监理）单位	年 月 日	

注“△”代表主要工序。

附表 1.2　　水利水电工程基础面或混凝土施工缝处理工序质量评定表

单位工程名称			单元工程量		
分部工程名称			施工单位		
单元工程名称、部位			检验日期		
项次	检查项目		质量标准		检验记录
1	基础岩面				
(1)	△建基面		无松动岩块		
(2)	△地表水和地下水		妥善引排或封堵		
(3)	岩面清洗		清洗洁净，无积水，无积渣杂物		
2	混凝土施工缝				
(1)	△表面处理		无乳皮、成毛面		
(2)	△混凝土表面清洗		清洗洁净，无积水，无积渣杂物		
3	软基面				
(1)	△建基面		预留保护层已挖除，地质符合设计要求		
(2)	垫层铺填		符合设计要求		
(3)	基础面清理		无乱石、杂物，坑洞分层回填夯实		
评 定 意 见					工序质量等级
主要检查项目全部符合质量标准，一般检查项目 质量标准					
施工单位	年 月 日		建设（监理）单位	年 月 日	

注“△”代表主要工序。

附表 1.3　　水利水电工程混凝土模板工序质量评定表

<table>
<tr><td colspan="2">单位工程名称</td><td colspan="3"></td><td colspan="2">单元工程量</td><td colspan="3"></td></tr>
<tr><td colspan="2">分部工程名称</td><td colspan="3"></td><td colspan="2">施工单位</td><td colspan="3"></td></tr>
<tr><td colspan="2">单元工程名称、部位</td><td colspan="3"></td><td colspan="2">检验日期</td><td colspan="3"></td></tr>
<tr><td>项次</td><td>检查项目</td><td colspan="4">质 量 标 准</td><td colspan="4">检 验 记 录</td></tr>
<tr><td>1</td><td>△稳定性、刚度和强度</td><td colspan="4">符合设计要求</td><td colspan="4"></td></tr>
<tr><td>2</td><td>模板表面</td><td colspan="4">光洁、无污物、接缝严密</td><td colspan="4"></td></tr>
<tr><td rowspan="3">项次</td><td rowspan="3">检测项目</td><td rowspan="3">设计值</td><td colspan="3">允许偏差/mm</td><td colspan="2">实测值</td><td rowspan="3">合格数/点</td><td rowspan="3">合格率/%</td></tr>
<tr><td colspan="2">外露表面</td><td rowspan="2">隐蔽内面</td><td colspan="2" rowspan="2"></td></tr>
<tr><td>钢模</td><td>木模</td></tr>
<tr><td>1</td><td>模板平整度：相邻两板面高差</td><td></td><td>2</td><td>3</td><td>5</td><td colspan="2"></td><td></td><td></td></tr>
<tr><td>2</td><td>局部不平（用 2m 直尺检查）</td><td></td><td>2</td><td>5</td><td>10</td><td colspan="2"></td><td></td><td></td></tr>
<tr><td>3</td><td>板面缝隙</td><td></td><td>1</td><td>2</td><td>3</td><td colspan="2"></td><td></td><td></td></tr>
<tr><td>4</td><td>结构物边线与设计边线</td><td></td><td colspan="2">10</td><td>15</td><td colspan="2"></td><td></td><td></td></tr>
<tr><td>5</td><td>结构物水平断面内部尺寸</td><td></td><td colspan="3">±20</td><td colspan="2"></td><td></td><td></td></tr>
<tr><td>6</td><td>承重模板标高</td><td></td><td colspan="3">±5</td><td colspan="2"></td><td></td><td></td></tr>
<tr><td>7</td><td>预留孔、洞尺寸及位置</td><td></td><td colspan="3">±10</td><td colspan="2"></td><td></td><td></td></tr>
<tr><td colspan="2">检测结果</td><td colspan="8">共检测　点，其中合格　点，合格率　%</td></tr>
<tr><td colspan="8">评定意见</td><td colspan="2">工序质量等级</td></tr>
<tr><td colspan="8">主要检查项目全部符合质量标准。一般检查项目　质量标准。检查测项目实测点合格率　%</td><td colspan="2"></td></tr>
<tr><td>施工单位</td><td colspan="4">年　月　日</td><td>建设（监理）单位</td><td colspan="4">年　月　日</td></tr>
</table>

注 “△”代表主要工序。

附表 1.4　　**水利水电工程混凝土钢筋工序质量评定表**

单位工程名称		单元工程量	
分部工程名称		施工单位	
单元工程名称、部位		检验日期	

项次	检　查　项　目	质量标准	检　验　记　录
1	△钢筋的数量、规格尺寸、安装位置	符合设计图纸	
2	焊缝表面和焊缝中	不允许有裂缝	
3	△脱焊点和漏焊点	无	

项次	检　测　项　目				设计值	允许偏差/mm	实测值	合格数/点	合格率/%
1	点焊及电弧焊	帮条对焊接头中心的纵向偏移差				$0.5d$			
2	点焊及电弧焊	接头处钢筋轴线的曲折				4°			
3	点焊及电弧焊	△焊缝	长度			$-0.5d$			
3	点焊及电弧焊	△焊缝	高度			$-0.05d$			
3	点焊及电弧焊	△焊缝	宽度			$-0.1d$			
3	点焊及电弧焊	△焊缝	咬边深度			$0.05d$ 不大于 1			
3	点焊及电弧焊	△焊缝	表面气孔夹渣	在 $2d$ 长度上		不多于 2 个			
3	点焊及电弧焊	△焊缝	表面气孔夹渣	气孔、夹渣直径		不大于 3			
4	△绑扎	缺扣、松扣				≤20%且不集中			
4	△绑扎	弯钩朝向正确				符合设计图纸			
4	△绑扎	搭接长度				−0.05 设计值			
5	对焊及熔槽焊	△焊接接头根部未焊透深度	钢筋			$0.15d$			
5	对焊及熔槽焊	△焊接接头根部未焊透深度	钢筋			$0.1d$			
5	对焊及熔槽焊	接头处钢筋中心线的位移				$0.1d$ 不大于 2			
5	对焊及熔槽焊	焊缝表面（长为 $2d$）和焊缝截面上蜂窝、气孔、非金属杂质				不大于 $1.5d$，3 个			
6	钢筋长度方向的偏差					±1/2 净保护层厚			
7	同一排受力钢筋间距的局部偏差	柱及梁				$\pm 0.5d$			
7	同一排受力钢筋间距的局部偏差	板、墙				±0.1 间距			
8	同排中分布钢筋间距的偏差					±0.1 间距			
9	双排钢筋，其排与排间距的局部偏差					±0.1 排距			
10	梁与柱中钢箍间距的偏差					0.1 箍筋间距			
11	保护层厚度的局部偏差					±1/4 净保护层厚			

检测结果	共检测　点，其中合格　点，合格率　%		
评定意见		工序质量等级	
主要检查项目全部符合质量标准。一般检查项目　质量标准。检查测项目实测点合格率　%			
施工单位	年　月　日	建设（监理）单位	年　月　日

注　"△"代表主要工序；d 为帮条的直径。

附表 1.5　　水利水电工程混凝土止水、伸缩缝和排水管安装工序质量评定表

单位工程名称		单元工程量	
分部工程名称		施工单位	
单元工程名称、部位		检验日期	

项次	检查项目		质量标准	检验记录
1	伸缩缝制作及安装	涂敷沥青料	混凝土表面洁净干燥，涂刷均匀平整，与混凝土黏接紧密，无气泡及隆起现象	
2		粘贴沥青油毛毡	伸缩缝表面清洁干燥，蜂窝麻面已处理并填平，外露施工铁件割除，铺设厚度均匀平整，搭接紧密	
3		铺设预制油毡板	混凝土表面清洁，蜂窝麻面已处理并填平，外露施工铁件割除，铺设厚度均匀平整、牢固，相邻块安装紧密平整无缝	
4		△沥青井、柱安装	电热元件及绝缘材料置放准确牢固，不短路，沥青填塞密实，安装位置准确、稳固，上下层衔接好	

项次	检查项目			设计值/mm	允许偏差/mm	实测值/mm	合格数/点	合格率/%
1	金属、塑料、橡胶止水	金属止水片的几何尺寸	宽		±5			
			高（牛鼻子）		±2			
2			长		±20			
3		△金属止水片搭接长度			不小于 20 双面氧焊			
4		安装偏差	大体积混凝土		±30			
			细部结构		20			
5		△插入基岩部分			符合设计要求			
6	坝体排水管安装	拔管排水管	平面位置		≤100%			
7			倾斜度		≤4			
8		多孔性排水管	平面位置		≤100			
9			倾斜度		≤4%			
10		△排水管通畅性			通畅			

检测结果	共检测　点，其中合格　点，合格率　%	
评定结果		工序质量等级
主要检查项目全部符合质量标准。一般检查项目　质量标准。检测实测点合格率　%		

施工单位	年　月　日	建设（监理）单位	年　月　日

注“△”代表主要工序。

附表 1.6 **水利水电工程混凝土浇筑工序质量评定表**

单位工程名称		单元工程量	
分部工程名称		施工单位	
单元工程名称、部位		检验日期	年 月 日至 年 月 日

项次	检查项目	质量标准		检验记录
		优良	合格	
1	砂浆铺筑	厚度不大于 3cm、均匀平整、无漏铺	厚度不大于 3cm，局部稍差	
2	△入仓混凝土料	无不合格料入仓	少量不合格料入仓，经处理尚能基本满足设计要求	
3	△平仓入层	厚度不大于 50cm，铺设均匀，分层清楚，无骨料集中现象	局部稍差	
4	△混凝土振捣	垂直插入下层 5cm，有次序，无漏振	无架空和漏振	
5	△铺料间歇时间	符合要求，无初凝现象	上游迎水面 15m 以内无初凝现象，其他部位初凝累计面积不超过 1%并经处理合格	
6	积水和泌水	无外部水流入，泌入排除及时	无外部水流入，有少量泌水，排除不够及时	
7	插筋、管路等埋设件保护	保护好，符合要求	有少量位移，但不影响使用	
8	混凝土养护	混凝土表面保持湿润，无时干时湿现象	混凝土表面保持湿润，但局部短时间有时干燥湿现象	
9	△有表面平整要求的部位	符合设计规定	局部稍超出规定，但累计面积不超过 0.5%	
10	麻面	无	少量麻面，但累计面积不超过 0.5%	
11	蜂窝狗洞	无	轻微、少量、不连续，单个面积不超过 0.1%，深度不超过骨料最大粒径，已按要求处理	
12	△露筋	无	无主筋外露，箍、副筋个别微露，已按要求处理	
13	碰损掉角	无	重要部位不允许，其他部位轻微少量，已按要求处理	
14	表面裂缝	无	有短小、不跨层的表面裂缝，已按要求处理	
15	△深层及贯穿裂缝	无	无	

评定意见	工序质量等级
主要检查项目符合 质量标准，一般检查项目	

施工单位	年 月 日	建设（监理）单位	年 月 日

注“△”代表主要工序。

附　录　2

附表 2.1　　水利工程建设项目文件材料归档范围与保管期限表

序号	归　档　文　件	保管期限		
		项目法人	运行管理单位	流域机构档案馆
1	工程建设前期工作文件材料	永久	永久	
1.1	勘测设计任务书、报批文件及审批文件	永久	永久	
1.2	规划报告书、附件、附图、报批文件及审批文件	永久	永久	
1.3	项目建议书、附件、附图、报批文件及审批文件	永久	永久	
1.4	可行性研究报告书、附件、附图、报批文件及审批文件	永久	永久	
1.5	初步设计报告书、附件、附图、报批文件及审批文件	永久	永久	
1.6	各阶段的环境影响、水土保持、水资源评价等专项报告及批复文件	永久	永久	
1.7	各阶段的评估报告	永久	永久	
1.8	各阶段的鉴定、实验等专题报告	永久	永久	
1.9	招标设计文件	永久	永久	
1.10	技术设计文件	永久	永久	
1.11	施工图设计文件	长期	长期	
2	工程建设管理文件材料	永久	永久	
2.1	工程建设管理有关规章制度、办法	永久	永久	
2.2	开工报告及审批文件	永久	永久	
2.3	重要协调会议与有关专业会议的文件及相关材料	永久	永久	永久
2.4	工程建设大事记	长期	长期	
2.5	重大事件、事故声像材料	长期	长期	
2.6	有关工程建设管理及移民工作的各种合同、协议书	长期	长期	
2.7	合同谈判的记录、纪要	长期	长期	
2.8	合同变更文件	长期	长期	
2.9	索赔与反索赔材料	长期		
2.10	工程建设管理涉及的有关法律事务往来文件	长期	长期	
2.11	移民征地申请、批准文件及红线图（包括土地使用证）、行政区域图、坐标图	永久	永久	
2.12	移民拆迁规划、安置、补偿及实施方案和相关的批准文件	永久	永久	
2.13	各种专业会议记录	长期	*长期	
2.14	专业会议纪要	永久	*永久	*永久
2.15	有关领导的重要批示	永久	永久	
2.16	有关工程建设计划、实施计划和调整计划	长期		

续表

序号	归　档　文　件	保管期限		
		项目法人	运行管理单位	流域机构档案馆
2.17	重大设计变更及审批文件	永久	永久	永久
2.18	有关质量安全及安全生产事故处理文件材料	长期	长期	
2.19	有关招标技术设计、施工图设计及其审查文件材料	长期	长期	
2.20	有关投资、进度、质量、安全、合同等控制文件材料	长期		
2.21	招标文件、招标修改文件、招标补遗书及答疑文件	长期		
2.22	投标书、资质材料、履约类保函、委托授权书和投标澄清文件、修正文件	永久		
2.23	开标、评标会议文件及中标通知书	长期		
2.24	环保、档案、防疫、人防、水土保持等专项验收的请示、批复文件	永久	永久	
2.25	工程建设不同阶段产生的有关工程启用、移交的各种文件材料	永久	永久	*永久
2.26	出国考察报告及外国技术人员提供的有关文件材料	永久		
2.27	项目法人在工程建设管理方面与有关单位（含外商）的重要来往函电	永久		
3	施工文件材料			
3.1	工程技术要求、技术交底、图纸会审纪要	长期	长期	
3.2	施工计划、技术、工艺、安全措施等施工组织设计报批及审核文件	长期	长期	
3.3	建筑原材料出厂证明、质量鉴定、复验单及试验报告	长期	长期	
3.4	设备材料、零部件的出厂证明（合格证）、材料代用核定审批手续、技术核定表、业务联系单、备忘录等		长期	
3.5	设计变更通知、工程更改洽商单等	永久	永久	永久
3.6	施工定位（水准点、导线点、基准点、控制点）等测量、复核记录	永久	永久	
3.7	施工放样记录及有关材料	永久	永久	
3.8	地质勘探和土（岩）试验报告	永久	长期	
3.9	基础处理、基础工程施工、桩基工程、地基验槽记录	永久	永久	
3.10	设备及管线焊接实验记录、报告、施工检验、探伤记录	永久	长期	
3.11	工程或设备与设施强度、密闭性试验记录、报告	长期	长期	
3.12	隐蔽工程验收记录	永久	长期	
3.13	记载工程或设备变化状态（测试、沉降、位移、变形等）的各种检测记录	永久	长期	
3.14	各类设备、电气、仪表的施工安装记录、质量检查、检验、评定材料	长期	长期	
3.15	网络、系统、管线等设备、设施的运行、测试、调试、试验记录与报告	长期	长期	
3.16	管线清洗、试压、通水、通气、消毒记录、报告	长期	长期	
3.17	管线标高、位置、坡度测量记录	长期	长期	
3.18	绝缘、接地电阻等性能测试、校核记录	永久	长期	
3.19	材料、设备明细表及检验、交接记录	长期	长期	
3.20	电器装置操作、联动实验记录	短期	长期	

续表

序号	归　档　文　件	保管期限		
		项目法人	运行管理单位	流域机构档案馆
3.21	工程质量检查自评表	永久	长期	
3.22	施工技术总结，施工预、决算	长期	长期	
3.23	事故及缺陷处理报告等相关材料	长期	长期	
3.24	各阶段检查、验收报告和结论及相关文件材料	永久	永久	*永久
3.25	设备及管线施工中间交工验收记录及相关材料	永久	长期	
3.26	竣工图（含工程基础地质素描图）	永久	永久	永久
3.27	反映工程建设原貌及建设过程中重要阶段或事件的声像材料	永久	永久	*永久
3.28	施工大事记	长期	长期	
3.29	施工记录及施工日记		长期	
4	监理文件材料			
4.1	监理合同协议，监理大纲，监理规划、细则、采购方案、监造计划及批复文件	长期		
4.2	设备材料审核文件	长期		
4.3	施工进度、延长工期、索赔及付款报批材料	长期		
4.4	开（停、复返）工令、许可证等	长期		
4.5	监理通知，协调会议机要，监理工程师指令、指示，来往信函	长期		
4.6	工程材料监理检查复检、实验记录、报告	长期		
4.7	监理日志、监理周（月、季、年）报、备忘录	长期		
4.8	各项控制、测量成果及复核文件	长期		
4.9	质量检测、抽查记录	长期		
4.10	施工质量检查分析评估、工程质量事故、施工安全事故等报告	长期	长期	
4.11	工程进度计划实施的分析、统计文件			
4.12	变更价格审查、支付审批、索赔处理文件	长期		
4.13	单元工程检查及开工（开仓）签证，工程分部分项质量认证、评估	长期		
4.14	主要材料及工程投资计划、完成报表	长期		
4.15	设备采购市场调查、考察报告等	长期		
4.16	设备制造的检验计划和检验要求、检验记录及试验、分包单位资格报审表	长期		
4.17	原材料、零配件等的质量证明文件和检验报告	长期		
4.18	会议纪要	长期	长期	
4.19	监理工程师通知单、监理工作联系单	长期		
4.20	有关设备质量事故处理及索赔文件	长期		
4.21	设备验收、交接文件，支付证书和设备制造结算文件	长期	长期	
4.22	设备采购、监造工作总结	长期	长期	
4.23	监理工作声像材料	长期	长期	

续表

序号	归　档　文　件	保管期限		
		项目法人	运行管理单位	流域机构档案馆
4.24	其他有关的重要来往文件	长期	长期	
5	工艺、设备材料（含国外引进设备材料）文件材料			
5.1	工艺说明、规程、路线、试验技术总结		长期	
5.2	产品检验、包装、工装图、检测记录		长期	
5.3	采购工作中有关询价、报价、招投标、考察、购买合同等文件材料	长期		
5.4	设备、材料报关（商检、海关）、商业发票等材料	永久		
5.5	设备、材料检验、安装手册、操作使用说明书等随机文件		长期	
5.6	设备、材料出厂质量合格证明，装箱单、工具单、备品备件单等		短期	
5.7	设备、材料开箱检验记录及索赔文件等材料	永久		
5.8	设备、材料的防腐、保护措施等文件		短期	
5.9	设备图纸、使用说明书、零部件目录		长期	
5.10	设备测试、验收记录		长期	
5.11	设备安装调试记录、测定数据、性能鉴定		长期	
6	科研项目文件			
6.1	开题报告、任务书、批准书	永久		
6.2	协议书、委托书、合同	永久		
6.3	研究方案、计划、调查研究报告	永久		
6.4	试验记录、图表、照片	永久		
6.5	实验分析、计算、整理数据	永久		
6.6	实验装置及特殊设备图纸、工艺技术规范说明书	永久		
6.7	实验装置操作规程、安全措施、事故分析	永久		
6.8	阶段报告、科研报告、技术鉴定	永久		
6.9	成果申报、鉴定、审批及推广应用材料	永久		
6.10	考察报告	永久		
7	生产技术准备、试生产文件材料			
7.1	技术准备计划		长期	
7.2	试生产管理、技术责任制等规定		长期	
7.3	开停车方案		长期	
7.4	设备试车、试验、运转、维护记录		长期	
7.5	安全操作规程、事故分析报告		长期	
7.6	运行记录		长期	
7.7	技术培训材料		长期	
7.8	产品技术参数、性能、图纸		长期	

续表

序号	归 档 文 件	保管期限		
		项目法人	运行管理单位	流域机构档案馆
7.9	工业卫生、劳动保护材料、环保、消防		长期	
8	财务、器材管理文件材料			
8.1	财务计划、投资、执行及统计文件	长期		
8.2	工程概算、预算、决算、审计文件及标底、合同等说明材料	永久		
8.3	主要器材、消耗材料的清单和使用情况记录	长期		
8.4	支付使用的固定资产、流动资产、无形资产、递延资产清册	永久	永久	
9	竣工验收文件材料			
9.1	工程验收申请报告及批复	永久	永久	永久
9.2	工程建设管理工作报告	永久	永久	永久
9.3	工程设计总结（设计工作报告）	永久	永久	永久
9.4	工程施工报告（施工管理工作报告）	永久	永久	永久
9.5	工程监理报告	永久	永久	永久
9.6	工程运行管理报告	永久	永久	永久
9.7	工程质量监督工作报告（含工程质量检测报告）	永久	永久	永久
9.8	工程建设声像材料	永久	永久	永久
9.9	工程审计文件、材料、决算报告	永久	永久	永久
9.10	环境保护、水土保持、消防、人防、档案等专项验收意见	永久	永久	永久
9.11	工程竣工实验鉴定书及验收委员签字表	永久	永久	永久
9.12	竣工资料会议其他重要文件材料及记载会议主要情况的声像材料	永久	永久	永久
9.13	项目评优奖申报材料、批准文件及证书	永久	永久	永久

注 保管期限中有 * 的项，表示相关单位只保存与本单位有关或较重要的相关文件材料。